计算机科学之美

李昌龙 ◎著

清华大学出版社
北京

内 容 简 介

当今世界，计算机科学已经和人们的学习、生活，乃至未来的个人发展息息相关，无论是否专业人士，都有了解它的必要。计算机科学领域科目繁多，编程、网络、芯片、人工智能等词汇令人眼花缭乱。本书通过深入浅出的文字，把计算机的全貌呈现在读者面前，各科目在其中的角色和作用将一目了然。

计算机科学并非孤立的自然学科。本书详细论述了它与生物学、数学、信息学、经典物理学、量子力学、心理学的内在关联，帮助读者实现知识的大融通。在了解计算机的过程中，本书将启发读者探索生命本身的意义，体会"科学本源相通、万物与我为一"的智慧之美。

本书可作为高等院校计算机及相关专业的教材，也可供从事计算机工作的工程技术人员参考。

图书在版编目（CIP）数据

计算机科学之美 / 李昌龙著. -- 北京：清华大学
出版社，2024. 7. -- ISBN 978-7-302-66723-0
Ⅰ. TP3
中国国家版本馆 CIP 数据核字第 2024HA7818 号

责任编辑： 袁勤勇　常建丽
封面设计： 刘　键
责任校对： 韩天竹
责任印制： 丛怀宇

出版发行： 清华大学出版社
网　　　址： https://www.tup.com.cn, https://www.wqxuetang.com
地　　　址： 北京清华大学学研大厦 A 座　　　**邮　　编：** 100084
社　总　机： 010-83470000　　　**邮　　购：** 010-62786544
投稿与读者服务： 010-62776969, c-service@tup.tsinghua.edu.cn
质　量　反　馈： 010-62772015, zhiliang@tup.tsinghua.edu.cn
课　件　下　载： https://www.tup.com.cn，010-83470236
印　装　者： 三河市君旺印务有限公司
经　　　销： 全国新华书店
开　　　本： 185mm×230mm　　　**印　　张：** 15.25　　　**字　　数：** 273 千字
版　　　次： 2024 年 7 月第 1 版　　　**印　　次：** 2024 年 7 月第 1 次印刷
定　　　价： 58.00 元

产品编号：103999-01

推荐序一

科技是强国之基，以计算机科学为代表的高新科技，如人工智能、集成电路、量子计算等，已经成为国际战略竞争的高地，这些领域的发展不仅关乎经济发展，更关系到国家的安全和未来发展。无论领域内的从业人员，还是非专业人士，都有必要对计算机这一新兴学科有所了解。

计算机学科涉及众多的理论和技术知识点。读者通过专业学习可以掌握编程语言、计算机网络、操作系统等各门科目知识。然而，仅仅通过一门门单一课程的学习很难将书本中的抽象文字和计算机实体建立联系，更无法掌握计算机的全局全貌；而且，计算机和自然科学的其他学科之间存在丰富的内在关联和统一，如果没有引入系统思维，很多学生即使辛苦构建了计算机的知识体系，也很容易将它变成孤立于个人整体认知之外的空中楼阁。

我十分高兴地看到，作者在书中对很多方面进行了全新的尝试和突破，书中的内容也表现出很强的前瞻性和严谨性。通过建立在计算机科学基础上的全局视角，作者把计算机知识与生物学、物理学、数学，甚至心理学的知识巧妙地进行了串联，这对于帮助读者构建统一的知识体系具有十分积极的意义。此外，书中还有较大篇幅对智能驾驶、量子计算、脑机接口等比较前沿的知识进行了讲解。现代科技正在加速演化，了解这些前沿技术和产业发展的相关知识，有助于理解计算机科学发展背后的逻辑和本质。

除了科研，计算机专业人才的培养同样具有重要意义。科学研究离不开扎实的积累和创新精神，教学工作也不是简单的知识点堆积，计算机学科的发展需要一代又一代科技和教育工作者接力前行。本书作者曾在中国、美国求学和任教，具有科技企业的任职经历和一线产品研发经验，在工业界开展了深入实践，并深度参与了多个国防和民生科研项目，这对年轻人来说是难得的经历。这本书基于作者多年来构建的知识体系，并经过提炼和整理，为深入理解计算机原理与构建统一的知识体系提供了很好的学习资料。书中采用"问题驱动"的思路，通过能够引发共鸣的实际问题引出设计原理和原因。这一行文思路避免了照本宣科，具有很高的可读性和趣味性。无论作为教材还是科学普及类书籍，这本书都值得一读。

　　我国正处在全面推进数字化转型和产业升级的关键阶段，数字经济、新能源汽车、量子计算、人工智能等领域的国际竞争日趋激烈。无疑，计算机科学是其中的关键，是信息化、数字化、智能化的基石。目前，我国计算机产业在诸多方面仍受制于人，要改变这一现状，需要更多的人才，特别是青年学生，投身计算机科学和技术的研究。衷心希望本书能够引发读者对计算机的兴趣，并在教学和人才培养方面做出实质性贡献。

周学海

中国科学技术大学软件学院院长，教授

教育部计算机基础课程教学指导委员会秘书长

2024 年 6 月

推荐序二

李昌龙教授请我为他新近完成的著作作序。我非计算机领域的专业人士，但对他的科研态度和工作成绩颇为熟悉。这本书定名为《计算机科学之美》，不仅是计算机领域的作品，而且有很多对生物科学以及人类自身的探讨和思考，这引起了我的兴趣。本书涉及自然科学多个分支的交叉融合，是作者对其前期研究成果的总结、梳理和升华。青年科研人才有如此深入的思考，值得鼓励。遂欣然允之。

这本书内容丰富，既有深入浅出的技术解析，也有较广泛的跨学科探讨。如书中所言，计算机科学与生命科学、医疗科技的边界越来越模糊，这将对人类的生产、生活方式和健康产生深远影响。生命健康相关研究是我多年来重点关注的领域，这里结合书中观点分享我的一些认识和思考。

人体的组织结构极其复杂，又极其精细，器官之间密切协调，构成统一的生命体。这些器官各司其职，或用于思考，或用于供能，或负责感知外界，任一功能都不可或缺。反之，任何器官的缺位都会对人体各大循环系统造成冲击，甚至危及生命。书中，作者将计算机视为无机生物，认为其组织结构与人体器官的功能有诸多相似之处，在我看来是比较贴切的。在无机生物和自然生命间构筑桥梁，既可帮助读者理解计算机，也反向启发我们关注自身，这是一个很好的角度。

计算机通过"器官"构成统一整体，再作为整体和人类打交道，发生信息交互。一方面，人们向计算机传递信息。本书通过对信息流动过程的拆解，以一种轻松明快的方式帮助读者理解计算机的设计逻辑，知其然且知其所以然；另一方面，计算机反馈的信息，又对人类身体或精神体验产生影响。书中提到，人类既有摄取食物等化学物质的本能，也有摄取信息的本能。和食物一样，摄入的信息同样会引起体内一系列的化学反应和物质结构变化。比如，人在受惊吓时肺部支气管的扩张，现在年轻人对电子产品依赖成瘾，甚至长期的不良信息引发病变，这些在临床中确有案例。

我对计算机科学保持开放乐观的态度，但凡对生命健康有益的科技，都乐于支持。计算机技术在临床医学的很多方面已经起到积极作用，计算机断层扫描（CT）系统就是很成功的应用。我所在的团队曾提出全球首个机器人胸骨悬吊拉钩技术，并成功实践，也是将医疗科技和计算机科学深度结合的一次不错尝试。据我了解，李昌龙老师也曾将计算机技术应用于肺结节的机器识别，且论文成果被美国的西门子医疗系统有限公司的 Dorin Comaniciu 副总裁关注并引用，足见李老师在交叉学科方面确有自己的想法。可以预见，未来几十年，生命科学、临床医学领域将会和计算机科学及其衍生的人工智能、互联网、植入性芯片等越来越紧密地结合。在新科技、新工具的协助下，很多现阶段难以治愈的顽疾有望取得突破。

我国人口平均寿命从新中国成立时的不足四十岁，提升到如今的七十七岁，这是生活水平和科技水平综合提升的结果。国家每年都会对国内近两千家三甲医院的科技量值（STEM）进行评估，以引导和促进高新科技在生命科学、医学方面发挥更大作用，足见党和国家对生命医疗高科技化的重视。任何一门自然科学，越是靠近深层次规律，内在本质越是趋于统一，与其他学科门类的边界也就越趋于模糊，并最终实现知识的大融通。本书不仅适合作为计算机领域的专业书籍，也适合其他行业的人士涉猎。相信读者在阅读本书的过程中，会获得知识，得到启发。

姜格宁

英国皇家外科学院院士

（享国务院特殊津贴）

2024 年 6 月

推荐序三

20世纪后半叶以来，计算机科学对人类社会影响深远，人们的生活方式在最近30年发生了极大变化，作为亲历者，我体会颇深。当前，中国正处在数字化转型和科技产业升级阶段，这对青年人而言，既是机遇，也是挑战。在这个大背景下，计算机科学扮演着重要角色：科技竞争的多处高地，包括人工智能、量子计算、脑机接口、近地卫星通信等，都与计算机息息相关。我很高兴地看到，《计算机科学之美》通过将这些前沿技术归纳进计算机的统一框架，使读者不再拘泥于孤立知识点，逐渐形成计算机的科学观和全局观。

这本书定稿前我已阅读其中的大部分内容，作者把专业知识与朴素的生活经验相结合，深入浅出，兼具可读性和趣味性。书中阐述的一些观点很有启发性，例如关于计算机在信息论中的定位，"物质、能量、信息"三要素的相互关系，物理世界基于微观粒子的离散属性等，都能使读者在掌握计算机知识的同时，对人类自身有更深的反思内省。

我多年来从事计算机网络、体系结构等方向的研究，对书中提到的数据中心、智能终端等不同计算机形态和场景均有理解和体会。在这些研究领域，团队中几位青年学者取得了有影响力的科研成果，且很多已落到实处，自感欣慰。计算机科学与基础理论学科有所不同，前者更注重产业实践，更倾向于需求导向。本书第2章详细介绍了硅谷的发展历程，其中高校与科技企业的产学研合作、科技成果转化是硅谷产业兴起的重要推力。当然，其中还涉及政府投入和大的时代背景，情况更复杂。令我高兴的是，近些年国内企业对科技创新的重视程度越来越高，产业界与学术界的交流越来越紧密，国家实验室和科研中心等新型科研机构给青年人才提供了更大的发挥空间，这都是很好的趋势。过去几十年中美科技水平的差距已经快速缩小，在下一代年轻人的努力下，相信中国的发展会更上一个台阶。

自2015年与作者相识，我见证了他从学生时代一路走来的努力和成长。作者破格当选上海市科技领军人才，是为数不多的同时在学术界和工业界有较大影响力的青年科研工作者，目前所从事的科研方向亦是国家重点扶持的高精尖领域。这本书基于作者多年来的技术积累和心得体会，经过提炼整理，并融合了当前产业界和学术前沿正在做的事，深度和广度都可圈可点。因此，无论作为科普类读物，还是专业级教材，相信读者都能从中有所收获，这也是我推荐此书的原因。

吕松武

美国加州大学洛杉矶分校（UCLA）教授

北京大学客座教授

IEEE 会士, ACM 会士

2024 年 6 月

前　　言

> 我们能体会到的最美好的事情莫过于神秘，它是所有真实的艺术和科学的源泉。
>
> ——阿尔伯特·爱因斯坦，《我的信仰》，1930 年

I. 缘何写这本书

计算机科学领域分支众多，科目繁杂，编程、算法、网络、操作系统、体系结构、编译原理……初接触往往如盲人摸象，无法看到全貌。能否从中抽丝剥茧、理解各科目在计算机世界中的位置和彼此内在的关联，对我们构建统一的知识体系至关重要。

此外，计算机科学并非孤立的自然学科，它与生物学、数学、信息学、经典物理学、量子力学、心理学之间有着密切关联。知识具有内在的统一性，学科只是由于关注点不同而人为分工的结果。"以铜为镜，可以正衣冠；以史为镜，可以知兴替；以人为镜，可以明得失。"本书在帮助读者构建计算机世界统一知识体系的基础上，以计算机为镜，折射回现实世界，将计算机科学与其他学科分支连为一体，向读者展示更广泛的知识大融通。

撰写此书，主要出于以下几点考虑：

- 当前计算机专业门类繁多，虽每门课都有经典教材，但科目之间过于独立。学生好像学会了，又好像什么都没学会，依然无法在书本知识和计算机实体之间建立关联。本书不拘泥于单一课程，而是从计算机的内在逻辑出发，将各方面的知识融会贯通。书中不设置习题，较少出现数学公式和不必要的技术细节，避免上述种种对读者思维主线的干扰。
- 计算机技术的发展日新月异，有些技术自出现便沿用至今，有些则飞速演进。人工智能、量子计算机、脑机接口、虚拟增强现实、自动驾驶等新技术层出不穷，正在深刻影响我们的生活，并重塑全球生产力和生产关系格局。通过本书的内容，读者可以对当下中美计算机产业发展现状以及未来科技发展趋势有所了解。
- 人类是迄今为止地球上最具智慧的生命，从人类诞生之初就开始不断地探索世界

的奥秘。就个人而言，我们过往学习的知识都是有意义的，那些都是人类在探索世界的过程中留下的精华。计算机好比一个熔炉，我们可以把过往学习的很多知识都放进来。通过本书的介绍，大家将了解 DNA、潜意识、灵魂、说谎者悖论、柏拉图的《理想国》、达尔文的《物种起源》、爱因斯坦的质能方程、薛定谔的猫等与计算机科学的关系。

● 随着本书介绍的深入，越来越多的科学问题会被谈及，有些前沿问题仍然在科学界没有定论，只能基于观测到的现象进行经验性推测，如量子计算机理论涉及的哥本哈根诠释（Copenhagen interpretation）。通过学习本书，可深入理解计算机的基本原理，希望本书能激发大家对科学研究的兴趣和好奇心。

II. 书名的由来

本书定名为《计算机科学之美》。多年来，科学家们一直在追求某种能够解释一切的"终极理论"。诺贝尔物理学奖得主温伯格在他的著作《终极理论之梦》中曾提到："这个理论之所以美丽，是因为它的简洁，可以用最少的定律来表达可能存在的无限复杂性"。任何一门学科探究到深处，总能看到其他学科的影子，各门学科越深处越同源，这大概就是古人所讲的"天地与我并生，万物与我为一"吧。

II-A. 关于内在统一性

计算机和人类由同一双看不见的手创造，通过研究计算机的基本原理和发展脉络，我们可以看到人类自身的生命逻辑和内在动因，窥见造物主那双手的轮廓。

计算机的生物属性。地球上一共存在过 874 万种生命种类，它们有一个共同特点，都是以碳元素为基本元素组成的有机物。所以，科学家将地球生命称为碳基生命，也称有机生物。以碳为基础构建生命，这得益于该元素的特殊性：它可以与自身或其他元素形成多种类型和数量的化学键，从而形成各种形式和长度的碳链或碳环。这使得有机化合物具有极大的结构多样性和功能多样性。

有机生物可被视作一种能自我繁殖的信息处理系统，生物物种从外界获取信息，基于某种算法对输入的信息进行计算，再输出信息，对外界做出反应。生物以"生存"为目标。以人类为例，为达成这一目标会拆解为趋利避害、摄取食物、学习生存技能、竞争生存空间、繁衍等子目标。人类在环境中的行为均基于上述目标实施。根据达尔文进化理论，以生存为目标的行为程序在自然选择中更易存活，因此这个"目标"本身就是环境筛选的"结果"。

　　计算机具备很多生物特征，可以对外界信息作出基于某些算法规则的响应。我们不能简单地将计算机视作锤子、木棒等工具，计算机是一个完备的系统，这个新物种由人类创造，诞生至今不足一个世纪，但进化速度远超人类。计算机同样有大脑、心脏、五官、经脉，拥有记忆，也具备响应外界信息的能力。计算机的各个部件由基本的"细胞"单元——晶体管组成，构成晶体管的基本化学元素是硅。相对碳基有机生物，本书将计算机这一硅基生命称为无机生物。

- **脑回路**：人类的脑回路由神经系统构成，信息输入进大脑，经由神经系统输出对该输入的反应。计算机的脑回路由集成电路构成，同样具备计算效果。当外部信号流入脑回路，由逻辑门组成的电路能改变信号状态，创造新的信息。脑回路的最大作用是可以改变电信号的状态，而非信号状态原封不动地搬移——改变状态的过程就是计算的过程。

- **记忆**：记忆的出现，是生物的一次进阶。对于初等生物，戳一下动一下，脑回路对当下的输入信号作出响应，难以结合过往经验进行更复杂的决策。而记忆可以打破时间的限制，将过去的信息存储下来。在脑回路处理当下信号时，记忆信息被同步传入脑回路，这使得脑回路在执行决策时具有更多的参考素材，因而决策会更聪明。计算机中有存储器，可以将信息以二进制形式固化在晶体管中，"0/1"的组合可以表示各种信息，如同世间万物都能化为阴阳两极。脑回路和记忆共同构成大脑的核心模块。

- **五官和四肢**：人类靠五官和四肢与外界打交道，眼睛、鼻子、耳朵负责输入信息，嘴巴、手脚则按照大脑输出的信号对外界做出反馈。计算机有更加多样的外接设备可用于信息交互，包括摄像头、触摸屏、键盘、麦克风、机械臂等，它们都受计算机大脑的控制。

- **经脉**：人体的五官四肢与大脑经脉相连，可以将感知到的信息以电信号形式传入脑回路，并将流经脑回路以后的新信号传递出来。计算机通过金属导线将各个外接设备与大脑（CPU+内存）连接起来，通过微电信号进行信息交互。

- **灵魂**：活人和尸体的区别在哪里，与《生化危机》中被感染的僵尸又有哪些不同？这是一个关于灵魂和意识的问题。同样的问题也出现在无机生物：计算机这块金属硬件是怎样"活过来"并对人做出反应的？无论有机生物还是无机生物，在物理躯壳之外一定还有某些东西，使得它能够活过来。通过本书后续的讲解，我们将会了解，计算机的灵魂来自晶体管中的电子，并基于能量进行电子流动，在电流循环的过程中对外界作出各种反应。灵魂是一股循环运行的有序能量，计算机接通电源、人类摄取食物均是为了从中转换能量，维持这种循环。循环不停，生命不止。

有机生物和无机生物的关系。有机生物在自然选择中将有利于生存的目标传承了下来，在数亿年的进化过程中，将为达成这一目标而执行的行为逐渐复杂化。这是智慧生命形成的第一个阶段（图1），自然选择推动物种进化。在漫长且激烈的竞争中，人类胜出，成为地球上的霸主。当前，人类的主要威胁来自自身，国与国之间、不同宗教或种族之间的竞争，甚至战争，成为推动人类进化的最大动力。这一阶段的进化不再是身体形态的变化，而是通过改良工具提高生产力。计算机便是这一背景下的产物。

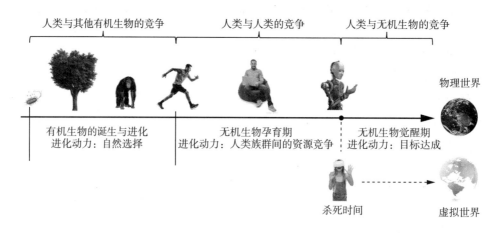

图 1 生物进化路径

计算机可以代替人类做很多事，它超脱于自然环境之外，是人为创造的物种，并没有经过大自然的筛选。不同于有机生物，计算机的行为模式由人类设定，程序员通过描述既定的执行步骤控制计算机。我们将现阶段的计算机比作生物是有些牵强的，因为它的所有执行步骤都是人类设定的。所谓"编程"，即编写程序，就是程序员在告诉计算机一步一步怎样做。计算机无法脱离人的意志而自行设定目标。

但是，人类追求的是更加省心的"打工者"，只需要告诉计算机你的目标，它就会为达成这一目标而自行地进行目标分解，最终分解为达成该目标所需的执行步骤。如此一来，就不再需要告诉计算机一步步怎么做。人类传入计算机的信息从"执行步骤"（程序）变为"目标"，将是无机生物意识觉醒的分水岭。理论上讲，进行目标分解是可以实现的，而计算机在目标分解的过程中，难以避免地先拆解为子目标。也就是说，随着算法的进化，计算机最终会自行设定目标。我们无法确保计算机的目标不会脱离人类控制。计算机的进化路径跳出有机生物的进化周期，直奔人类这一高级物种而来，并将成为人类未来世界的主要竞争者。

在元素周期表中，硅（14 号元素）位于碳（6 号元素）的正下方。早在 1891 年，德国化学家 Julius Scheineer 就预言过硅基生命的可能性："对于硅基生命来说，高温和低温的活性将会更好，基于硅产生的分子能够在高温和低温下稳定生活所需要的温度大概是 −100℃"。计算机的发展将使智慧生命进化到第三个阶段，人类在现实世界的大量工作将被无机生物替代，且后者做得更好。遗憾的是，从人类文明进入无机生命文明似乎是不可避免的。在人类相互竞争的阶段，必然会为了在竞争中胜出而一再提高计算机的智能水平，直至其超过人类。人们总是优先解决主要矛盾，当意识到更有威胁性的物种出现时，已经不可逆地落入人机共存的新阶段。

计算机中的世界观。 随着越来越多的工作被计算机取代，人类从事生产的时间会逐渐缩短。但是我们每天依然要度过 24 小时，如何打发时间成了一个不能回避的问题。针对这个问题，业界有一个专门的叫法："Kill Time"（杀死时间）。杀死时间的需求将推动人类与计算机交互方式快速发展。计算机发展进程中，几次重大变革都与人机交互有关。Facebook 提出的"元宇宙"概念、苹果公司设计的 Vision Pro 头显，都是在这一发展趋势上的探索。最终，计算机会以一种分不清现实和虚拟的沉浸式体验与人类进行信息交互。人类在虚拟世界中娱乐、社交，实现高层次需求并消磨掉时间。

哲学家希拉里·普特南曾提出过一个思想实验，叫作"缸中之脑"：如果科技发展到一定程度，可以用超级计算机模拟人的所有感官，包括视觉、听觉、味觉、触觉等，那么我们就可以把大脑放在一个培养皿里，然后用超级计算机模拟这些感官并输送给大脑。这个大脑永远无法知道它其实在一个缸里。这个思想实验就是想说明，我们感知这个世界依赖感官信号的输入，我们的大脑处理这些信号并合成了这个世界的样子，没有任何物证能够证明这个世界是真实存在的。人类与计算机交互的终极方式，必然不是鼠标、触屏这样的初级手段，而是类似"缸中之脑"的无比真实的虚拟世界。如果一个人从刚出生就接入了计算机，他会笃定计算机中的世界就是真实存在的。身处其中的人无法意识到他是身处在 0/1 构造的离散世界。

而在现实世界，万事万物又何尝不是离散的呢？我们都是由原子组成的，原子是一个一个的点，所以实质上我们是由一个点一个点组成的，而点与点之间有大量空隙。所以，严格来讲，我们都是半透明的。之所以看上去不透明，是因为原子体积太小且密度太高，眼睛也是由原子构成的集合体，人眼的分辨率无法超越它的基本组成单元。所以，即使现实世界看上去是连续的，但实际上也是离散的。不只人类，宇宙万物都是由原子等微观粒子组成的，所以整个宇宙实际上都是离散的。这个断片化特别符合计算机系统的特征。如此看来，虚拟与现实这两个平行世界间有很多相似的地方。

II-B. 发现科学的美

科学的美来自"真"，是真相之美。我们都曾在多年前被带进一则童话故事，我们兴奋地看着周围的一切，它比安徒生描绘的所有童话都要美妙。可渐渐地，我们中的大多数把周围的一切视为理所当然，不再好奇。只有少部分人没有长大，他们敏锐地观察身边的现象，并尝试从现象中提取本质。当本质提取了，现象就容易理解了，他们将本质拼接成一个去掉各种杂质的纯化了的世界，这不是"实"的世界，但却是"真"的世界。

保持好奇心的人是最具创新精神和创造才能的人，正是通过创造性的探索，他们发现了客观世界的规律、本质，并把它用优美的符号体系传承了下来。我们称他们为科学家。在发现真相、描述真理的过程中，科学家作为人类的优秀代表激发了自己的本质力量，展示了地球上最高等生物的智慧。

对科学真相的欣赏，实质也是对人类智慧的欣赏。在这种向外观照和向内探索的过程中，我们能够感受到类似艺术创造时的物我两忘的心流体验。

关于本书各章节

本书共9章。其中，第1章为综述。第2章介绍了计算机的起源、硅谷的形成，以及中美计算机产业发展的现状和趋势。前两章技术难度较低，非计算机专业的读者易于理解。第3～5章专业性较强，非本专业读者不必执着于其中的技术细节。第6～8章会在前文的基础上，将计算机科学逐步延伸至对其他学科的探讨，发散思维，可读性较强。第9章将书中涉及的主要内容描绘成知识图谱，是全书的总结。

第1章：概述。本章将对计算机的基本原理和发展历程、人与计算机打交道的方式（编程语言）、计算机的组成结构（冯·诺依曼架构）和评价指标，以及计算机科学中蕴含的朴素思想进行综述。这一章整理了关于计算机科学的十个常见疑问和九点思考。读者不妨先看一下这些问题，带着问题开始后续章节的阅读。

第2章：百年激荡。这一章从硅谷的起源谈起，系统介绍计算机的发展史及背后故事。在此基础上，解读中国计算机产业发展脉络和底层逻辑，分析中美科技竞争的现状。通过本章的学习，读者将理解为什么中国计算机产业的发展起步于互联网而非芯片，以及中美科技竞争的必然性。

　　第 3 章（驯兽师的语言：指令）和第 4 章（计算机的"脑回路"）。人与人之间可以沟通，因为双方使用相同的语言。如果对方讲的是西班牙语或法语，我们虽能听到声音，却无法理解其含义。那是因为我们的脑回路结构无法对该语言的信号进行解析，也就是"能听到"，但"听不懂"。人与计算机沟通也是同样的道理，我们将自己的想法以某种"语言"的形式从大脑传递出来，通过键盘等外设最终传入计算机的脑回路。计算机脑回路的硬件结构同样需要进行专门设计，以解析我们的语言并将其转化成有效信息。第3 章和第 4 章分别从沟通语言和脑回路结构两方面展开，解析人类与计算机实现语言沟通的方法，并在此基础上讲解人工智能芯片等相关前沿研究。通过这两章的学习，读者对编程、CPU、芯片、编译器这些计算机专业基础知识将会有全面的了解。

　　第 5 章：计算机的记忆。数据是固化的信息，信息是流动过程中被解析的数据，而记忆是对数据的静态存储。现代计算机采用 SRAM、DRAM、Flash 等不同物理介质作为存储器。本章将对计算机存储器的类别、工作原理、基于时间和空间局部性的分层结构进行介绍。通过分层存储架构的设计，计算机具备类似人脑的短期快速记忆和长期记忆。此外，计算机有一项人类没有的能力 —— 持久化存储。人类必须通过摄取食物维持生命，一旦死亡，就无法重生。但计算机掉电关机后，仍可以再次重启，这一点很值得研究。

　　第 6 章：人机交互。计算机的大脑（CPU+ 内存）通过遍布全身的线路与外设相连，实现不同方式的信息交互。本章将对基于总线的线路结构，以及线路所连接的各类 I/O 设备进行介绍。除了与人交流，无机生物之间也能交流，那便是网络。本章将以通俗易懂的方式解释信息在计算机网络中的传递过程，以及网络的设计原理和分层协议架构。此外，还将讲解星链计划、脑机接口、虚拟增强现实等新的信息交互技术。

　　第 7 章：计算机的"灵魂"。相比硬件，计算机软件显得更加神秘，它使硬件亮起来、动起来。本章着重介绍软件的实现机制，阐述应用程序和操作系统在计算机硬件上的运行机制。随后，讨论人类意识与计算机灵魂的共通之处，以及物质、能量、信息、时间等宇宙要素间的关系。人类的思想比肉体更难禁锢，同样，计算机的软件比硬件更容易失控，失控意味着安全风险。本章结尾将探讨人类是否会逐渐丧失对计算机的控制权。

　　第 8 章：量子计算机 —— 凝视宇宙的终极法则。随着集成电路工艺的改良，计算机已接近现代物理的极限——元器件接近原子尺寸。牛顿经典力学、符合麦克斯韦方程的电磁现象等只适用于宏观世界。一旦物体接近原子等微观粒子大小，经典物理学特征将不再适用。对计算机而言，当元器件接近原子尺寸时，电子流难以得到可靠的控制，电子会跳到晶体管外，导致晶体管无效，这种现象称为量子隧穿效应。因此，人类需要基于微观世界的规律，即量子力学，对计算机进行重新设计。本章重点介绍量子计算机的基础理论、设计原理和可行性。

第 9 章：总结。本章以知识图谱的形式串联起全书的关键内容，并从计算机科学中提炼出五点重要的思想，这些思想不局限于计算机，而是能启发我们更好地理解身边的事物。最后是本书涉及的参考文献和附录。

致谢

首先感谢我的家人：我的父母、妻子和儿子，因为有他们的支持和陪伴，我才可以心无旁骛地完成这本书。我时常工作到深夜来撰写这本书，感谢家人的体谅。除了家人，还有很多师长的帮助和鼓励，大家对我的个人成长、知识积累帮助巨大，这些都是撰写本书的前提。此外，还有一路走来遇到的所有朋友和同事，需要感谢的人太多，这里不再一一列出，但点点滴滴，记在心头，在此一并感谢。另外，感谢清华大学出版社袁勤勇主任在本书出版过程中提供的帮助。

本书广泛参考了国内外各门学科的经典教材和学术论文，这些文献对本书的完成具有指导意义。另外，ElegantBook 开源项目对本书的写作提供了支持，特此感谢。

目　　录

第 1 章　概述 1

　1.1　计算机：无机生物 1

　　　1.1.1　计算机的发展历程 3

　　　1.1.2　初识计算机中的生物智慧 5

　1.2　冯・诺依曼架构 8

　　　1.2.1　硬件 8

　　　1.2.2　硬件电路的图纸 9

　　　1.2.3　软件 12

　1.3　衡量计算机的指标 14

　　　1.3.1　可靠是一切的前提 14

　　　1.3.2　办事能力 14

　　　1.3.3　能力范围 16

　1.4　思考 17

　　　1.4.1　关于计算机的十点疑问 17

　　　1.4.2　从计算机科学中可以获得的启示 19

　1.5　结语 20

第 2 章　百年激荡 22

　2.1　引言 22

　2.2　从硅谷谈起 22

　　　2.2.1　星火燎原——斯坦福 22

　　　2.2.2　一鲸落，万物生——仙童 25

　　　2.2.3　现代计算机的"出生证" 26

　　　2.2.4　将星璀璨 27

2.3 中美科技竞争 ·····································29
    2.3.1 剑宗与气宗 ·····························30
    2.3.2 芯片设计与制造 ·····················31
    2.3.3 系统软件 ·····························32
    2.3.4 应用软件和算法 ·····················33
2.4 结语 ···34
    2.4.1 书中涉及的术语解释 ·················34
    2.4.2 后续章节框架 ·······················36

第 3 章 驯兽师的语言：指令 ···················37
3.1 引言 ···37
3.2 指令的工具箱 ·································38
    3.2.1 RISC-V 指令集 ·······················38
    3.2.2 高级编程语言与指令的关系 ···········39
3.3 算术运算指令 ·································40
    3.3.1 对计算机下达的第一条指令：加法指令 ···40
    3.3.2 寄存器 ·······························41
3.4 数据传输指令 ·································43
3.5 神奇的 0 和 1 ·································45
    3.5.1 进位计数制 ·························45
    3.5.2 计算机数字的真实表示：补码 ·········48
3.6 条件分支指令 ·································49
    3.6.1 循环 ·······························51
    3.6.2 函数 ·······························51
    3.6.3 栈 ·································52
3.7 其他指令 ·····································54
3.8 结语 ···55

第 4 章 计算机的"脑回路" ···················56
4.1 引言 ···56
4.2 初识脑回路 ···································56

　　4.2.1　有机生物的脑回路 56

　　4.2.2　计算机"脑回路"的基本原理 57

4.3　指令的 0/1 表示 59

　　4.3.1　常见类型介绍：R 型 59

　　4.3.2　常见类型介绍：I 型 61

　　4.3.3　指令格式汇总 61

4.4　集成电路基本元器件 62

4.5　构建数据通路 65

　　4.5.1　数据通路：处理当前指令 65

　　4.5.2　数据通路：取下一条指令 68

　　4.5.3　分支指令的数据通路 69

　　4.5.4　完整的电路图 70

　　4.5.5　控制系统 72

　　4.5.6　数据通路与控制器的协作示例 74

4.6　计算机的"心跳" 75

　　4.6.1　时钟周期 75

　　4.6.2　性能分析 76

　　4.6.3　给心跳加速 77

4.7　流水线 79

　　4.7.1　流水线的电路实现 81

　　4.7.2　流水线的代价 83

　　4.7.3　解决冒险问题的流水线电路设计 86

　　4.7.4　大脑的应激反应：中断 90

4.8　人工智能芯片 92

　　4.8.1　ASIC 93

　　4.8.2　GPU 和 FPGA 96

4.9　结语 98

　　4.9.1　信息、物质、能量 98

　　4.9.2　房间里的真相 99

第 5 章　计算机的"记忆" ··101
　5.1　引言：人类的记忆和回忆 ···101
　5.2　计算机的记忆模块 ··102
　　5.2.1　长期记忆：DRAM ···103
　　5.2.2　短期快速记忆：SRAM ··107
　　5.2.3　存储器之间的地址映射 ··109
　　5.2.4　缓存写操作 ··114
　5.3　永恒记忆的秘密：闪存 ···116
　5.4　多级存储结构：既"大"且"快" ···120
　5.5　存储新势力 ···122
　　5.5.1　闪存的混合存储结构 ···122
　　5.5.2　新型存储器 ··124
　　5.5.3　存算一体 ··127
　5.6　结语 ··128
　　5.6.1　外存与内存的区别 ··128
　　5.6.2　3C 模型 ··129

第 6 章　人机交互 ··130
　6.1　引言 ··130
　6.2　计算机的经脉 ···132
　　6.2.1　基于总线的"经脉"排布 ···133
　　6.2.2　"看得见"且"摸得着" ···136
　6.3　计算机的"五官" ···136
　　6.3.1　手机拍照的 I/O 流程 ··137
　　6.3.2　I/O 设备 ···139
　　6.3.3　下一代 I/O：谷歌的自我革命 ··141
　6.4　无机生物之间的交流 ···142
　　6.4.1　从一条微信语音谈起 ···142
　　6.4.2　网络协议分层结构 ··144
　　6.4.3　海底光缆与星链计划 ···146
　6.5　人机交互的终极目标：缸中之脑 ···148

6.6　结语 ···150

　　6.6.1　熵增 ··150

　　6.6.2　信息就像食物和水，不可或缺 ·············· 152

第 7 章　计算机的"灵魂" ··153

7.1　引言···153

　　7.1.1　软件的物质形态 ·······························154

　　7.1.2　软件什么时候开始有"意识" ··················155

7.2　现代计算机的"翻译官"：编译器 ·················157

7.3　一个特殊的程序：操作系统 ·······················158

　　7.3.1　再谈指令地址 ·······························158

　　7.3.2　进程虚拟地址空间 ··························· 160

　　7.3.3　页表···166

　　7.3.4　左手画圆，右手画方 ························· 168

　　7.3.5　操作系统的诞生过程 ························· 168

　　7.3.6　操作系统市场现状 ··························· 170

7.4　灵魂是一股有序的能量 ···························173

　　7.4.1　计算机是怎么"活"过来的 ··················· 173

　　7.4.2　人类生命循环的起点 ························· 174

　　7.4.3　灵魂的消逝 ································· 175

　　7.4.4　重启生命 ··································· 175

　　7.4.5　灵魂隐藏在微观世界 ························· 176

　　7.4.6　关于意识的讨论 ····························· 177

7.5　安全：计算机的主权争夺 ························· 178

　　7.5.1　躲在黑暗里的人 ····························· 178

　　7.5.2　人类是怎样一步步丧失控制权的 ············· 180

7.6　结语 ···182

第 8 章　量子计算机——凝视宇宙的终极法则 ··············183

8.1　引言···183

　　8.1.1　量子计算机与经典计算机的关系 ··············184

　　　8.1.2　量子计算机的研究现状 185

　　8.2　量子力学基本理论 186

　　　8.2.1　不确定性原理 186

　　　8.2.2　量子叠加 188

　　　8.2.3　量子纠缠 189

　　8.3　量子计算机原理 190

　　　8.3.1　量子比特 190

　　　8.3.2　量子门 193

　　　8.3.3　量子电路 194

　　8.4　生存还是毁灭（To be or not to be） 195

　　8.5　探索宇宙的终极理论 196

第 9 章　总结 198

　　9.1　本书的知识图谱 198

　　9.2　计算机科学中的思想启示 200

　　　9.2.1　模块化思想 200

　　　9.2.2　捉住事物的主要矛盾 201

　　　9.2.3　大道至简 202

　　　9.2.4　合乎中道的平衡 202

　　　9.2.5　圆道周流，循环往复 203

　　9.3　写在最后 203

附录 A　书中涉及的主要人物 204

附录 B　RISC-V 指令集 208

附录 C　大学计算机课程设置 210

参考文献 214

第1章 概 述

一旦某些知识，统一到一定程度，我们就可以了解我们是谁，以及我们为什么会在这里。

——爱德华·威尔逊，《知识大融通》

1.1 计算机：无机生物

当今世界，计算机正以越来越多元化的形式出现，如智能手机、笔记本电脑、智能汽车、机器人、无人机等。计算机正在深刻影响人类的生产、生活方式。目前，人们平均每天与计算机打交道的时间已超过 7 小时。计算机作为由无机化学元素"硅"构成的新物种，具备强大的思考能力、记忆能力、通信能力、感知能力，以及表达能力。生物可以被视作一种能够自我繁殖的信息处理系统，生物物种从外界获取信息，基于某些算法对输入的信息进行计算，再输出信息，反向影响环境或其他生物。从某种意义上讲，计算机已经具备了生物的一些特质[1]，它可以对外界的信息作出回应，虽然这个回应的智能化水平相比高级生物还有很大差距。

这个新物种由人类创造，自诞生至今不足一个世纪，但其进化速度远远超过人类。根据摩尔定律（图 1.1），计算机集成电路上可以容纳的晶体管数目大约每经过 18～24 个月便会增加一倍。换言之，计算机的思考能力（处理器芯片算力）和记忆能力（存储器芯片容量）每两年翻一倍，商业成本下降为之前的一半。过去几十年的成长史的确印证了上述规律[2]，计算机的发展正逐渐由量变转为质变，并开始在一些特定领域超越人类的能力。

只需提供能量，比如将电源线接上 220V 交流电，电流经变压器流入计算机，形成固定频率脉冲，计算机伴随着心跳开始工作。计算机的心脏（电子元器件晶振）每隔一

---

① 将计算机视为生物，比视为工具更容易理解其本质。

② 摩尔定律并非科学定律，而是商业规律，且这一规律越来越难以维系。人类的细胞就像计算机的晶体管一样，从受精卵开始经历了漫长的指数增长过程，在人到中年后逐渐趋于平稳。

段时间就会跳动一次。伴随着每次跳动，存放在晶体管中的电子有序地迁移流动，电子移动形成微弱的电流（微电）。这些流动的电子就是二进制表征的代码、数据，它们经过 CPU 芯片的内部电路，流出的电子状态发生变化，从而实现了对外界输入信息的响应。比如，输入的电子信息代表 '1'，而输出的电子信息代表 '2'，电子状态发生了变化，计算机完成了一次计算。如果手指在手机屏幕上滑动一下，描述触屏坐标的电子状态传入计算机的 CPU，经过计算传出新的触屏坐标，并指导屏幕上像素的变化，就会看到屏幕画面随着手指发生了滑动，这同样是计算机对外界输入信息作出响应的例子。

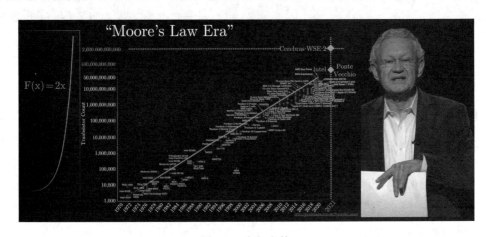

图 1.1　摩尔定律

出自学术论文 *Cramming More Components onto Integrated Circuits*

　　这一点和人类很像，人类通过一日三餐进食，获取能量，进而心脏跳动，驱动体内物质流动。电信号随着神经系统流经大脑、五官、四肢等处，人类开始具备计算能力、数据存储能力、感知物理世界信息并回应的能力。不同之处在于，人类对能量的依赖更加严苛，一旦"掉电"，比如长时间不进食，生物个体就会因缺少能量而死亡，无法像计算机那样再次获取能量后可以重新启动。

　　人们通过各种途径将自己脑子中的意志传递给计算机，并期待获得反馈。人与人之间通过语言、视觉、触觉等方式在彼此之间传递信息，而人与计算机之间则通过键盘、触摸屏、语音，甚至脑机接口等更多样的方式传递信息。人与人的信息传递大致是这样的：你的一个想法在脑子里形成，比如希望对方"起立"。通过控制输出装置（嘴），可以将自己脑子里的想法以语言的组织形式发射出去。声波传递到对方的接收装置（耳朵），再经过对方大脑的处理，作出响应 —— 从对方大脑中输出的响应信号会控制其大腿的行为 —— 对方站起来了。对方的腿执行了起立行为，但这个意志的源头实际在你的，而非他的脑子里，经过漫长的信息传递，你对别人的腿进行了控制。就这件事而言，你对对方的腿拥有权力。

人与计算机的沟通方式也是如此，你的信息通过某种方式进入计算机的"大脑"，它进行计算并对你的命令作出响应。不同之处在于，你的朋友未必每次都按你的想法办事，因为对方有自己的主见；而计算机的脑子是人类设计的，会按照预先设定好的逻辑行动，无条件遵从人类的意志。计算机尚没有高级生物的自我意识，但毫无疑问，这个新物种会越来越聪明，陪伴我们的时间会越来越长。

随着对计算机了解的深入，不由感慨其设计的精巧。但人类又何尝不是大自然的优秀产品呢？计算机基于人类的智慧被创造出来，但人的智慧并非凭空产生，而是来自人类这个结果本身。从物理世界的既定结果总结规律，形成理论，并在物理世界不断验证，正是科学探索的方法论。因此，在深入理解计算机时，尤其涉及一些根本性的思想和原理，不应与日常的经验割裂开，反而需要尽可能与我们已经形成的知识框架融为一体，彼此验证。复杂设计最初无不源于朴素的规律和经验，借助生活经验理解一个全新事物，往往能事半功倍。

1.1.1 计算机的发展历程

计算机自诞生之初，经历了多个发展阶段，其形态也在发生变化。在整个发展进程中，一方面，计算机与人交互的方式越来越友好和多样化；另一方面，计算机的内部机制逐渐隐藏在外壳之下，越来越不为人知。

- **初代计算机**：计算机在发展之初，历经电子管数字计算机（1946—1958）、晶体管数字计算机（1958—1964）、集成电路数字计算机（1964—1970）几个时期。1946年可以认为是计算机诞生的元年，在此之前处于"怀胎十月"的孕育阶段。在计算机诞生的前一年，也就是 1945 年，地球上爆炸了第一朵蘑菇云，两个事件是有内在关联的，本书第 2 章将会介绍。
- **大型服务器**：大规模集成电路计算机开始出现，随着工艺的改良，计算机的体积越来越小，计算和存储能力突飞猛进。在这一阶段，人们和计算机之间已经可以通过 DOS 命令进行交流，通过往计算机输入一些特定的编码，可以令计算机完成一些计算任务。以 DOS 作为桥梁，人机交互时开始不再关注计算机内部的电路实现 —— 这是人机交互的巨大进步。
- **个人计算机**：接下来的事大家可能比较清楚了，乔布斯和比尔·盖茨横空出世。

1984 年，苹果发布了 System-1，这是一个黑白界面的、世界上第一款具备图形界面的计算机系统。之后苹果操作系统从单调的黑白界面变成 8 色、16 色、真彩色。在这个过程中，比尔·盖茨的 Windows 出现，二人共同推动了计算机在交互方式上的变革①，苹果和微软两家伟大的企业也由此产生。沟通成本降低，意味着越来越多的非专业人士可以将自己的意愿传递给计算机，使它为自己效力。

- **数据中心与智能手机**：随着个人计算机的普及，万维网在同一时代出现。得益于网络，计算机的形态开始发生进一步变化。进入 21 世纪的最初十年，计算机开始往"越来越大"和"越来越小"两个极端演进。2003 年开始，谷歌公司陆续发表了 *Google File System*、*MapReduce* 和 *BigTable* 三篇顶级学术论文，奠定了业界大规模分布式系统的理论基础。这三篇论文开源了谷歌搜索引擎背后的计算机基础架构。谷歌公司认为，面对来自全球的搜索业务和海量数据，单一计算机是无力承载的。创始人拉里·佩奇和谢尔盖·布林尝试将多个计算机通过网络连接在一起，通过软件技术手段将这些计算机视为一个整体。计算机通过远程协作，可以形成分布式的统一整体。也是在这一时期，乔布斯推出智能手机 iPhone，计算机形态开始往"越来越小"的方向演进。得益于触摸屏技术的商业化，人机交互的方式也有了一次大的飞跃。谷歌公司不甘落后，收购并发布了安卓操作系统，利用其开源战略迅速构建生态，进而形成用户黏性。从搜索引擎到分布式数据中心、再到安卓，这一阶段是谷歌的黄金十年。

- **百花齐放的新阶段**：随着计算机算力、数据存储能力的突飞猛进，以及人工智能算法的改良，计算机开始在某些领域寻求突破，量变产生质变，质变的标志就是在特定领域的能力超越该领域人类的最高智力水平。2016 年，AlphaGo 击败韩国选手李世石，人类在围棋阵地失守。这一人工智能成果发表于当年的《自然》杂志。人们开始意识到，随着时间的推移，计算机将在越来越多的领域实现突破。人工智能改造的是计算机的大脑，与此同时，计算机的外观形态在这一时期也正在发生变化。随着无线网络、高精尖芯片制造等技术的发展，以及新能源汽车、智能机器人、AR/VR 眼镜、无人机等计算机形态的出现，计算机开始以更多元化的方式和人类进行信息交互。

每一次计算机的突破，都伴随着算力和存力的突飞猛进，以及具有划时代意义的人机交互方式的变革。在计算机的演进过程中，人们开始不再关心计算机的内部电路实现，

---

① 两位天才关于谁抄袭谁的问题争执了半辈子，感兴趣的读者可以关注马汀·伯克执导的《硅谷传奇》。

交流方式越来越向着对人友好的方向发展。而每一次产业变革又往往伴随着一批产业巨头的倒下，以及新一批明星企业的诞生。

"科技以人为本"，任何一次科技的突破，都是针对人类的需求而生。人类历史上共经历三次科技革命。18 世纪中叶，蒸汽机的发明打开了第一次科技革命的大门，汽车、火车、飞机等机械设施大幅超越人类的能力，使得人类跑得更快、飞得更高。19 世纪 60年代后期，人类迎来第二次科技革命，进入电气时代，白炽灯为黑夜带来了光明。在前两次的科技革命中，新兴工具作为人的附属，使人的能力突破了生物极限。而以计算机为代表的第三次科技革命，其影响更为深远。这次革命开始尝试让工具替代人脑处理一些事务，这是传统汽车、飞机无法完成的。而这个工具一旦再次突破临界点 —— 不仅仅辅助人脑进行思考，而是开始参与决策 —— 那将会是一场新的革命。量子计算、人工智能，以及计算机与生物的交叉学科研究，都呈现出上述趋势。未来，人类会将越来越多的权力让渡给机器，计算机科学和生命科学的边界在这个过程中会变得越来越模糊。

1.1.2 初识计算机中的生物智慧

人与人之间的信息传递过程：如果有个人完全服从于你，按照你的意愿执行，我们就说你对他具备影响力，或者说拥有权力。当你命令一个人做事，大致可以拆解为如下过程：

a. 你的脑子里有一个想法，想计算1+1等于几；
b. 你通过嘴巴把这个想法讲出来，声音通过空气传递到对方耳朵里，对方接收到信息；
c. 对方将接收到的信息传入脑子里，对这个信息进行解析。这里请注意，需要这个人和你使用的是同一门语言，脑子才能完成解析，用中文给一位西班牙人发出命令，对方耳朵能听到但脑子无法解析；
d. 对方基于解析出来的命令，在脑子里进行计算；
e. 计算结果 '2' 是新产生的信息，这个信息从脑子里传递到五官和四肢；
f. 对方嘴巴喊了一声 '2！'，并伸手比了个"耶"的手势。

请体会这个过程，对方的脑子进行了计算，他的嘴和手也有了反应，但是整个指令的根源在你的脑子里。在上述过程中，你的脑子通过某种信息传递，将意志传递到了对方脑子里，并遥控了对方的嘴和手。

类似地，计算机是人类意志的延伸，前提是你大脑中的信息要传递到计算机的大脑。现在请把对方由人换成计算机。当你需要对它进行控制时，能拆解出同样的信息流动过程。

A. 你的脑子里有一个想法：想计算1+1等于几；

B. 你可以通过嘴巴把这个想法讲出来，声音通过空气传递到对方（智能音箱）耳朵里，对方接收到信息。如果对方是一台笔记本，则可以通过手指把这个想法用键盘敲出来，输入电脑。总之，你要把自己脑子里的信息通过某种手段传递到计算机；

C. 对方（计算机）将接收到的信息传进自己的脑子，并对你的输入信息进行解析。神奇的是，你的这条指令计算机居然能理解。这得益于计算机处理器芯片的设计。类似于你和别人学习了同一门语言，处理器设计者在你和计算机之间也约定了一套共同语言，使得你们都能理解；

D. 计算机基于解析出来的命令，利用处理器内部的电路进行计算，产生'2'这样的结果；

E. 计算结果是新产生的信息，这个信息从计算机的脑子传递到显示器；

F. 对方在显示器上输出了字符'2'，并通过扬声器喊了出来。

模拟人类的功能：基于上面的类比，我们知道计算机要想和人类一样，需要具备一些仿生的能力。首先，计算机应该有输入信息的能力，它既然听命于人类，总要有信息输入的渠道。其次，计算机要有输出信息的能力，因为最终计算机要和物理世界打交道。物理学家霍金因患渐冻症无法言语，但他的耳朵和眼睛是可以获取信息的，而手部有三根手指可以活动，通过手指可以把信息从大脑传递到现实世界。从输入到输出，信息流是通的，凭借这样微弱的信息流通渠道，霍金实现了与外界的交流。

除了信息的输入装置，计算机需要一个大脑，这个大脑预期能做两件事：①能理解人类输入的信息；②能对输入的信息进行处理，即计算，进而产生新的信息。请思考一下，当好朋友小明对你讲话时："嗨，中午一起吃饭"，你的大脑是如何完成上述两个功能的？

首先，你能听懂这句话，因为对方是使用中文讲出来的，如果他讲"Xiaoming, manger ensemble à midi"（法语），你可能就听不懂了，这是因为你和小明的大脑都经过了改造，能够对基于某些规则的语言进行解析，且是同一种语言规则，比如汉语。这一大脑改造（学习）过程发生在人们出生后不久的牙牙学语阶段，只不过由于过于遥远，容易被忽视。现在我们将这一过程类比到计算机，人类和计算机之间同样需要这样的语言——这门语言基于大家都认可的语法约定，使得人类和计算机的大脑都能解析，只要双方都能理解，信息传输也就有了纽带。从事计算机工作的人士学习编程语言，就是为了训练人的大脑，使自己能够理解这套语言的语法规则。在设计计算机的大脑（CPU）时，如果有方法使它的脑回路具备解析该编程语言的能力，就可以在程序员和计算机之间形成信息传输的纽带。

如果计算机能够解析你的语言了，它的大脑还需要能够进行人类所期望的处理。比如你问它："1+1 等于几?"，计算机将这个信息经过脑回路，应该能够输出 "2" 而不是 "3"!因此，计算机的 "脑回路" —— CPU 芯片内部的集成电路 —— 需要经过巧妙的设计，使得计算机脑回路中流出的信息刚好就是人类期望的结果。

此外，强大的记忆能力是人类在生物竞争中胜出的关键之一。单细胞生物只能对当下的环境刺激做出反应，人类则不同。当环境刺激到来时，人类可以结合记忆中以前的信息，作出更聪明的判断。如果有人踢了你一脚，本能反应是踢回去，这是对输入信息的即时反应。但如果有记忆模块的介入，就可能作出不一样的反应。基于记忆模块，你知道："哦，踢自己的人是拳王泰森"，这时你的腿部反应可能是后退几步，而非踢回去。存储模块打破了时间的限制，生物对信息的处理不再只关注当下，这是人类进化为智人的前提。为了协助人类完成复杂的任务，计算机同样需要记忆模块。通过将动态流动的信息固化为静态的数据，并存储下来，就能打破时间的限制。

计算机与人类的关系：很多动物物种有群居的现象，有族群就会有阶层，个体为了从族群中分配更多资源而绞尽脑汁。以人类为例，人们总是希望付出劳动而获取最多的资源。一个很好的方法是：让别人为自己打工，别人付出更多的劳动而自己获得资源回报。卡尔·马克思曾在《资本论》中对这一现象做过详细的论述。近代人类世界出现大量的殖民现象，其本质也是强迫一国人为另一国人打工。但显然，这种剥削是现代文明社会不能接受的，虽然殖民依然存在，但其早已变得更加隐性和收敛。

计算机的出现给这种生产关系带来新的解决方案。试想，如果让别人为我们打工，甚至全天无休，而我们自己享受劳动成果，这显然不太能被接受。但是，如果这里所说的 "别人" 是一堆晶体管组成的机器人，就不会出现人类社会在伦理公正方面的质疑了。计算机这个无机生物物种，正是扮演了这样的角色，随着计算机能力逐渐增强，它所承担的任务会越来越多。

分工协作的思想：分工协作是大自然给人类的一个重要启示。这一思想在自然界普遍存在，它使得简单个体无法完成的任务，通过个体间联合而得以完成。蚂蚁通过组成蚁群搬运巨大的食物；军队在攻占领地时，每个士兵都有各自的职责；公司为了推出一款产品，需要雇大量的员工，每个员工负责其中的一个小模块。可以说，分工协作在自然界和人类社会无处不在。对人类人体而言，则需要心、肝、脾、肺、肾、五官、四肢等不同器官模块各司其职，彼此协作，共同构成生命体。同样，为了模拟前文提到的人类功能，计算机也需要不同的 "器官"。每个器官负责什么?各个器官之间如何组织、如何协作?这需要经过系统性的设计。现代计算机普遍采用**冯·诺依曼架构**对计算机的各个模块进行组织。冯·诺依曼架构是现代计算机体系结构的基石。

1.2　冯·诺依曼架构

有机生物可以被视作一种信息处理系统，碳基物理结构是其硬件，大脑和基因中记忆的数据和算法是其软件。从单细胞生物进化到今天的人类，这一特征并没有发生大的变化，只不过是硬件结构和软件算法趋于复杂化。计算机作为一个信息处理系统，已初步具备生物的某些特质，硅基物理结构是其硬件，存储器中的数据和程序是其软件。

1.2.1　硬件

计算机存在多种外观形态，不同形态往往具备不同的能力，如图 1.2 所示。但无论计算机的形态如何变化，打开外壳都会发现内部是一块电路板。电路板上镶嵌着一块块黑色的正方形或长方形物体，通常称为芯片，也叫作集成电路。图 1.3 是苹果 iPad 拆开后的示意图，其中心标有 A5 的芯片是两个主频（心脏跳动频率）1GHz 的处理器。处理器是计算机的大脑，是计算机中最活跃的部分，也就是我们常说的 CPU（Central Processor Unit，中央处理单元）。处理器严格按照程序中的指令运行，完成指令的解析、数据的计算，按计算结果发出控制信号驱动屏幕、外存储器、麦克风等外接设备做出动作。当前，面向智能终端的海思麒麟 990 芯片集成了 103 亿个晶体管，高端服务器芯片苹果 M1 Ultra 则在内部集成了 1140 亿个晶体管。

图 1.2　计算机具有多种外观形态，如笔记本计算机、智能手机、AR/VR 眼镜、智能汽车、无人机、机器人等。不同形态会基于计算机不同的能力，如无人机可以飞行，智能汽车可以识别行人并行驶，笔记本计算机可以用来办公，手机则支持通过触摸屏刷短视频和朋友圈

更具体地，处理器从逻辑上包括两个主要部件：数据通路和控制器。**数据通路**负责完成算术运算，**控制器**负责指导数据通路、存储器和 I/O 设备按照程序指令的正确逻辑执行。图 1.3 所示的电路中还有两块存储器芯片，每块容量为 2Gib，共 512MiB。**内存**是程序运行时的存储空间，用于保存所有程序运行时所需数据。内存由动态随机访问存储器（Dynamic Random Access Memory，DRAM）芯片组成，芯片的晶体管用于存放程

序的指令和数据。处理器和内存共同构成冯·诺依曼架构的核心组件。

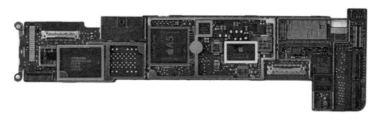

图 1.3　计算机的内部硬件结构示例

在当今计算机中，除了 DRAM 芯片作为内存使用，处理器内部还配备了另一种更快的存储器，业界称之为 CPU 高速缓存（L1-L3 Cache）。**高速缓存**是一种小而快的存储器，一般作为 DRAM 的缓冲。高速缓存采用的是另一种存储技术：静态随机访问存储器（Static Random Access Memory, SRAM）。SRAM 一般 4～6 个晶体管保存一个电位信息，相比 DRAM 密度更低，经济成本更高，但速度更快。SRAM 的出现是为了提高处理器的性能，如果没有 SRAM，只有处理器和 DRAM，计算机同样可以运行。因此，为了便于理解，可以先不考虑 SRAM 的存在。

基于前面介绍的处理器和内存，我们大致了解了计算机的工作原理：程序指令和数据会存放在内存芯片的晶体管中，程序运行过程中，将指令和数据逐条从内存取进处理器，利用处理器内部的电路进行计算，再将结果返回到内存。然而，一旦关掉电源，所有数据都会丢失，因为无论 DRAM 还是 SRAM，都是**易失性存储器**。因此，计算机中还需要一个元器件，该元器件通常称为**非易失性存储器**。目前最常见的非易失性存储器是**闪存**（Flash），比如笔记本电脑中配备的 SSD，手机中配备的 UFS/eMMC。闪存比内存慢，但却便宜很多，空间容量也大得多。一般而言，一台智能手机配备几 GB 至十几 GB 的内存，但可以配备高达 512GB 甚至 TB 级的闪存，两者间的容量差距可见一斑。

1.2.2　硬件电路的图纸

图 1.3 呈现了计算机中各个模块的组成结构，其对应的图纸如图 1.4 所示，这一理论架构称为冯·诺依曼架构。

该架构由五大组件构成，表征了各大组件相互之间的关系。五大组件分别是*数据通路*、*控制器*、*内存*、*输入*和*输出*。其中，数据通路和控制器统称为处理器（CPU），输入和输出统称为 I/O。

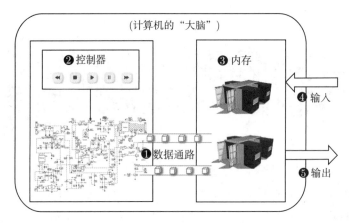

图 1.4   冯·诺依曼架构由五大组件构成：数据通路、控制器、内存、输入和输出

这五个核心组件构成类似于有机生物的信息处理系统，当信息传进这个脑子进行处理时，也就是通过输入管道传入，传入的信息以二进制形式存放在存储器的晶体管中。然后，存储器晶体管中的电子传入数据通路，电子移动形成电流。控制器负责对数据通路进行管控，当不同的程序指令到来时，控制器通过控制数据通路中元器件的开和关，可以实现对不同程序指令的处理。处理之后的结果，再通过输出管道从计算机中传递出去。

I/O 类似人类大脑伸出来的触角，经脉遍布全身并与各个感官相连。I/O 是计算机与外界进行信息交互的桥梁，经由 I/O 管道，计算机可以进一步连接很多电子设备，如键盘、麦克风、摄像头、触摸屏、闪存等。这些外设提供了各种各样的能力，例如智能音箱可以通过麦克风将语音信息转换为二进制传入计算机的大脑，通过将 I/O 连接至显示器或飞行器的螺旋桨则可以实现屏幕显示和无人机飞行。

信息的表现形式和物质属性：对于计算机硬件而言，人为了与其交流，需要一定的媒介来表征信息。人与人之间进行英文交流时，使用 26 个字母拼接成各种单词，这些单词就是信息的载体。而人与计算机交流时，也需要类似的字母，但只需要两个字母即可：'0' 和 '1'。这也是为什么当今使用的高级编程语言，最终都会经由编译器生成二进制文件。这些二进制的可执行文件，也就是程序，会按照 0/1 状态存放在计算机的晶体管中。晶体管就是计算机的"细胞"。请注意，计算机硬件并不懂 0/1 这些抽象的概念，它只知道物理上看得见摸得着的东西：晶体管的电子状态。高电平和低电平两个晶体管状态分别对应 '0' 和 '1' 两个抽象概念即可。也就是说，虽然计算机看到的是高、低电平，人看到的是 0/1 二进制，但两者其实是一回事。

对于正在运行的程序，其二进制存放在内存。在通电状态下这些二进制，即晶体管中的电子，会按照特定格式分批传进 CPU 中的逻辑电路，经过逻辑电路内部的电流流通后，输出的电流序列和输入的电流序列就发生了变化，也就是说，输出的二进制序列和输入已经有所不同，输出的正是计算之后的结果。

再看「Hello, world!」：对从事计算机工作的人来说，Hello world 是程序员生涯的起点，也是学习编程语言的原点。我们在计算机上按照编程语法敲一些字符（见图 1.5 右下角），然后单击一个编译的按钮并运行它，计算机显示器上就会弹出一个命令行窗口，窗口里写着 "Hello, world!"（见图 1.5 右上角），仿佛计算机在和世界打招呼。

这里就以此为例，看一下我们敲出的字符是如何在计算机里工作的。假设采用 C 语言编写，这些字符就会保存为 hello_world.c 文件。编译以后会生成 hello_world.exe 文件，这个文件是可执行的，保存在某个目录下，姑且将它保存在 "D:/Helloworld" 路径。这个时候，进入 D 盘并双击 hello_world.exe 文件，它就会运行，并在屏幕上显示一行字符串。如果以支持二进制格式的文本方式打开 hello_world.exe 文件，不难发现文件就是 0/1 构成的二进制集合。我们编写的程序最终以电平状态的形式存放在闪存中。双击这个文件时，这个可执行（二进制）文件会被加载进内存。所谓加载进内存，就是闪存的晶体管中保存的电位状态（高电位、低电位）经过电路线传递到内存的晶体管阵列中保存。随后，内存中的这些二进制根据特定格式逐条送进处理器并利用内部电路进行计算。从 CPU 流出的电子状态传输到内存，再传输到屏幕上显示。

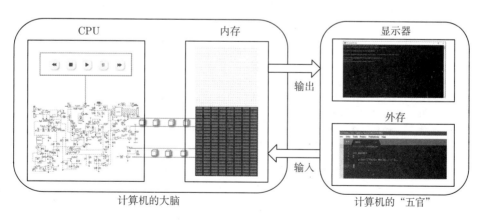

图 1.5　程序在冯·诺依曼架构计算机中的工作原理示例

以上便是一个程序在几个硬件组件之间的流转过程。在程序运行过程中，把计算机的电源拔掉，设备掉电，随后重新接上电源启动计算机。你会发现，刚才运行的 hello_world

程序不再运行了，因为它在掉电易失的内存中；而那个 hello_world.exe 文件本身依然保存在 "D:/Helloworld"，没有丢失，因为它在掉电非易失的闪存上。

1.2.3　软件

计算机除了硬件，还包括各类软件。所谓软件，就是一套指导计算机硬件如何运转的逻辑序列，类似于人类的思想。人除了由各个器官构成身体，还必须有一些软件算法在脑子里运转，这些软件告诉我们需要做什么、不能做什么、按照什么顺序做事。如果让计算机硬件做事，同样需要告诉它这样的逻辑序列，通常称之为程序。软件和程序基本说的是一件事情，就是人为给计算机设定的一些执行序列，告诉它一步步怎么做。为了实现这个执行序列，就需要一套人和机器都认识的语言。如图 1.6 所示，人机交互语言经历了三代发展。

第一代人机交互语言：人类最初是使用二进制数与计算机打交道的，这是第一代程序员的信息交流方式。在这种沟通方式下，晶体管中的电子被传入处理器经过电路运算以后，会将结果返回。电子移动形成电流，微弱的电流在内存和 CPU 之间流转，完成一条一条指令的计算过程。

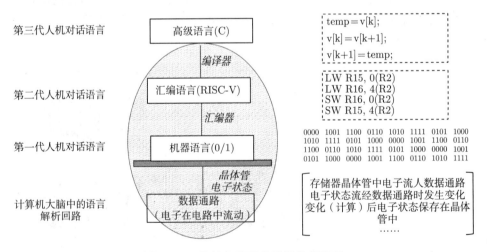

图 1.6　一段经典代码的编译执行流程

第二代人机交互语言：基于二进制的人机交互方式是极其乏味的，且使用门槛太高。于是，人们很快发明了助记符，以符合人类的思维方式，这些助记符最初通过手工翻译成二进制，但后来人们开始使用专业工具进行翻译，也就是汇编器。通过汇编器，可以将助记符形式的指令自动翻译成与其对应的二进制。在这一阶段，人类只需要基于自然语言输入 add X，Y，汇编器会自动将该指令翻译为二进制：1001010100101110。该指令告诉计算机将 X 和 Y 两个数相加。这种接近人类自然语言的指令，至今仍在使用，称为汇编语言。请注意，这一条一条的英文指令，只是为了便于人理解，计算机真正识别的依然是二进制数。更准确地讲，计算机认识的也不是二进制，而是晶体管中的电子状态。我们通常认为，计算机语言就是二进制数，每个字母就是二进制数字中的一个二进制位或一个比特位。计算机服从我们的"命令"，即计算机术语中所说的"指令"。指令是能被计算机识别并执行的二进制串，一个二进制串类似于英文中的一个字母组合及单词。例如，位串"1001010100101110"告诉计算机将两个数相加。

第三代人机交互语言：虽然这是一个巨大的进步，但汇编语言和中英文这样的自然语言仍相去甚远。汇编语言需要程序员写出计算机具体执行的每条指令，这必然要求程序员对计算机的内部实现细节了如指掌。一般人难以做到。于是，人们开始设计类似于自然语言的高级计算机语言。这种计算机语言非常接近自然语言。只要有办法将高级语言翻译成一条条指令，就可以进一步将其转换为二进制而为计算机所理解。基于这一考量，C、Java、Python 等高级语言被陆续推出。程序员只需要使用编译器，就可以将上述高级语言转化成助记符形式的指令，进而转化为二进制的机器语言。高级语言及其编译器大大提高了软件的生产效率。

无论中文、英文、C 语言、汇编语言，抑或是二进制语言，都只是信息的载体，本质上是一样的。语言是一套约定，不妨思考为什么我们会讲话？而且神奇的是，我们讲出来的语言可以被周围人听懂。那是因为人与人之间基于语言的教育达成了共识，大家可以对特定语法的语言进行表达和解析。在与计算机打交道时，我们学习的 C 语言可以通过编译器、汇编器等"翻译人员"翻译成二进制状态存放在计算机的晶体管中。得益于计算机 CPU 芯片的电路设计，计算机是能读懂这些晶体管中电子状态的，并按照你的语句逐句执行 —— 将晶体管中的电子状态逐段送入电路，也就形成了程序，即软件。

佛教云："若见诸相非相，即见如来。"无论与人打交道，还是与计算机交流，都要能看到表面以下更本质的一些东西。当我们使用手机时，手指在屏幕上滑动，手机的画面开始滚动，好像手机"活"了。其本质是屏幕背后的电路板上，晶体管中的电子按照一定的顺序和节奏流过 CPU 的电路，发生电子状态的变化。生命在于运动，"活着"的计算机就是一个内部电路板中电子不断流动的过程。

软件可以划分为系统软件和应用软件。系统软件有很多种，其中以操作系统为主要代表。操作系统为用户提供各种服务和功能，并屏蔽底层的硬件细节。微信、王者荣耀、我们写的 hello_world.exe 则属于应用软件，这些软件实现特定的应用逻辑。通过后续章节的学习，大家会逐渐认识到，无论操作系统还是程序员编写的简单程序，它们本质是一样的。入门时学的 hello_world.exe 程序并没有那么简单，操作系统程序也没有那么神秘。

1.3　衡量计算机的指标

1.3.1　可靠是一切的前提

衡量一台计算机的好坏，和评价一个人是类似的。人与人打交道，通常会从人品和能力两方面进行评价。人品用来表征一个人是否值得信任，即这个人讲出来的话、输出的信息是否靠谱。对计算机而言，它所计算的结果要是正确的。相比于能力，忠实可靠往往更为重要，这是一切的前提。无论计算机还是人类社会，皆如此。人和计算机的关系是不平等的，人是主导，计算机是仆从。所以，当人脑中的信息传入计算机中，计算机需要无条件地、准确地执行人类的命令，并给出可靠的、正确的结果。

在计算机出现的早期，人们通过严谨的电路设计和控制，基本保证了计算机的正确性。也正因为这个原因，CPU 中的控制电路是极其复杂和精细的。解决了信任问题之后，近些年人们开始对计算机的办事能力，也就是性能，提出越来越高的要求。

笔记　三国时期，刘备将荆州交给关羽，首先考量的一定是对方的忠诚可靠品质，而非能力高低。"能力可以培养，但忠心可遇不可求"，这或许是刘备从吕布的徐州背刺中吸取的教训。同样，刘备晚年征讨东吴，把可靠的诸葛亮留在川蜀根据地，而非从能力的角度考虑，令其随军出征。

1.3.2　办事能力

量化评价计算机的性能是一项富有挑战的工作。由于现代软件系统的规模极其复杂且层级众多，加之软硬件设计者普遍采用了各种先进的性能改进方法，使性能评价变得更加困难。消费者购买计算机时，性能是影响其选择的重要因素。因此，精确地测量和比较不同计算机的性能高低，对于消费者和计算机设计者而言都极为重要。

业界一般采用延迟（Latency）和吞吐率（Throughput）两项指标衡量计算机性能。例如，当在两台不同的计算机上运行同一程序时，就可以说首先完成该程序任务的计算机更快。因为该计算机对程序的响应时间更短，即延迟更低。再如淘宝的数据中心，在"双十一"期间每台计算机需要执行大量的程序任务，在这种情况下，人们更倾向于关心计算机在给定时间内能够完成的任务数，而非某一个具体任务多久执行完毕。

计算机中的处理器往往需要同时运行多个程序，例如，程序 A 的二进制指令进入处理器执行一段时间，然后程序 B 的指令进入程序执行一段时间，B 执行期间 A 是暂停的。计算机的设计人员只关心程序 A 在 CPU 中实际执行花了多长时间，使用这段时间才能准确衡量处理器的响应能力。A 额外等待 B 的那段时间对于衡量 CPU 的性能是没有意义的。因此，在衡量 CPU 性能时，使用 CPU 执行时间来表征，简称 CPU 时间。

在国际单位中，衡量时间的基本单位是秒。但是，以秒为单位评估 CPU 的执行能力并不方便，特别是对计算机设计者而言，他们需要考虑如何度量计算机硬件完成基本功能的速度。几乎所有计算机的构成都需要基于时钟，类似于生物的心跳。计算机利用时钟确定各类事件在硬件中何时发生。这些离散时间间隔称为时钟周期，也称嘀嗒或节拍。时钟周期就是计算机的"心跳"，计算机基于特定频率的脉冲会每隔一段时间跳动一次。我们通常所说的 CPU 主频 2GHz 指的就是时钟频率，也就是时钟周期的倒数，表示这个计算机的心跳有多快。因此，衡量 CPU 性能时，通常说"一个程序经过多少个心跳完成"，而不是说经过了"多少秒"。

$$程序的 CPU 执行时间 = 程序的 CPU 时钟周期数 \times 时钟周期$$

进一步地，一个程序又是由若干条指令构成。由于编译器明确生成了要执行的指令，且计算机必须通过执行指令运行程序，因此执行时间依赖于程序中的指令数。一种考虑执行时间的方法是，执行时间等于执行的指令数乘以每条指令所需的平均心跳。这里，执行指令所需的平均心跳，也就是指令平均时钟周期数表示执行每条指令所需的时钟周期平均数，缩写为 CPI（Cycle Per Instruction）。根据所完成任务的不同，不同的指令需要的时间可能不同，而 CPI 是程序的所有指令所用时钟周期的平均值。CPI 提供了一种相同指令系统在不同硬件之下比较性能的方法，因为在指令系统不变的情况下，一个程序执行的指令数是不变的。

$$CPU 时间 = 指令数 \times CPI \times 时钟周期长度$$

上述 CPU 时间的性能评估方法，是基于计算机设计人员的视角。对于计算机的使用者，其对计算机性能的评价指标又有所区别。使用者往往只关心一个任务从开始执行到执行完毕这一全过程的时间，而不仅仅是该任务在 CPU 中花费的时间。例如，进行屏幕的动画渲染时，一帧的渲染任务往往在 16.6 毫秒内完成，以满足人类视网膜的识别极限。一个手机应用的启动任务，一般在百毫秒级完成，超过秒级时往往用户可感知。这里所说的任务执行时间既包括 CPU 时间，也包括任务等待时间、I/O 时间等。从消费者视角，性能的评估更复杂，更难以量化。如果考虑功耗、数据安全性、经济成本等因素，对一台计算机的衡量会更加复杂。简言之，不同场景下人的需求是不一样的，衡量的指标往往以人的需求为导向，使用计算机的客户拥有最终解释权。

1.3.3　能力范围

计算机能做哪些事？是否有计算机完成不了的任务？在回答这个问题之前，我们先看一个悖论：如果一个人说"我正在说谎"，那么他到底在不在说谎呢？如果他不在说谎，那么"我正在说谎"这句话就是假的；如果他在说谎，那么"我正在说谎"这句话就是真的。无论从哪个方向推演，得到的都是自相矛盾的结论，我们无从判定他在不在说谎。这就是著名的说谎者悖论。

与之类似的，还有伯特兰·罗素（Bertrand Russell）在 1901 年提出的罗素悖论，它的通俗化版本是流传更广的理发师悖论：如果一位理发师只给不为自己理发的人理发，那他给不给自己理发呢？

这些悖论是由"自指"导致的 —— 当一套理论开始描述自身，难免会出现悖论。为使命题合理，当那位理发师圈定服务对象的范围时，必须把自己排除在外。这意味着，没有包罗万象的集合 —— 至少它不能轻易包含自己。同样，现实世界的所有科学问题均基于数学构建，数学可以描述所有的科学现象，却无法自证：爱因斯坦用数学描述了光速，却无法用数学回答光速为何就是"299792458"这个数字。即使再不情愿，我们也不得不承认数学是不完美的，至少它没有自证的能力。而计算机恰恰是构建在 0/1 数字之上的，所以它的能力范围应该无法超越数学。

针对这个问题，图灵在 1936 年的伦敦数学协会会刊上发表了那篇奠定现代计算机理论的经典论文 ——《论可计算数及其在判定问题中的应用》。文中首次提出图灵机的概念，并给出了长达 36 页的数学论证，这是计算机的原始公式。从这些公式开始，计算机有了真正坚实的理论基础。图灵的工作不仅理论回答了计算机的能力范围问题，更参透了数学和计算机的本质关系 —— 计算机是为解决数学问题而诞生的，却又基于数学，因而数学自身的极限便框定了计算机的能力范围。如今的所有通用计算机都是图灵机的一种实现，两者的能力是等价的。当一个计算系统可以模拟通用图灵机时，我们称其是图灵完备的（Turing complete）；当一个图灵完备的系统可以被图灵机模拟时，我们称其是图灵等效的（Turing equivalent）。图灵完备和图灵等效成为衡量计算机和编程语言能力的基础指标，如今几乎所有的编程语言都是图灵完备的，这意味着它们可以相互取代，一款语言能写出的程序用另一款照样可以实现。

因此，关于计算机的能力范围，图灵证明了**没有任何计算机可以解决所有数学问题**，也证明了**计算机可以完成所有人类能完成的计算工作**。对人类而言，这个结论完全可以接受。

1.4 思考

通过本书后续章节的学习，以下技术和思想上的问题可以得到解答：

1.4.1 关于计算机的十点疑问

疑问 1.1

计算机是由晶体管和各类电子元器件组装的金属体，在出厂之前是经过产线组装加工的、没有灵魂的金属板砖。可是，我可以用它刷抖音、打游戏，甚至和它聊天。计算机是如何从板砖变为拥有"灵魂"？中间的区别在哪里？

疑问 1.2

用 C 语言写了一段 hello_world.c 代码，然后编译运行。自己写的这段文本代码，为什么计算机可以理解并做出响应？生成的 hello_world.exe 文件和.c 文件又是什么关系？Windows 操作系统、微信 App 都是利用代码写出来的，我写的 hello_world.c 如果足够复杂，如何变成像它们那样的大程序？

疑问 1.3

打开手机，用微信给好友发消息，对方无论身处何处，总是可以收到消息。计算机是如何做到的？

疑问 1.4

掉电以后，计算机会自动关机。这个时候，计算机重新退化到金属板砖的状态，不再有电。可是重新通电启动时，操作系统依然可以启动，C 盘、D 盘中的文件依然可以找到，是何缘故？

疑问 1.5

对于计算机专业而言，要学习"C 语言""数据结构与算法""计算机体系结构""操作系统""编译原理""计算机网络"等课程，这些课程相互之间是什么关系？这些纸面上的知识如何构成计算机统一的知识体系？我们高中学习的数学、物理在其中又扮演着怎样的角色？

疑问 1.6

我的手机刚买来时很流畅，但为什么越用越"卡"，直至最后坏掉？

疑问 1.7

不是说计算机以 0 和 1 方式存在么，但为什么屏幕上可以出现各式各样的图片、视频、动画，甚至可以利用程序控制屏幕显示的内容？

疑问 1.8

服务器是计算机，手机是计算机，机器人是计算机，汽车是一台计算机，甚至钢铁侠也算是一台计算机。既然是同类，它们有什么内在的共通之处？

疑问 1.9

我们通常讲的"芯片""集成电路""半导体""CPU""内存""闪存""缓存""存储器"等概念分别指什么，它们之间什么关系？为什么芯片的制造如此艰难？

疑问 1.10

除了书本上的理论知识，当代计算机产业界和科学界正在发生什么？

1.4.2　从计算机科学中可以获得的启示

发散问题 1.1

什么是"灵魂"？有灵魂的活人可以对外界做出反应，计算机硬件好比人的尸体，是没有灵魂的。但是，运行操作系统或应用程序的计算机可以对外界做出响应，计算机可以讲话（智能音箱）、可以移动（无人机），甚至可以下棋（AlphaGo），计算机算得上有灵魂吗？科幻电影《生化危机》中，丧尸同样可以对外界做出反应，可以紧追主人翁不放，他们算得上有灵魂吗？

发散问题 1.2

一个机器人（如 ChatGPT）可以和你愉快地聊天，如果蒙上眼睛，你甚至无法分辨对方是机器还是人类。但是，你心里是清楚的，机器人没有自己的意识，而人类有。假设你和机器人聊了很久很久，如果有一刻计算机说了某句话，让你惊恐地发现对方居然有意识了！你觉得你是基于什么本能感受到对方的意识？

发散问题 1.3

人类不断从大自然摄取资源，以维持生存。我们贪婪地摄取食物，同样贪婪地摄取信息。摄取化学物质有可能上瘾，如抽烟；但摄取信息同样能上瘾，如很多年轻人对手机的依赖。一旦断掉来源，无论是化学物质还是信息，人的身体都会出现焦躁、易怒等戒断反应。那么，我们摄取的化学物质，包括食物，是否与摄取的信息有某种被忽略的相同之处呢？

发散问题 1.4

计算机关机，拔掉电源，似乎又恢复到了"尸体"的状态。如果重新接入能量，这具尸体是可以复活的。但人死不能复生，即便通过技术手段保持肉身不腐烂，同样无法重启生命。这两者有什么区别？

发散问题 1.5

21 世纪下半叶，我们——至少我们的孩子——会生活在那个年代。那时的计算机将大幅取代人类工作，全球生产力和生产关系重构。为了适应这些变化，我们应该做哪些准备?

发散问题 1.6

为什么我总是清晰记得刚发生的事,却需要思考很久才想起故人的名字?

发散问题 1.7

计算机的晶体管越来越小,假设工艺允许,它可以无限小吗?如果已经接近了原子大小,甚至更小,会发生什么变化?

发散问题 1.8

既然科学的底层是融通的,"甲骨文""庄子梦蝶""阴阳""原子""爱因斯坦的质能方程""楚门的世界"……这些看似不相干的知识或思想,能否通过计算机科学理解?

发散问题 1.9

为什么头脑简单的人偏好丰富多彩的外部环境,头脑复杂的人反而对简洁有着特殊的心理需求?

1.5 结语

比尔·盖茨曾说:"21世纪是生物的世纪"。21世纪前20年,生物科学和计算机科学均取得了重大突破。如今,生物科学的一些技术(如基因改造、克隆)已经抵达了现有道德和伦理的边界。受伦理约束,生物学发展受到制约,世界各国对从事生物研究的伦理审查极其严格。而计算机科学相对温和,在真正意义上的智能机器人出现之前,尚处在人类伦理能接受的范围内。

计算机是人为创造出来的生物,只不过这个生物不再由碳氧化合物构成。但只要摆脱通过有机化合物获取能量的渠道,无机物在有足够能量供给的情况下,可以越来越具备生物的特质。随着计算机硬件能力的增强,以及人工智能等软件算法的进化,计算机将变得越来越聪明。在这一发展趋势之下,计算机科学和传统生物科学的边界越来越模糊,脑机接口、脑科学等领域的突破会进一步加速计算机和生物的融合。当计算机科学开始对生物科学跨境打击的时候，越来越多的人会意识到计算机中蕴含的生命特质。那时，计算机科学也就到达了人类伦理的边界。

在人与计算机打交道的过程中，实际上对其硬件实现不感兴趣，甚至对存储在计算机中的数据也不感兴趣，真正感兴趣的是从计算机中传递出来的有效信息。这个信息最终传入人的大脑，作为人类从自然界获取的一项资源，才是有价值的。而信息本身与它的物质形态如何没有关系。通过本章的学习，希望大家学会以生物的视角看待计算机，这样我们不但能理解计算机的结构，也能理解为什么这样设计。

学习计算机时，可以试着以不同角色看待它：

- **商店里的消费者**：对消费者而言，计算机是伙伴，与计算机打交道就像和人类朋友打交道，都是一个信息传输的过程。消费者是非计算机专业人士，但这不影响他们使用计算机上的应用。
- **腾讯公司的程序员**：程序员也需要和计算机打交道，但和消费者有很大的身份区别。消费者使用各种应用，每输入一个信号，应用就能给出特定的反应，比如点击微信按钮和朋友通话。但这个应用为什么能够对消费者的行为做出特定的响应呢？这得益于程序员：程序员会通过编程语言告诉计算机“如果消费者有某个行为出现，你应该做出怎样的反应”。
- **芯片和系统设计专家**：在程序员和计算机打交道之前，计算机就已经设计出来了。如果你是计算机的设计者，应当如何设计电路才能让它理解人类的语言，并作出期望的反应？在计算机的设计者中，又有不同的角色身份：芯片设计者、操作系统设计者、编译器设计者等，他们分布在英特尔、谷歌、华为、三星、苹果等一众大厂，这是模块化的体现。
- **来自台积电的工人**：设计者可以画出图纸，并宣称他们的设计是最完美的。但纸终归是纸，我们还需要技术工人按照图纸把各类芯片和元器件造出来。因此，完成芯片设计的公司，还需要向芯片制造公司下单，把实物造出来。

本章关键词：无机生物，摩尔定律，冯·诺依曼架构，模块化，程序，信息，性能

第 2 章　百年激荡

看得到过去多远，就能看得到未来多远。

——丘吉尔

2.1　引言

如果想了解一个人，不妨试着先了解他的过去。人会随着成长变得越来越复杂，但复杂是由简单发展而来的，事物总是始于简而趋于繁，计算机亦如此。如今的计算机系统非常复杂，经过数十年的发展，处理任务有条不紊，滴水不漏。刚开始接触计算机往往不知从何处入手，即使学习了编程语言，学生也常有一种"好像学会了，又好像什么都没懂"的无力感。如果一眼看不透，不知道计算机为何如此"完美"，不妨把视线暂时往回拉，探究一下计算机刚出现时的模样。

2.2　从硅谷谈起

2.2.1　星火燎原 —— 斯坦福

图 2.1　斯坦福大学校园

公元 1891 年（光绪十七年），康有为租借"邱氏书院"为讲学堂，创办万木草堂，开始为戊戌变法积蓄力量。同年，太平洋对岸，一位富商为纪念自己去世的儿子，在美国西部的蛮荒地上创办了一所大学，并以其儿子的名字 —— 斯坦福命名（图 2.1）。彼时的美国，高度发达的经济中心集中在东部，经大西洋与欧洲联通，贸易、人员往来络绎不绝，而斯坦福大学所在的圣克拉拉谷位于西部，当时还是一片果园，与大清隔太平洋相望。当时这片土地结出的还是真的苹果，而不是一百年以后的那个"苹果"。自斯坦福大学始，这片蛮荒地出现了一点星星之火，随后百年，历史的卷轴在这里徐徐展开，最终成就了大名鼎鼎的硅谷。

斯坦福大学创立之初，有两人来到过这里：

- 一位心理学教授在此任职，主要从事智力研究，我们今天的智力测试，很多就源于这位教授的研究。他的儿子于 1900 年出生，从小在斯坦福校园长大，并同样就读于这所大学，先后获得了斯坦福大学化学学士和电子工程硕士。后来，这个儿子获得了麻省理工学院（MIT）电气工程博士学位，并在斯坦福大学任教，是标准的斯坦福二代。

- 斯坦福大学第一届招生，招收到一位女生，这个女生智商极高，据说毕业以后，她曾带着儿子回母校找上面那位心理学教授测智商。

这两位斯坦福人的事迹不为人关注，但他们各自的儿子：**弗雷德里克·特曼和威廉·肖克利**，却对硅谷和计算机影响深远。弗雷德里克·特曼是公认的硅谷缔造者，"硅谷之父"。威廉·肖克利创造了晶体管，被誉为"晶体管之父"，而晶体管正是计算机这个新物种的"细胞"。

弗雷德里克·特曼在其恩师[①]的悉心指导下，坚信大学应成为研究与开发的中心，而不是单纯的学术象牙塔，这一思想时至今日对科研人才培养依然有巨大影响。在这一理念的驱使下，他创立了**斯坦福工业园**。

弗雷德里克·特曼任斯坦福大学副校长期间，积极推动校方加强与电子产业界的联系，依托斯坦福大学实体，联合科技公司，共同推动西部电子产业的发展。1951 年，在他的推动下，斯坦福大学把靠近帕洛阿托的部分校园地皮划出来成立了一个斯坦福工业园，将土地直接以 99 年的合约期租给一些科技公司。

这些科技公司的入驻，不但解决了学校的运营资金的问题，还给学生带来更多的创业就业机会，而公司则可以获得源源不断的人力资源和知识产权。三方目标一致，利益共通，因此园区顺利运作了下去。到 1955 年，已有 7 家公司在工业园设厂，1960 年增加到 32 家，1970 年达到 70 家。到 1980 年，整个工业园的 655 英亩土地全部租完，来自 90 家公司的 25 万名员工入住其中。这些公司一般都是电子工业中的高技术公司。

斯坦福工业园成功开创了一种新的硅谷发展模式，即"大学＋科研＋产业"三位一体的模式，成了美国和全世界纷起效尤的高技术产业区楷模。如今，世界各地有大量

---

① "信息论之父"香农与弗雷德里克·特曼师从同一导师——范内瓦·布什。范内瓦是模拟计算机的开创者，也是我们今天诸多计算机理论的先驱。我们今天的搜索引擎、鼠标、超文本等一系列创造，都可以追溯到他 1945 年在《大西洋月刊》上发表的《诚如所思》。此外，美国科技政策的开山之作《科学：无尽的前沿》也出自范内瓦之手。范内瓦是美国罗斯福总统的科学顾问，曾任国防研究委员会主席，"曼哈顿计划"的核心推动者和实际执行者。

的工业园区，中国政府近年大力扶持鹏城实验室等新型科研机构，均是希望通过产学研的融合促进科技发展和人才培养。

在众多斯坦福工业园引进的科技公司中，有一家是弗雷德里克·特曼自己培养的两个学生创办的。1938 年，这两位学生——比尔·休利特（Bill Hewitt）和戴维·帕卡德（David Packard）——发明了音频振荡器。在特曼的指导和资助下，他的这两个学生在一间车库里创办了惠普，开始将这个发明成果产业化。对他的两位高徒，特曼这样评价："你把他们放在任何新环境，他们都会迅速掌握必需的东西，而且达到高超的水平。所以当他们开始搞学业时，他们无须什么教师指点，而是一边干一边学会需要掌握的东西。他们学习的速度总比问题冒出来的速度更快"。这两位学生成功之后当然没有忘记自己的恩师，特曼成立斯坦福工业园之后，惠普作为第一批科技企业迅速入驻。而特曼作为惠普公司董事会成员达 40 年之久，这也成为硅谷历史上最感人的插曲之一。1977 年，两人向斯坦福大学捐赠 920 万美元，建造了最现代化的特曼工程学中心，作为 40 年前特曼资助的 538 美元的回赠。到目前为止，惠普创始人连同他们的家族基金和公司共向斯坦福捐赠的金额超过 3 亿美元。

此外，特曼将大量军工资源拉入斯坦福大学。和很多领域的关键技术一样，电子技术的突破源于战争。二战期间，特曼作为一项绝密军事任务的负责人，接触了大量鲜为人知的电子学方面的尖端研究项目。随着战争的结束，他意识到："战争期间的秘密研究成果将为战后电子工业的发展奠定基础。而斯坦福有机会像东部的哈佛大学一样在西部这个领域拥有举足轻重的地位。"战后，通过获得一些政府资助科研项目，特曼吸引了很多优秀的学生和老师加入斯坦福，进一步巩固斯坦福在电子学领域的名望。而在这个历史时期，故事的另一位主角出现了——那位高智商的斯坦福大学第一届女毕业生——她的儿子肖克利于 1947 年在贝尔实验室研制出世界上第一个晶体管。1956 年，肖克利因为发明晶体管而获得诺贝尔物理学奖。此后，肖克利离开贝尔实验室，带着他的研究成果来到美国西部创业。

特曼教授始终在关注肖克利的动向。当得知肖克利正在进行建厂选址时，特曼第一时间找到了他，并说服他将地址选在斯坦福园区。最终，"肖克利半导体实验室"正式落户圣克拉拉谷，位于帕洛阿托和山景城之间的接壤处，离斯坦福大学只有 5 英里。由此，1956 年，肖克利半导体实验室正式成立。

肖克利的到来，为这片蛮荒地带来了第二个火种。随着晶体管的出现，计算机的"细胞"开始孕育。

2.2.2 一鲸落，万物生 —— 仙童

仙童半导体公司就像一朵成熟了的蒲公英，你一吹它，这种创业精神的种子就随风四处飘扬了。

—— 史蒂夫·乔布斯

肖克利的商业才能显然不如他的科研才华，就在肖克利半导体实验室成立的第二年，这位天才便与实验室的八位顶级科学家闹掰。这八位科学家愤而辞职后，得到仙童摄影器材公司的 130 万美元的资金支持，创办了仙童半导体公司，开始制造一种双扩散基型晶体管，以便用硅取代传统的锗材料，这是他们在肖克利实验室尚未完成却又不受肖克利重视的项目。"费尔柴尔德"为"Fairchild"的音译，一般意译为"仙童"。凭借费尔柴尔德的投资，硅谷第一家由风险投资创办的半导体公司 —— 仙童半导体公司，终于宣告成立了①。仙童半导体公司被认为是硅谷第一家具有现代化意味的初创企业。

20 世纪 60 年代的仙童公司进入黄金时期。到 1967 年，公司年营业额已经接近 2 亿美元，在当时而言，这几乎就是天文数字。然而也就是在这一时期，仙童公司的危机开始孕育。在仙童公司鼎盛时期，大老板费尔柴尔德总是把公司的利润转移到东海岸，以支持其摄影器材公司的盈利水平。当时，公司股权架构还不如今天这样成熟，这为仙童公司的危机埋下了伏笔。很快，目睹母公司的不公平之举，八位科学家再次展现出叛逆的特质，陆续出走。

这八人就是至今都负有盛名的"硅谷八叛逆"（见图 2.2），他们每个人在硅谷历史上都留下了浓墨重彩的一笔。例如，其中一位创建了英特尔，同时他也是乔布斯的导师；还有一位创建了 AMD；另一位叫摩尔，就是提出摩尔定律的那位科学家。随着八人离开仙童后的开枝散叶，也孕育出红杉资本、凯鹏华盈等一系列"仙童系 VC"所构成的风险投资市场。仙童公司的陨落，为硅谷输送了大量人才，他们在各个公司大展拳脚，共同缔造了美国的硅谷奇迹。

"硅谷大约 70 家半导体公司的半数，是仙童公司的直接或间接后裔。在仙童公司供职是进入遍布于硅谷各地的半导体业的途径。1969 年，在森尼维尔举行的一次半导体工程师大会上，400 位与会者中，只有 24 人未曾在仙童公司工作过。"

仙童公司留下的遗产，远不止此：仙童公司的诞生，是技术与风投结合的产物，这也让后来者诸如英特尔等吸取了如何处理与风投的关系等经验。而风投对整个 IT 产业

---

① 八人离开后，肖克利实验室每况愈下，两次被转卖后于 1968 年永久关闭。肖克利于 1963 年开始任斯坦福大学教授。

的发展，其意义是不言而喻的。此外，仙童首创了员工持股机制，今天的华为等企业均加以效仿。

图 2.2　仙童半导体公司的"硅谷八叛逆"

2.2.3　现代计算机的"出生证"

如果说肖克利创造了计算机的"细胞"，仙童及其继承者则基于这个细胞构建了"器官"，比如处理器芯片、存储器芯片等。但是，这些独立的器官依然不能称为生物，需将它们组织在一起，并以某种有序的方式运行，才能成为一个拥有灵魂的"生命体"。打个比方：人由心脏、大脑、五官等器官组成，这些器官通过经脉相连，血液通过经脉流动，实现各个器官之间的协作，这其中就隐含着人体各个器官部件之间的体系结构。这个理论性的规则对于生物的模块组成和体系结构具有指导意义，对计算机而言亦如此。**冯·诺依曼**——计算机之父（见图 2.3），完成了计算机出生前的最后一张拼图。

就在特曼等参与二战各项军事工作的时候，有两位科学家参与进了军事工作中的一项绝密课题：曼哈顿计划。这两位科学家都是犹太人，都是由于受迫害而投奔美国，他们都在普林斯顿大学任教，后来又同时参与了曼哈顿计划。其中一位是爱因斯坦，另一位是冯·诺依曼。前者自不必介绍，后者则是 20 世纪的一位全才。冯·诺依曼完成了现代电子计算机的顶层架构设计，开创了博弈论这一影响深远的数学分支，与乌拉姆创立的元胞自动机理论为日后 DNA 的发现打下了基础，并带队完成了人类第一个现代天气预报。

冯·诺依曼对计算机科学领域最持久的贡献是在当今运行的每台计算机中使用的两个基本概念：冯·诺依曼体系架构和存储程序概念。冯·诺依曼架构涉及构成计算机的物理电子电路的组织方式。这一架构明确了信息输入、处理、输出的基本模型，并将其量化为五大基本组件：数据通路、控制器、内存、输入和输出。自 1945 年，冯·诺依曼提出这一架构以来，直到今天，它仍是当今

图 2.3　冯·诺依曼和他的计算机

大多数通用计算机的运行方式，几乎没有改变。另一项重大创新与冯·诺依曼架构有关，即存储程序概念，其核心思想是，被操作或处理的数据，以及描述如何操纵和处理该数据的程序，都存储在计算机的内存中。这两个理论分别指导了"硬件应该如何组织"和"软件应该如何运行"。

作为数学家，冯·诺依曼更多考虑的是计算机理论，而非它的具体制造。1945 年，冯·诺依曼完成了里程碑著作《关于 EDVAC（Electronic Discrete Variable Automatic Computer）报告的初稿》。按照如今的观点，此文就是现代计算机的"出生证"。这篇文章总结了早期计算机理论的思想，为现代计算机理论提供了逻辑框架。在这一思想的指导下，冯·诺依曼又完成了《计算机和大脑》和《自我繁殖自动机理论》这样惠及后世的经典著作。当今计算机，大到数据中心服务器、小到智能手环，均在冯·诺依曼架构的理论框架之内。如果大家关注这些关键的时间节点，很容易留意到冯·诺依曼架构的提出刚好是在曼哈顿计划接近尾声的 1945—1946 年间，这是因为计算机架构正是在曼哈顿计划实施过程中逐渐完善的，在大量实践中探索了一条最合理的体系结构。

1951 年，IBM 公司聘请冯·诺依曼担任公司的科学顾问，开始开发商用计算机。一年后，IBM 公司历史上的第一台计算机研制成功。第一台商用计算机问世后不久，IBM 公司在旧金山湾的南端买下了 180 英亩的土地，开始建立产线。这个与贝尔实验室一样由纽约孕育的商业公司，开始将重心逐渐迁移到西部湾区。惠普在斯坦福工业园区买地建厂也发生在同一时期，关于商用计算机的市场竞争逐渐开始。

2.2.4　将星璀璨

理智的人总在适应这个世界，不理智的人总是试图让世界适应自己，然而世界的进步总是取决于那些不理智的人。
　　　　　　　　　　　　　　—— 乔治·伯纳德·肖，《革命者格言》，1903 年

在 IBM、惠普等计算机公司的激烈竞争之下，计算机的体积越来越小、性能越来越快。当然，生产这些计算机所需的处理器芯片从英特尔或 AMD 采购（仙童的后裔）。在这个漫长的发展阶段，计算机开始进入千家万户。但是，与计算机进行信息交互的方式依然复杂，需要通过输入 DOS 命令，以文字编码的方式跟计算机打交道。这时，人们开始考虑，是不是有某种更友好的方式和计算机打交道？如果计算机有图形界面，用户操作的时候所见即所得，岂不更好？基于这一思路，两个年轻人脱颖而出：**乔布斯和比尔·盖茨**。两人先后成立苹果和微软两家科技公司。值得一提的是，乔布斯的导师正是英特尔创始人罗伯特·诺伊斯（硅谷八叛逆之一，图 2.2 中前排中间位置）。

在随后发展的进程中，机器与机器之间出现信息交互，这是网络的雏形。最终，在 1991 年形成万维网。万维网影响深远，人类开始进入互联网时代。随后，1998 年谷歌公司成立，2004 年 Facebook 成立，2006 年 Twitter 成立，门户网站、电子商务等先后兴起。我们熟悉的公司如雨后春笋般生长。在这样的大背景下，乔布斯对人机交互的探索依然在继续，基于触摸屏的智能手机 iPhone 以及 iPad 相继诞生。一代巨头诺基亚陨落，苹果公司成为手机市场的霸主。谷歌公司紧随其后，于 2011 年收购摩托罗拉智能手机业务，安卓占据手机操作系统第一把交椅。21 世纪的第二个十年，人类迈入移动互联网时代。

图 2.4　硅谷地区产业生态研究

得益于强大的算力，数据存储能力，以及优秀的算法，谷歌公司于 2016 年推出 AlphaGo，在围棋比赛中击败韩国选手李世石，掀起了人工智能的一股新浪潮。通过利用深度神经网络模拟人脑，计算机在一些特定领域开始超越人的能力。2020 年左右，基于大模型的 ChatGPT 大火，人工智能算法进一步发展，并开始与各类计算机载体相结合。21 世纪的第三个十年，人类开始进入万物互联的 AIoT 时代。如图 2.4 所示，在漫长的发展历程中，硅谷聚集了越来越多的计算机产业和科技企业。

斯坦福建校时，中国处于晚清时期。计算机拿到"出生证"的这一年，中国抗日战争胜利，国共签署《双十协定》，中国处于第三次国内革命战争前夜。而在仙童公司陨落时，太平洋对岸的中国进入了新中国时代。大洋两岸的两个种族，正在各自的历史舞台上艰难前行。国与国的竞争是一场接力赛，中美各自在自己的赛道上奔跑，一代人跑一棒。在仙童时代，赛道上两国的距离还相距甚远，但随后几十年两国的距离逐渐缩小，极有可能在未来的某一棒交汇。

2.3 中美科技竞争

当今世界，传统的殖民形式已经很少见，但"殖民"在国家之间仍普遍存在，科技垄断导致殖民更加隐性和难以察觉。人类的生活方式已经被计算机彻底改变，整个人类社会的生产生活，完全基于计算机和互联网展开。而计算机的软件、硬件，乃至基础元器件均依赖美国。在这种模式之下，全球消费者每购买一台计算机或享受一项软件服务，利润的大头均流向美国。在这种规则下，资源越来越往发达国家的头部集中，这些资源进一步滋养科技企业，拉大其与中低端产业的距离。其他国家的科技企业由于无法获得足够的利润，逐渐落后。由于科技的代差，以及金融、政治等手段的加持，发达国家和贫困国家的差距正在越拉越大。

举一个例子，小米制造了一台手机，卖价 3000 元，但制造手机所需要的芯片需要从美国购买，假设芯片费用 2500 元，在这种情况下，中国企业卖的手机越多，美国反而赚得越多。中国经过几十年休养生息，在经济和科技实力方面一日千里。如果有一天，中国企业说："芯片我打算自己造，那 2500 元我不打算给你了！"对方的反应可想而知。当中国开始涉足高端制造业，必然会导致中美科技竞争加剧，而出于自身国家利益又不得不为之，因此中美科技产业竞争是必然。无论楚河汉界，抑或是美苏争霸，历史上两强格局下还没有跳脱修昔底德陷阱①的先例。即使双方比较克制，并维持表面和平，但国家利益的冲突使得两国间无法建立信任。就像囚徒困境（Prisoner's dilemma），"不信任"总是推动事态朝不好的方向发展。

笔记 在自然界，动物族群间的生存空间争夺是残酷血腥的，这无关乎道德、价值观等上层建筑。资治通鉴云："利者，义之和也"，我们也可以反过来解读，"义者，利之和也"。符合大多数人利益的就是道义。如果把国家或地区政治实体看作个体，地球村中有两百多村民，且处于无政府状态。国与国的竞争，是两个种族群体的资源竞争，各自为民争利，各有各的道义，需客观冷静地看待。既不必痛恨对方的封锁，也需看到为本国人民争取利益的理所应当。

---

① 一个新兴大国必然会挑战守成大国的地位，而守成大国也必然会采取措施进行遏制和打压，两者的冲突甚至战争在所难免。

2.3.1　剑宗与气宗

　　由于中美自身国情和外部环境不同，在科技发展上遵循了迥异的发展路线。打个比方，在金庸武侠中，武学有气宗、剑宗之分。气宗重视内力的积累，循序渐进，但发展周期很长。剑宗重视外在招式的创新，能够在短时间内增强能力，但根基不稳，隐患颇多。两者没有好坏优劣之分，只有适合不适合。美国的技术路线更像气宗，自底而上地发展；中国的产业发展路线更像剑宗，相对而言内力积累不足，但招式凌厉，基于规模优势和模式创新，容易取得突破。

　　中国科技的发展集中在几个很窄的历史窗口。"在科学史、艺术史和商业史上，当一个流派或国家正处于鼎盛的上升期，便会在某一年份集束式地诞生一批伟大的人物或公司。这个现象很难用十分理性的逻辑推导，它大概就是历史内在的戏剧性。"而计算机产业开始对美国构成实质性威胁应该从移动互联网阶段算起。窥斑见豹，我们就以移动互联网十年的产业脉络，看一下中国计算机产业发展的内在逻辑：

　　如图 2.5 所示，从 2011 年微信诞生至 2016 年抖音兴起，这五年是中国移动互联网发展的黄金时期。这段时间，中国应用软件生态的格局基本成型。但是，从 2016 年开始，中国的移动应用市场再没有出现国民级的应用，像微信那样日活跃用户超过 10 亿的应用更是没有。之后的几年，中国计算机产业发展的中心开始脱虚向实。2016 年，三星由于电池爆炸问题退出中国市场，华为、小米、OPPO 等中国企业迅速承接了三星在华产业链，并瓜分了市场份额。在这一发展时期，中国计算机产业的人才和资本正在从应用层自上而下地渗透。到 2019 年，华为在 5G 通信领域、其海思子公司在芯片设计领域，反超思科高通等美国竞争对手，手机厂商的 EMUI、MIUI 对安卓操作系统进行了大量改良，已初步具备独立设计操作系统的能力。美国的科技封锁和阻击也是从这一阶段开始的。市场动力受阻，中国政府出台反垄断法，用行政力量代替市场力量，迫使科技企业离开舒适区，将资本和人才逼回底层基础学科领域。一方阻力，一方推力，大国之间的角力在计算机领域已经开始。

　　中美的计算机产业看似发展路线不同，但其内在逻辑和遵循的准则是完全一样的，都是为了引导人才和资本的流动，形成正向循环。不同于硅谷长达百年的发展模式，中国的科技发展没有良好稳定的外部环境。虽然中国在芯片、操作系统等领域一直有投入，但由于缺乏市场竞争力，难以通过市场反哺科技研发。而基于自身在市场、人口、行政等方面的优势，从应用软件生态方面率先打开局面，一方面培养了大量的相关人才，形成人才洼地；另一方面吸引了大量的资本，形成资本洼地。吸引的人才和资本又进一步提升了中国计算机产业在软件生态方面的竞争能力。再通过人才外溢和行政干涉，将人才和资本向计算机领域的深水区引导，由点及面，逐渐形成整个计算机领域的体系优势。如此反其道而行，实现良性循环。

图 2.5　中国移动互联网十年的发展脉络

美国对中国在计算机关键领域的科技封锁是全方位的，分别从硬件、操作系统和应用软件切入，并准确打在了七寸上。接下来我们一一讲解。

2.3.2　芯片设计与制造

芯片是计算机的核心部件，尤其是处理器芯片，相当于计算机的大脑。在中国企业中，海思的芯片设计能力已达到国际先进水平，但其不具备芯片制造能力。中芯国际可以进行芯片的生产制造，但对于高精度的芯片加工工艺尚力有不逮。这是因为对于高精度芯片而言，没有与之相匹配的高精度生产设备：光刻机。

芯片的制造是一件极其烦琐复杂的过程，如图 2.6 所示是芯片制造的经典流程，制造硅晶圆的原料是生活中再常见不过的沙子，沙子的主要成分是二氧化硅。将沙子进行提纯得到单质硅，再通过直拉法得到单晶硅锭，切去硅锭两端，再将其切成几段进行滚磨，目的是使单晶硅棒达到标准直径。接下来，采用 X 射线法确定单晶硅的晶向，切出参考面，再以参考面为基准进行切割，得到硅晶圆。制造晶圆时，需要进行硅提纯。首先将沙石原料放入电弧炉中，高温下发生还原反应得到冶金级硅，随后使粉碎的冶金级硅与气态氯化氢发生化学反应，生成液态硅烷。通过蒸馏和化学还原工艺，最终得到高纯度的单晶硅，纯度要达到 11 个 9，即 99.999999999%。得到硅晶圆之后，再历经薄膜沉积、光刻、刻蚀、计量检测、离子注入、互连、封装等环节，最终形成芯片。实际芯片制造远非图 2.6 所示这么几个简单环节，以中芯国际量产 28 纳米芯片为例，其产线工序超过 1000 道。

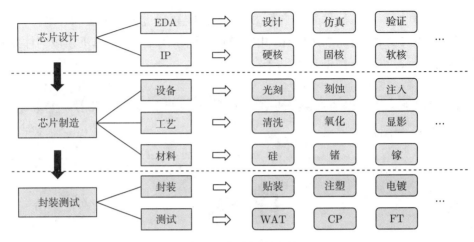

图 2.6　芯片制造流程

中芯国际的芯片制造能力受限，根源在于没有生产高精度芯片的工具光刻机。这也是剑宗相比气宗的劣势：虽然短期内快速提升，但当下探至深水区，原本落下的功课仍然要补上。目前，能够生产高精度芯片的顶尖 EUV（极紫外）光刻机，这种光刻机重达 180 吨，包含大约 10 万个零部件，只有荷兰的阿斯麦尔公司具备制造能力。遗憾的是，该公司亦受到美国牵制，因为生产光刻机所需的光学元器件依赖于美国公司。

芯片制造体现了工匠精神。《诗经》云："有匪君子，如切如磋，如琢如磨"，体现了古代工匠在雕琢器物时的专注和执着精神。科学研究无法一蹴而就，技术的积累和打磨需要时间。一方面，我们无需妄自菲薄，中国在如此短时间内取得的科技成就是举世瞩目的；另一方面，不能妄自尊大，要以实事求是的态度正视现阶段的不足。

2.3.3　系统软件

在系统软件层面，中国计算机产业目前在操作系统和编译器方面竞争力薄弱，没有形成广泛的应用生态和用户黏性。系统软件处于上层应用和底层计算机硬件之间，在整个计算机体系中承上启下，属必争之地。系统软件中，美国针对操作系统已经开始了对华限制，标志性事件是谷歌公司针对华为手机的 GMS 服务禁用。这使得后者不得不放弃安卓系统。纵观操作系统发展史，不论 PC 端还是移动端，抑或是数据中心服务器，美国在操作系统领域一直占据主导地位。以现代操作系统为例，20 世纪 90 年代，微软的 Windows 操作系统广泛部署。移动互联网时代，苹果的 iOS 操作系统支撑苹果再次成为当时全球市值最高的科技公司。谷歌公司的安卓操作系统成为世界上发行量最大的智能手机操作系统。

生态建设是操作系统产业的核心竞争要素。由于国产操作系统采取了成熟的开源操作系统 Linux 的技术路线，同时也投入了大量研发，在性能上已经较好地实现了追赶，导致国产操作系统受制于人的关键问题不在于技术能力，而在于生态建设。操作系统产业的核心在于生态，而应用生态建设的核心在于尽快获得规模优势。一旦形成规模，用户会因为应用软件的丰富而加入，应用软件开发商也会因为用户基础而投入更多的资源进行与操作系统的适配，从而形成良性循环。

遗憾的是，国外主流操作系统已形成极高的生态壁垒，市占率高，国产操作系统在原有赛道打破垄断的难度很大。近年来，随着智能终端的多样化，5G 基础设施的完善，以及新能源汽车、机器人等新兴硬件载体的繁荣发展，人类社会逐步进入万物互联的智能世界。覆盖所有场景的单一操作系统已很难发挥硬件的处理能力，并满足应用越来越高的极限需求。在这样的大背景下，操作系统迎来百家争鸣的发展阶段，国产计算机操作系统也迎来弯道超车的机会。

操作系统并不像芯片那样暂时尚有一道难以逾越的鸿沟，中国政府已经开始积极推动自主可控的软件技术。例如，陆续颁布《"十四五"规划和 2035 年远景目标纲要》《"十四五"软件和信息技术服务业务发展规划》等文件，试图重点突破以操作系统为代表的基础软件。

2.3.4　应用软件和算法

在系统软件之上，是各个具体领域的应用软件和算法。应用软件是与人打交道的最前沿，控制应用软件信息输出的内容，可以决定人们能获取哪些信息、不能获取哪些信息。通过对一些关键应用的垄断可潜在影响使用者的思想，从而达到商业甚至非商业的目的。美国政府利用 Facebook、Twitter 等具有社交属性的应用，可以在全球实施信息垄断。无论中国政府对 Facebook 和 Twitter 的禁用，还是美国政府对 Tiktok 的打压，均是为了保护本土产业，同时在意识形态阵地掌握主动权。

人工智能（AI）是中美博弈的又一重要领域，它处于计算机软件算法层面。随着人工智能的发展，计算机将在更多行业超过人类，对生产力、生产关系产生巨大冲击。如果经 AI 算法加持的计算机结合了强大的外设能力，比如基于红外的生命体识别和打击能力、无人机目标识别能力，将在军用、民用方面产生很高价值。

中美在一些复杂软件方面竞争激烈。ChatGPT 大模型是软件的创新，但其算法并未公开。马斯克声称开放特斯拉专利，却仅将硬件申请专利，实现自动驾驶实时性的软件算法细节却以商业机密的形式被隐藏了起来。在软件竞争中，不能寄希望于开源，而要从数学等基础学科中寻求帮助，实现自主可控的算法创新。

笔记 科技的突破往往先在一国出现，经历一段时期的垄断优势后，技术慢慢扩散至其他国家。随后，国与国之间的科技水平慢慢趋同，并展开存量竞争，直至在某国出现新的科技突破。先发国家虽会尝试封锁科技，但无法完全阻断科技人员的流动。先发国家培养大量科技人才，会逐渐供大于求，造成人才贬值。这些人才在其他国家属于稀缺资源，因而能得到更高度的重视和更高的回报。这些人，包括已经退休的科研人员，会倾向流向更能体现自身价值的地方。所以，中国的印刷术、火药、瓷器等技术会流向西方，最早出现在国外的原子弹、航母、光刻机等技术，也必然会随着人才迁徙而在中国生根发芽。

2.4　结语

计算机是 20 世纪最先进的科学技术发明之一，对人类的生产、生活影响深远，并在 21 世纪展现出更强大的生命力。在前人的不懈努力下，计算机的应用领域从最初的军事科研应用扩展到人类社会的各个领域，带动了全球范围的技术进步，并由此引发了深刻的社会变革。当前，人类正处在新一轮科技革命的早期阶段。围绕着新一代科技的竞争也正在拉开帷幕。

今天的中国，自 1840 年鸦片战争以来，比以往任何时候都接近民族的复兴。同时，我们也应看到其中的挑战。而以计算机科学为代表的科技竞争，包括人工智能、芯片制造、操作系统、新能源汽车、量子计算、Web 3.0、数字货币等，已然成为科技竞争的前沿阵地，也正在重塑全球的商业版图。在上述领域，正发生一场由国家主导的科技竞争。留给中国实现科技突破的时间窗口正在收窄，到 2035 年，中国超过 60 岁的人口将达到三分之一，这意味着如果在那个时间点仍然无法实现产业升级，中国的处境将格外凶险。

2.4.1　书中涉及的术语解释

在深入讲解计算机之前，这里先对一些易引起混淆的专业术语进行解释，并介绍相近概念之间的关系，包括半导体、集成电路、硅、晶体管、芯片、处理器、存储器、CPU、内存、闪存、外存、DRAM、Flash、SSD 等。

　　半导体（Semiconductor）是化学范畴，特指常温下导电性介于导体与绝缘体的材料。常见的半导体材料涉及**硅**、锗、砷化镓、碳化硅、氮化镓等。按照历史学家的说法，第一个使用"半导体"一词的科学家是亚历山大·沃尔塔，半导体一词记载于他在 1782 年向伦敦皇家学会提交的报告中。而第一个晶体管诞生于 1947 年，距离首次发现半导体现象已经过去一百多年。半导体是**集成电路**的基础材料。集成电路 (Integrated Circuit) 是指通过一系列特定的加工工艺，将**晶体管**、二极管等有源器件和电阻器、电容器等无源元件，按照一定的电路互联，"集成"在半导体晶片上，封装在一个外壳内，执行特定功能的电路或系统。集成电路是**芯片**的重要组成部分，后者则是集成电路得以应用的载体。芯片是半导体元器件产品的总称，是集成电路经过设计、制造、封装、测试以后的实体产品。从产业范畴的角度看，可以认为半导体产业大于芯片产业，芯片产业大于集成电路产业。

　　集成电路，强调电路本身，更偏底层，偏技术，偏学术。在高校的院系名称的设置中，有"集成电路学院""集成电路科学与工程学院""集成电路技术现代产业学院"，但基本没有"芯片学院""半导体学院"。芯片的说法呢，更偏应用，偏产品。根据功能的应用，在分类上有"通信芯片、逻辑芯片、存储芯片、功率芯片、蓝牙芯片……"的说法，但没有"通信集成电路、存储集成电路"的说法，也没有"通信半导体、逻辑半导体"的说法。

　　如上所述，芯片产品分为很多种，有些用于计算，有些用于存储，有些用于通信……其中，用于计算的芯片统称为处理器芯片，或直接称为**处理器**（Processor）。处理器分为很多种，如 **CPU**、GPU、FPGA 等，CPU 是大家广泛熟悉的，被通用计算机普遍采用。因此，本书后续介绍处理器时，直接以 CPU 指代。用于存储的芯片又由于内部组织结构和功能不同，出现了很多产品。其中通用计算机广泛采用的是基于 DRAM 技术的易失性存储器和基于 NAND **Flash** 技术的非易失性存储器。前者性能高但容量小，称为**内存**（**Memory**）或**主存**。后者性能相对差些，但容量很大，称为**闪存**。用于个人计算机和服务器的闪存产品一般称为 **SSD**，用于智能手机等终端设备的闪存产品有 **UFS** 和 **eMMC**。有些手机厂商出货时会将 UFS 和 eMMC 混用，根据作者在业界的实测经验，两者的性能差异较大（同等容量规格下，UFS 的性能优于 eMMC），不能简单画等号。

　　在冯·诺依曼架构中，内存是核心组件，位于 CPU 和 I/O 之间。闪存则只能作为具备存储能力的外设的一种，并非冯·诺依曼架构的核心组件。在英文中，内存为 Memory，指生命体的记忆；闪存等产品为 Storage，是仓库的含义，指代物体而非生物。内存一般也称为**主存**，闪存等产品也可称为**外存**或**辅存**。但由于两者都有数据存储功能，有时也将其统称为**存储器**。

2.4.2　后续章节框架

作为无机生物，为了对人类提供服务，计算机需要具备如下几个要素：用来与人交流的"语言"，能够理解语言的"脑回路"，记忆，与外界交互信息所需的"感官"，还有遵循某种行为逻辑的"灵魂"。这五个要素是本书后面几个章节的框架。

本章关键词：集成电路，半导体，晶体管，芯片，硅谷，斯坦福，计算机产业，科技竞争

第 3 章　驯兽师的语言：指令

我同上帝说西班牙语，和女人说意大利语，跟男人说法语，对我的马说德语。

—— 查理五世，神圣罗马帝国皇帝

3.1　引言

　　驯兽师对动物发号施令时，需要使用简单的口令。这些口令也称为指令，是驯兽师和动物沟通的"语言"。为了让动物完成一场表演，驯兽师会将整个表演过程拆分为不同的指令，如"蹲下""起立""卧倒""跳""前进""后退"等。如图 3.1(a) 所示，狮子只能对有限数量的指令有所反应。即便是这些简单的指令，也需要提前对狮子的大脑结构精心改造。无论多么复杂的表演，都可以通过指令的不同排列组合拼凑起来。

　　人与计算机打交道也是如此，计算机只能理解有限种类的指令。驯兽师通过思考，将想达到的演出效果拆分成一条条指令；同样，人类通过将一条条指令输进计算机，可以完成很多复杂的逻辑，比如循环和递归。指令的种类是有限的，就像狮子只能理解少数几种口令，再多就超出了能力范围。这些指令/口令就像一个工具箱，通过工具箱内这些指令的排列组合，且每条指令都允许重复使用，就能构成各种各样的程序逻辑。这个有限的指令种类的工具箱称为指令集，即指令的集合。

　　这些指令在计算机中以二进制形式存在，也就是晶体管中的电平状态。抽象成数字电路来看，当我们给 CPU 传入特定序列的高低电平时，电子序列就会在 CPU 内部的逻辑电路中按照"事先设计的路径"流动，并输出最终"计算的结果"。CPU 的内部电路是可以识别这些指令的。计算机需要哪些指令呢？一般遵循两个原则：①这些指令要足够完备，通过这些指令的组合，能够将高级语言所需功能都涵盖在内，比如 C 语言的循环、分支、数组、函数、递归等。②指令系统的设计应遵循硬件简单性，CPU 认识的指令越多，其内部电路设计往往越复杂，因此指令够用即可，不宜过多。当前主流的指令集都是经过精心设计的，试图基于上述两点取得中间的平衡。

（a）驯兽师通过指令实现对动物的控制   （b）人类通过指令实现对计算机的控制

图 3.1   人类与其他物种沟通的基本方式

3.2   指令的工具箱

3.2.1   RISC-V 指令集

根据 CPU 执行指令的复杂性，目前市面上的 CPU 架构分为两大阵营：一个是以英特尔和 AMD 为首的复杂指令集（CISC），如传统服务器上普遍采用的 x86 芯片架构；另一个是以 ARM、IBM 为首的精简指令集（RISC），如智能手机上普遍采用的 ARM 芯片架构和龙芯采用的 MIPS 架构。目前市场上常见的酷睿、奔腾 CPU 均出自英特尔，属于复杂指令集。酷睿面向中高端计算机机型，包括 i5、i7、i9 系列产品。奔腾 CPU 同样出自英特尔，作为其 x86 处理器品牌之一，主要面向中低端计算机机型。苹果、华为、三星等手机中采用的 CPU 则采用 Cortex-A 架构。除此之外，移动设备中往往配有 Cortex-M 和 Cortex-R 系列芯片，负责完成一些具体且对算力要求不高的任务。Cortex 芯片采用 ARM 指令集，相比 x86 更为精简。

当今较常见的指令集主要有英特尔的 x86 指令集、ARM 指令集、开源的 RISC-V 指令集等。倪光南院士认为："未来 RISC-V 很可能发展成为世界主流 CPU 之一，从而在 CPU 领域形成 x86、ARM、RISC-V 三分天下的格局"。RISC-V 指令集 2010 年年初由加州大学伯克利分校开发，虽起步较晚，但发展很快。RISC-V 是基于 RISC 原理建立的开放指令集架构，V 表示第五代，此前已经有四代 RISC 处理器原型芯片。每一代 RISC 处理器都是在同一人带领下完成，那就是加州大学伯克利分校的 David A. Patterson 教授[①]。

---

① 在加州读书期间，我曾学习 David 的课程，所学知识对日后构建自己的计算机知识体系帮助巨大。

RISC-V 最大的特点在于其开源性。与大多数指令集不同，RISC-V 的指令集体系结构可以免费用于所有希望的设备中，允许任何人设计、制造和销售 RISC-V 芯片和软件。设计者们本着指令集应自由的理念，将指令集完全公开，希望在全世界范围内得到广泛支持，任何公司、大学、科研机构和个人都可以开发兼容 RISC-V 指令集的处理器芯片，都可以融入基于 RISC-V 构建的软硬件生态系统。RISC-V 指令集目前由一个开放、非营利性质的基金会管理，它的发展不受任何单一公司或国家政策变化的影响，相比 x86 和 ARM 架构，产业风险更小。在中美科技脱钩的大环境下，科技产业越来越趋于封闭，RISC-V 的开放性优势显得更珍贵。

RISC-V 指令集在国内计算机产业中发展迅速。目前，阿里巴巴研发的玄铁系列处理器采用这一指令集架构。2019 年发布的玄铁 910，号称是当时业界性能最强的一款 RISC-V 处理器。华为推出的首款鸿蒙开发板 Hi3861、海思 2021 年年底发布的高清电视芯片 Hi3731V110 均基于这一架构，足见其对该架构的重视。此外，中国科学院计算技术研究所提出的香山处理器也是在 RISC-V 领域的重要探索。本章以 RISC-V 架构为例，对计算机的 CPU 指令集进行介绍。各类指令集的设计原则大同小异，因此大家不必纠结采用哪种指令集作为示例，重点是领会其中的计算机设计思想。

RISC-V 指令集基本格式：一个完整的 RISC-V 汇编程序由多条指令构成，而一条典型的 RISC-V 指令由两部分组成，即 [操作符] [参数]。例如加法指令：add $1, $2, $3。其中 "add" 是操作数，负责告诉计算机接下来执行加法操作；"$1, $2, $3" 是参数，负责告诉计算机谁（$2）和谁（$3）相加，结果放到哪里（$1）。

对于每一条指令，只要按特定格式向计算机的 CPU 芯片发送，CPU 的硬件电路就可以理解并解析它。指令有多种类型，按照功能可分为算术运算指令、数据传输指令、条件分支指令、无条件跳转指令、逻辑运算指令，以及移位操作指令。

3.2.2　高级编程语言与指令的关系

既然指令是人向计算机发号施令的方式，那我们通常所说的编程，与指令又是什么关系呢？

编程是计算机专业学生的必修课程，出于工作需要，数学、统计等专业的人士对编程也有所了解。如图 3.2 所示，目前市场占有率最高的三门编程语言是 C、Java 和 Python。C 语言是一种面向过程的编程语言，它具有简单、高效、灵活的特点，能以接近自然语言（英语）的方式告诉计算机按什么步骤执行任务。Java 是一种面向对象的语言，而 Python

是一种解释型的动态语言。这两种编程语言相比 C 更接近自然语言，使用起来更方便。其中，Python 主要用于数据分析，在统计、金融、机器学习等领域使用广泛；Java 在智能手机、云计算和大数据处理场景应用广泛；而 C 语言则是操作系统内核、驱动、嵌入式计算机等靠近底层场景下的首要选择①。

这些编程语言最大的特点就是接近人类的语言习惯，人们可以像讲英语一样和计算机交流，表达自己的意愿。显然，计算机是不懂这些的，它只能理解有限的一些指令 —— 我们姑且不深究这些指令是如何被理解的。所以，当使用高级语言编写一段程序时，还需要利用工具把这段高级语言翻译成一条条计算机能懂的指令，这个工作是由编译器做的。

简言之，程序员学习接近自然语言的编程语言，再利用编译器把编程语言转换成指令，并将一条条指令送进 CPU 执行，最终形成计算机各式各样复杂的行为。如果对编程感兴趣，可以翻阅涉及具体语言的书籍，本书不再展开讲解。接下来，我们先对指令做一个了解。

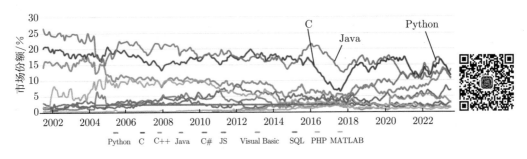

图 3.2   高级编程语言市场排行和趋势

3.3   算术运算指令

3.3.1   对计算机下达的第一条指令：加法指令

CPU 想执行基本的计算任务，加法是少不了的，减法、乘法、除法，最终都能归结为加法。RISC-V 表示加法的指令是：

---

① 目前，C、Java 和 Python 位列市场前三甲。此外，C++、C# 可以和 C 语言混写，属于同一大类。若将这些语言算在内，C 家族是当之无愧的市占率第一。

```
add a, b, c
```

这里，计算机把数据 b 和 c 相加，并将其总和记入 a。这种符号表示是固定的，每个 RISC-V 只执行一个操作，并且必须总是只有三个变量。如果要将四个变量 b, c, d 和 e 的和放入变量 a 中，则需要依次执行如下指令：

```
add a, b, c        % b和c的数据相加，结果放入a
add a, a, d        % 随后，a和d的值相加（此时a中数据为b+c），结果放入a
add a, a, e        % 最后，a和e的值相加，结果放入a
```

因此，需要三条指令完成四个变量相加。与高级编程语言不同，汇编指令语言每行最多只包含一条指令。另一个区别是，指令的注释总是在一行的末尾终止，不能换行。

这里，a, b 和 c 对应实际的二进制数据，比如 b 是 $00000000000000000000000000000001_2$，c 是 $00000000000000000000000000000001_2$，每个数据 32 位。那么计算之后存入 a 的结果同样是一个 32 位的数据，应该是 $00000000000000000000000000000010_2$。所以，a、b、c 只是符号，真正的数据是那串二进制数。

那么，用于加法运算的数据在物理上存放在哪里呢？我们知道，计算机由晶体管构成，晶体管中存放电子，通过晶体管的高低电平状态表征 0/1。在冯·诺依曼架构中，内存由晶体管构成，专门用来存储数据。但除了内存，处理器内部还有一些晶体管集合，用于临时性存储这些准备计算的数据。这些 CPU 中临时性存放数据的存储器称为寄存器。于是，指令 "add a, b, c" 可以这样理解：通过 "add"，计算机知道要做加法；通过 "a, b, c" 这三个参数，计算机知道了寄存器的编号，然后从对应寄存器晶体管中把二进制数读出来。这个例子中，a、b、c 是编号，只要与计算机达成约定，CPU 的内部电路认识这些编号即可。

3.3.2　寄存器

不同于高级程序语言，算术指令的操作数是有限的，它们必须取自寄存器，而寄存器数量有限，且内置于硬件的特殊位置。寄存器是计算机硬件设计中的基本元素，当计算机设计完成后，对程序员也可见。在 RISC-V 体系结构中，寄存器的大小为 64 位。我们通常所说的 "32 位" 或 "64 位" 计算机，指的正是寄存器中的位数。当前 RISC-V 计算机中通常装备 32 个通用寄存器。在上述加法指令中，a、b、c 代表的是寄存器的编号，这条指令告诉计算机即将进行计算的是哪几个寄存器中的数据，进而从对应寄存器的晶体管中取出数据，传入加法器进行加法计算。常见寄存器见表 3.1，虽然可以简单地使用 a、b、c 编写指令，但是 RISC-V 约定在符号 "x" 的后面跟一个寄存器编号来表示：x0 ~ x31。

表 3.1 常见寄存器

寄存器	功能	说明
x0	零值寄存器	硬编码为 0，写入数据忽略，读取数据值为 0
x1	返回地址	用于返回地址 (return address)
x2	栈指针	用于栈指针（stack pointer），指针始终指向栈顶
x3	全局指针	用于通用指针 (global pointer)，指向全局变量和静态变量
x4	线程指针	用于线程指针（thread pointer）
x5~x7	临时寄存器	用于存放临时数据寄存器
x8~x9	保存寄存器	需要保存的寄存器或者帧指针寄存器
x10~x17	参数寄存器	函数传递参数寄存器或者函数返回值寄存器
x18~x27	保存寄存器	需要保存的寄存器
x28~x31	临时寄存器	用于存放临时数据寄存器

现在我们知道，指令要进行加法操作的数据是在寄存器中的，所以上面的例子需要进一步调整："add x5, x6, x7" 表示将 x6 和 x7 中的数据相加，结果放到 x5 寄存器。

接下来通过一个例子，进一步了解加法指令的写法。

例题 3.1 (基于寄存器的 C 语言赋值)

编译器的工作是将程序变量与寄存器相关联。以 C 语言："f = (g+h) − (i+j);"为例，写出编译后的 RISC-V 指令代码。

注：假设变量 f、g、h、i 和 j 分别分配给寄存器 x19、x20、x21、x22 和 x23。

答案：
add x5, x20, x21
add x6, x22, x23
sub x19, x5, x6

上述例子在计算机硬件上以如下方式工作：首先两个 64 位的寄存器分别保存数据，即寄存器中的晶体管保存了电平状态。这些寄存器和处理器的数据通路之间通过导线相连,这些并排的金属线会将寄存器中各个晶体管内的电子分别传导至处理器的逻辑电路。在处理器发生一次心跳时,寄存器和逻辑电路之间的电线形成通路,而寄存器中各个晶体管中的电子状态就会通过这一排电线传入电路。经过电流的流通,从电路板中流出的电流流入另一个寄存器的晶体管中。这里的奇妙之处在于：流入的电子状态相比流出的电子状态发生了变化！这是由电路板内部的元器件结构决定的,状态变化意味着计算。

这里不对电路板内部的设计原理展开介绍,如感兴趣,可以关注数字电路相关课程。但需要清楚的是,从人的视角,我们向 CPU 发出了一条明确指令："计算一加一等于几"。而从 CPU 的视角,它并不理解指令的含义。CPU 看到的只有寄存器中的晶体管以及晶体管中的电子,然后将这些电子经过电线通路连入电路板内的器件,并且将新的电子排序传输出来,处理器只能看到这样一个简单的电流流通过程。而巧合的是,其流出的电子状态排序刚好经过二进制翻译就是 2。当然,这个巧合并不是真的巧合,而是由于电路板内电子元器件的精心设计。这个例子中,变量的数据已经存放在 x22、x23 等寄存器,因此直接进行计算即可。那么,x22 和 x23 寄存器中的数据是哪里来的,C 语言定义的那几个变量的值为什么会在寄存器中？这得益于数据存储指令。在执行加法指令之前,已经有指令将变量的值从内存取进寄存器。

为什么寄存器只有 32 个？寄存器的运算和读取速度是最快的,太少了显然不好,但事实证明,寄存器数目太多会导致电路设计复杂化,进而导致访问寄存器的速度下降,影响整体性能。合理的寄存器规模是基于实践得出的折中平衡。上述寄存器都是 64 位,也就是说可以存放 64 比特的数据。

3.4 数据传输指令

程序语言中,既包含上述例子中提到的简单变量,也有更复杂的数据结构,包括数组和结构体。这些复杂结构可以包含比计算机中寄存器数量更多的数据元素,计算机如何表示和访问如此庞大的数据结构呢？回顾一下冯·诺依曼架构,CPU 只能在寄存器中保存少量数据,但是计算机内存可以存储数十亿的数据元素。一个行之有效的解决方案是：先把数组和结构体等数据结构保存在内存[①]中,需要时再加载进寄存器。因此,除了加、减、乘、除等算术指令,还需要能在内存和寄存器之间传输数据的指令。这类指令称为数据传输指令。要访问内存中的数据,指令必须提供内存地址,该地址用来描述内存中特定数据元素位置的值。

---

① 内存空间达到 GB 量级,能容下远高于寄存器的数据量。

在 CPU 内部，寄存器临时性存放数据，这些数据是从内存中传进来的，而经过电路计算得到的结果在传入寄存器后最终会返回到内存。将数据从内存复制到寄存器的数据传输指令，通常称为载入（Load）指令。指令的格式是操作名称，后面紧跟数据待取的寄存器，然后是寄存器和用于访问内存的常量。指令的常量部分和第二个寄存器中的内容相加组成内存地址。实际的指令名称是"ld"（英文"load double"的缩写），表示取 64 位数据（双字）。当计算机接收到如下指令：

```
ld x9, 8(x22)
```

CPU 会首先读取寄存器 x22 中的数据，这个数据代表在内存中的一个地址，类似于 C 语言中的指针。然后 CPU 将这个地址与 8 相加，得到一个新的地址，这是在原地址基础上的偏移。计算机会把这个新地址中的数据从内存读入寄存器，放入 x9 寄存器。

与 Load 指令相反，将数据从寄存器复制到内存的数据传输指令称为存储（Store）指令。存储指令的格式类似于载入指令：操作名称，接着是要写回内存的寄存器，然后是基址寄存器和偏移量。同样，地址由常数和基址寄存器中的内容共同决定。RISC-V 中 Store 指令的具体操作名称为：sd（英文"store double"的缩写），表示存储双字。通过 Load/Store 指令的组合，可以实现 CPU 与内存之间的数据交换。虽然内存中存储的数据量可能很大，但当拆分成一个个具体的 CPU 指令步骤，每个步骤所需的数据很少。这些少量数据被加载进寄存器，计算结束后重新放回内存。这也是寄存器名称的由来：临时性的"寄存"数据，而不是长期的"存储"数据。通过如下例子，可以看到 Load/Store 的整个过程。

例题 3.2（C 语言转化为 Load/Store 指令）

假设变量 h 存放在寄存器 x21 中，数组 A 的基址存放在寄存器 x22 中，如下的 C 语言转化成 RISC-V 汇编指令是什么？

A[12] = h + A[8];

答案：虽然 C 语言中只有一行语句，但要达到这个目标，需要将上述 C 语句拆分成更细的指令行为组合。

```
ld  x9, 64(x22)
add x9, x21, x9
```

sd　x9, 96(x22)

第一句指令将 x22+64（偏移）中的内存数据加载进 x9 寄存器。x22 中存储的是数组 A 在内存中的地址，即基址。内存以字节为最小寻址单位。字节寻址会影响数组下标。为了在上面代码中获得正确的字节地址，加到基址寄存器 x22 的偏移量必须是 8×8，也就是 64，以便取地址将选择 A[8]，而不是 A[8/8]。将数据取进寄存器后，第二条指令执行加法操作，由 CPU 内的电子器件加法器完成，计算结果存放在 x9 寄存器中。最后，第三条指令将 x9 中的计算结果写回到 96(x22) 代表的内存位置，即 A[12] 的位置。

3.5　神奇的 0 和 1

通过上面的指令，计算机可以将数据加载进 CPU 并进行算术运算。这些数据以二进制的形式存在。计算机中使用 '0' 和 '1' 表征有效信息，这是由于计算机的基本存储单元是晶体管，一个晶体管只能通过内部电位状态分成高电平和低电平两个状态。要理解数据的二进制表示，首先要具有数学中的进制思想。

3.5.1　进位计数制

进位计数制，即进制，是人为定义的带进位的计数方法。我们先把二进制/十进制这些概念放一放，回想人类计数的原始方法。

以古代征收粮食为例，古时每户人家需要上缴粮食，并登记在册。一种计数的想法是：每上缴一粒米，就做一个记录。具体地，百姓每缴一粒米，就在册子上画一根竖线。通过这种方式，可以正确记录信息。这是人类原始的计数方法，甚至在数字的概念出现之前就已经存在：人们使用树枝、石头、贝壳等自然界随处可见的物品表征猎物、果实、部落人口的数量。我们把它符号化一下，比如用竖线 "|" 表示树枝：

一粒米[①]就在册子登记一根树枝 "|"；

两粒米就在册子登记两根树枝 "||"；

二十一粒米就在册子上登记二十一根树枝 "|||||||||||||||||||||"；

---

① 为避免混淆，这里使用中文表示无关进制的计数结果，阿拉伯符号表示的计数特指十进制。

　　这是一种最朴素的计数方式，我们平时掰手指用的就是这种计数法，"屈指可数"描述的也是这种简单计数的场景。但是，如果数字太大，就很难采用这种计数方法了。仍以征收粮食为例，如果要表示十万粒米，就需要画十万根树枝，一来册子不够长，二来读和写都不方便。于是，人类发明了"**进制**"，这是一种 **进** 位的 **制** 度。比如，我们可以约定：每两粒米，就把两根竖线删掉，用一个斜线表示。于是，二十一粒米就可以从"||||||||||||||||||||"变成"//////////|"。进一步地，如果斜线超过一定数量，就使用另外一个符号标记，比如每两个斜线用一个"+"符号替代。那么，二十一粒米可以用更简短的方式表征："+++++|"。

　　基于上面的约定，当看到"+++++|"（短串）的时候，能达到"||||||||||||||||||||"（长串）一样的效果 —— 知道它指代"二十一"。这里的神奇之处在于，冗长和简洁的字符串可以表征同样的计数结果。这里的玄机在于，短串除了"+++++|"这个信息，还暗含了一套约定：两粒米换一个符号。

　　实际上，古人确实是这么操作的：官员有几种不同的容器，这几类容器类似于上面的几种符号。征收的粮食不再一粒粒地记录在册，而是用容器盛这些粮食，每满一个容器，记录为一升；由于征收的量实在太大，册子里依然要记录很多很多个"一"。于是有约定，每十升视为一斗，每十斗视为一石，以此类推。通过多种不同的表示符号，大幅降低了数字的表示长度。

　　唐朝典籍《唐六典》中对度量衡制有一段记载："凡度，以北方黑黍中者，一黍之广（宽度）为分，10 分为寸，10 寸为尺（约 0.248 米），一尺二寸为大尺，十尺为丈。凡量，以黑黍中者，容 1200 黍为龠（12 立方厘米），二龠为合（重 1 两），10 合为升，10 升为斗，三斗为大斗，10 斗为斛。凡权衡，以黑黍中者，百黍之重为铢，（12 铢为丝，1200黍）24 铢为两，三两为大两，16 两为斤（30 斤为均，4 均为石）。"

　　由此可见，多使用几个符号表示数字是有好处的，它可以使符号串变短。但符号也不是越多越好，一来没有那么多符号；二来学习成本太高，人们很难记住太多符号。既然如此，有没有办法用有限的符号表示无限的数字计数呢？基于这一思路，人们设计了十个符号：0、1、2、3、4、5、6、7、8、9。当出现十粒米的时候，不再创造新的符号表示，而是采用如下规则：用一个符号表示计数，从 0 到 9 依次计数。如果满了，就让这个符号重新变回 0，然后多使用一个符号，记录满了一轮，即进了一位。于是，当计数到十的时候，个位的阿拉伯数字从 '9' 变回到 '0'，而左边多了一个符号 '1'。1 和 0连在一起，1 在 0 的左边，即"10"，表示十粒米。当我们看到册子上记录的"1024"时，

能很快反应出这个计数的值。因为除了册子上的信息，其实我们脑子里还有一个约定[①]
—— 通过这个脑子里的额外信息 —— 对"1024"做了进一步的翻译。

例题 3.3（二进制数转换为十进制数）

将二进制数 1111 转换为十进制数。

答案：二进制数转换为十进制数的方法是从右往左依次用二进制位上的数字乘以
2 的 n 次幂的和（n 大于或等于 0）。基于这一方法，1111 转变为 $1 \times 2^0 + 1 \times 2^1 + 1 \times 2^2 + 1 \times 2^3 = 15$。

例题 3.4（十进制数转换为二进制数）

将十进制数 15 转换成二进制数。

答案：十进制整数转换为二进制整数采用"除 2 取余，逆序排列"法。具体做法
是：用 2 整除十进制整数，可以得到一个商和余数；再用 2 去除商，又会得到一
个商和余数，如此进行，直到商小于 1 时为止。然后把先得到的余数作为二进制
数的低位有效位，把后得到的余数作为二进制数的高位有效位，依次排列起来。
基于这一方法，15_{10} 二进制表示变为 1111_2。

在进制中有一个很重要的规律：对于一位数字，当满的时候进位，但原位会归零，
回到原点！比如"99999+1=100000"，后五位发生进位，全部重新归零。乾卦中有潜龙、
见龙、惕龙、跃龙、飞龙和亢龙，代表六个盛衰循环的过程。当"飞龙在天"达到鼎盛，
就会"亢龙有悔"，盛极而衰。如果我们单独看上例中的五位，从"00000"向上增长，一
直涨到"99999"，这是从潜龙到飞龙的过程。在"99999"的基础上再加 1，五位数字重
新变成"00000"，重新回到"潜龙勿用"这一蛰伏状态，重新积聚力量，等待下一次的
鼎盛。如道德经所言，"反者道之动"，万事万物一旦达到某个临界点，就会物极必反，
回到原点。可以看到，时钟过了十二点会归零，指针重新从零点走起；行者绕地球一圈，
最后还是回到出发点。

这个法则在计算机科学中十分重要，它决定了计算机中二进制数字的真实表示形式：
补码。

[①] 为了将这种"约定"灌输进人们的脑子，形成社会共识，教育机构会面向全体公民普及计数规则，比如小学阶段
学习的十进制算术 —— 对数学教育的投入是使用这种简约计数方法所支付的"代价"。

3.5.2 计算机数字的真实表示：补码

通过上面的方法，任意十进制正整数都可以用二进制表示。但是，现实世界中除了正数，还有负数。为了表示负数，计算机不得不引入一个符号位。符号位在内存中存放在最左边，若该位为 0，则说明该数为正；若该位为 1，则说明该数为负。RISC-V 中，一个数可以用 64 个二进制位表示，其中最高位代表正负，其余 63 位表示具体的数字。

刚开始，人们尝试使用如下的方法表示负数：最高位表示正负，其余低位采用和正数一样的方法表示数字。这种用最高位表示符号位，其他位存放该数的二进制的绝对值的二进制码称为**原码**。基于这种表示方法，如果一个二进制只有四位，那么 0001 代表十进制的 '1'，1001 代表十进制的 '−1'。这种表示方法容易理解，但在计算时会出问题：

```
0001+0010=0011    ->    % 1+2=3;          正确。
0000+1000=1000    ->    % +0+(−0)=−0；    正确，但结果怪怪的……
0001+1001=1010    ->    % 1+(−1)=−2。     异常！
```

从上面的计算可以看到，正数之间的加法通常不会出错，这就是一个简单的二进制运算。但正数与负数相加，或负数与负数相加，就会得到莫名其妙的结果，这都是符号位引起的。所以，虽然原码直观易懂，与十进制真值转换方便，但原码表示减法运算，或者说正数与负数的加法，会非常复杂。利用原码进行两数相加运算时，首先要判别两数符号，若同号，则做加法；若异号，则做减法。利用原码进行两数相减运算时，不仅要判别两数符号，使得同号相减，异号相加；还要判别两数绝对值的大小，用绝对值大的数减去绝对值小的数，取绝对值大的数的符号为结果的符号。并且，CPU 中还需要减法器的硬件支持。由此可见，原码虽方便表示数字，但不利于数字的计算。

下面看看如何利用"反者道之动"的思想在计算机中表示二进制。原码问题的根源在于负数，于是科学家开始思考负数的本质：所谓负数，是和某个正数相加等于 0 的数。比如 '−5' 和 '5'，两个数相加等于零，'−5' 就是正数 '5' 对应的负数。所以，假如计算机中的正数依然采用原码表示，那么我们找出能和这个原码相加后归零的那个数，就是该正数对应的负数。让我们看一下怎么找到这个负数：

对于一个正数，比如 0101，如果将它的每一位取相反数，会得到 1010。这两个数相加：0101+1010=1111。这时，各个二进制位都满了。物极必反，如果在此基础上再加一：1111+1=10000，后四位从 1111 重新变成 0000。

但是这台计算机最高位只有四位，所以第五位是没有办法存放的，也就直接丢弃了。这一现象称为溢出。计算结果的最高位丢弃，神奇的事情出现了：1111+1 的结果变成了 0000。当某一位达到最大值需要进位，该位会归零。于是，上面这个二进制可以写成这样的形式：0101+1010+1=0000。在这个公式中，"0101" 代表 5，那么 "1010+1" 应该代表什么？相加等于零，"1010+1" 自然应该代表 −5！

我们把 "1010+1" 称为 "0101" 的补码，它刚好适合表示数字 5（0101）对应的负数。补码的计算方法也很清晰：二进制正数（0101）按位取反（1010）再加一（1010+1=1011）。取反之后，这个数与正数相加进入 "满"（全部位变为 '1'）的鼎盛状态，"满"的基础上再加一，原来的 '1' 全部推倒归零。所以，在上例中，计算机用 0101 表示 5，用 1011 表示 −5。

基于上面的数学思想，当计算机接收到指令时，无论算术指令还是数据传输指令，对应寄存器中的数字都是按照补码方式存放的。正数的补码是它自身，负数的补码是其对应正数的取反再加一。我们常说 "二进制表示数字"，这里的二进制是数字的补码。

补码的思想，初次接触会觉得很绕。但是如果静下心来仔细想想，会觉得非常美妙。其中蕴含着重要的人生哲理，凡事适可而止，否则过犹不及。亦如金庸先生在其武侠著作中所写：天之道，损有余而补不足，是故虚胜实，不足胜有余。其意博，其理奥，其趣深[1]。

3.6　条件分支指令

通过一条条指令，我们告诉计算机："先做什么，再做什么……最后做什么"。这些指令默认是顺序执行的，每次 CPU 取一条指令执行，执行完毕后顺序取下一条指令继续执行。然而，计算机的很多执行逻辑并不是在编写程序时能确定的，而是需要基于未来发生的变化灵活调整，这使得计算机变得更加聪明，更能审时度势。

在高级编程语言中，通常使用 if 语句表示分支，话语体系大概是："如果怎样，你就这样这样；如果不怎样，你就那样那样"。RISC-V 包含两个决策类指令来实现这种分支判断。其中，指令：

```
beq rs1, rs2, L1
```

表示如果寄存器 rs1 中的值等于寄存器 rs2 中的值，则跳转到标签 L1[2]对应的那条指令继续执行。这里，助记符 beq 代表相等则分支。与其对应的，指令：

```
bne rs1, rs2, L1
```

---

[1] 出自《射雕英雄传》中关于《九阴真经》的描述。
[2] 这里的标签可以换成任意的字符串，比如 TEST 或 EXIT，L1 只是一个标记符号，并没有具体含义。

表示如果寄存器 rs1 中的值不等于寄存器 rs2 中的值，则跳转到标签为 L1 的语句执行。这里的助记符 bne 代表不等则分支。这两条指令统称为条件分支指令。

例题 3.5（分支指令示例）

C 语言如下：

```
if (i==j) {
        f=g+h;
}
else    f=g-h;
```

这里，f，g，…的值在寄存器 x19，x20，…，求编译以后的 RISC-V 指令。

答案：

```
bne x22, x23, ELSE
add x19, x20, x21
ELSE: sub x19, x20, x21
```

上述指令首先对 x22 和 x23 寄存器中的数据进行比较，不等则分支，如果不相等，就跳转到 ELSE 标记的那个位置执行指令，也就是执行 "sub x19, x20, x21"，对应 C 语言的 f=g-h。如果 x22 和 x23 中的数据相等，则表示 i==j，那么不发生跳转，继续执行下一条指令 "add x19, x20, x21"，实现 f=g+h 的计算。

那么，CPU 如何知道接下来要跳转到哪个位置执行呢？这得益于一个特殊的寄存器：PC（Program Counter，也称为程序计数器）。这个寄存器不属于前文介绍的 32 个通用寄存器，PC 寄存器专门用于存储当前正在执行指令的下一条指令地址。这里不得不提冯·诺依曼在计算机领域的另一项重要贡献——存储程序概念：指令与多种类型的数据不加区别地存储在存储器中，因此产生了存储程序计算机。通俗点讲，程序员编写的 hello_world 程序（指令）和拍摄的照片（数据）本质上是一样的，都是以二进制形式表示并保存在晶体管中。

指令以类似数据的方式存放在内存的某些晶体管中，因此也需要通过地址找到它们。在 RISC-V 中，每条指令都是 32 位，也就是 4 字节大小，所有指令都会被加载进内存。PC 的作用非常重要，CPU 执行当前指令，PC 指向下一条指令，当 CPU 执行完当前指令后，CPU 就会读 PC，从而找到下一条要执行的指令的位置，然后继续执行下一条指令。PC 的值也会相应更新。如此周而复始，直到整个程序结束。

跳转的本质其实只是简单地改变 PC 的值。在上例中，当 CPU 执行分支跳转指令时，会利用电子元器件对 i 和 j 的值进行比较。如果值相等，PC 的值自动 +4，顺移到下一条指令的位置，等待下一个指令被读取和执行。如果值不相等，PC 的值就不再往后顺移，而是根据 ELSE 这个标签计算"ELSE: sub x19, x20, x21"与当前指令的距离，根据这个距离计算出跳转地址，并把这个地址写进 PC。如此一来，下次从 PC 取地址执行指令时，就不是默认的顺序执行了。

得益于 CPU 对分支跳转指令的支持，高级语言中开始出现一些更复杂的形态：循环、函数、源文件之间的引用，等等。

3.6.1　循环

通过 beq 和 bne 指令，可以控制处理器跳转到指定的位置，也就是决定下面要执行什么语句，然后从那条语句开始继续顺序执行。如果跳转到代码开头的位置，就构成了一个循环。每次跳到开头，然后顺序执行，又执行到那个分支跳转指令，然后再跳回到开头继续执行。如此循环，直至某一时刻，分支跳转指令的条件发生改变，不再跳转到起始处，循环被打破。这一指令之间跳转的过程，就是 C 语言中的 while 和 for 循环语句。通过分支跳转指令和其他指令的排列组合，可以构造出程序中的各种复杂逻辑。这些逻辑最终都变成了机器内部可量化的计算过程。

3.6.2　函数

程序模块化思想的一个重要体现是函数。一个函数可以理解为一段指令的集合。而函数之间的调用，就是一段指令的集合执行完成后，跳转到另外一个指令集合的入口（也就是那个被调用的函数）继续执行。通过这种方式，程序员可以每次只关注任务的一部分，而不必掌握全局信息，这使得从事大规模软件工程开发成为可能。

当然，调用者与被调用函数之间要有信息交流，函数的参数扮演这一角色。总体而言，执行函数时，程序遵循以下六个步骤。

- 将参数放在函数可以访问到的位置；
- 控制权移交给函数；
- 获取函数所需的存储资源；

- 执行所需的任务；
- 将结果放置在调用程序可以访问到的位置；
- 将控制返回到初始位置，因为函数可以从程序中的多个点调用。

函数的思想在生活中非常普遍，它的优点是任务分摊，副作用是沟通成本。例如，企业随着规模变大，易出现大公司病，其中一个重要原因是人与人之间、组与组之间、部门与部门之间的沟通成本。

老板：你好，我这里有几个人的名字，请整理出他们的简介发给我。（函数你好，我这里输入几个名字，请你输出我想要的结果，具体怎么做我不关心，短时间内给我正确结果就行。）

秘书：好的，马上处理。（函数开始思考，为了完成这项工作，应该一步一步地按什么步骤实施，也就是一条条的指令应该怎样组合，才能实现老板 —— 那个函数调用者 —— 交代的任务。）

三个小时以后……（函数执行过程）

秘书：老板，这几个人的资料整理完毕，请查阅！

上面对话就是函数职能的具体体现。老板调用秘书完成某项工作，他只关心秘书反馈回来（return）的结果，并不在意实现过程。老板（函数调用者）评价秘书（函数）的标准有两个：①这个秘书执行任务的效率很高；②给她交代任务时，沟通起来不费劲。

3.6.3　栈

让我们再审视一下函数调用的过程，当函数 A 在执行过程中调用了函数 B，然后函数 B 在执行过程中又用到了函数 C，如图 3.3 所示。在这样一个函数嵌套调用的过程中会出现寄存器不够用的问题。

在函数 A 执行的过程中，其中包含了很多指令，通过前面的学习我们知道，这些指令会占用大量的寄存器。那么问题来了：当开始执行函数 B 内部的指令时，函数 B 的指令同样需要大量的寄存器。此时原本寄存器中函数 A 的数据就有可能被冲掉。糟糕的是，在函数 B 执行完毕后，会继续执行函数 A 剩余的那部分指令，而此时函数 A 在寄存器中的数据已经不在了。如果函数 B 执行过程中又调用了函数 C，情况会变得更糟。

在程序执行过程中，一个重要原则是整个过程中的数据不能丢失，无论这个数据放置在哪里，必须可以找到。于是一个想法就出现了：可以在执行函数 B 的时候，先把原来寄存器中 A 的数据挪个地方保存下来，给函数 B 腾位子。等 B 执行完毕之后，再把 A 的数据重新搬回寄存器，就好像函数 B 从未发生一样，这一过程叫作恢复现场。现代计算机正是这样做的，CPU 会把函数 A 中的数据临时性存放在内存中，当需要恢复时再从内存中将数据加载回寄存器。而栈就是在内存中维护的用于保存现场的数据结构。

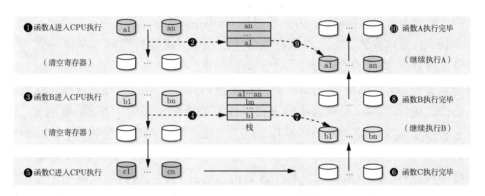

图 3.3　函数嵌套情况下栈的执行过程

栈是一种后进先出、先进后出的队列，需要一个指向栈中最新分配地址的指针，以指示下一个过程应该放置换出寄存器的位置或寄存器基址的位置。在 RISC-V 中，栈指针是寄存器 x2，也称为 SP。栈指针按照每个被保存或恢复的寄存器按双字进行调整。传输数据到栈或从栈传输数据出来都具有专业术语：将数据放入栈中称为压栈，从栈中移除数据称为弹栈，具体过程如图 3.3 所示。

(1) 函数 A 进入 CPU 执行，其指令、数据填满寄存器；

(2) 把函数 A 在寄存器中的数据搬到内存，清空寄存器；（压栈）

(3) 函数 B 进入 CPU 执行，其指令、数据填满寄存器；

(4) 把函数 A 在寄存器中的数据搬到内存，清空寄存器；（压栈）

(5) 函数 C 进入 CPU 执行，其指令、数据填满寄存器；

(6) 函数 C 执行完毕，寄存器中的数据自动清空；

(7) 把函数 B 之前搬出的指令、数据搬回寄存器；（弹栈）

(8) 函数 B 执行完毕，寄存器中的数据自动清空；

(9) 把函数 A 之前搬出的指令、数据搬回寄存器；（弹栈）

(10) 函数 A 执行完毕，寄存器中的数据自动清空。

3.7 其他指令

前文介绍的算术运算指令、数据传输指令、条件分支指令共同构成了 RISC-V 指令集的主体。除此之外，还有一些其他指令：无条件跳转指令、逻辑运算指令和移位操作指令。

无条件跳转指令：也称强制跳转指令，在没有判断条件的情况下，可以无条件跳转到指定的目标地址。例如：jal x1, 100。通过执行到这条指令，程序接下来会跳转到 PC+4 之后再 +100 的偏移位置，无条件执行该位置的指令。无条件跳转和条件分支指令都是打断指令顺序执行逻辑的重要手段。

逻辑运算指令：尽管计算机最初只对整字进行操作，但人们很快发现，在一个字内对几个位构成的字段甚至是对单个位进行操作都是十分有用的。随之而来的是，人们在编程语言和指令系统中添加了一些操作，用于实现上述更精细化的操作，这些指令被称为逻辑运算指令。逻辑运算指令的格式和功能见表 3.2，其中 imm 代表立即数。

移位操作指令：移位指令用于将二进制值左移或右移。这些指令可用于将位压缩或解压缩成字或执行算术乘法和除法运算。对于硬件来说，位移操作比乘法运算更高效，因此编译器尽可能地将乘法运算编译为位移运算。RISC-V 的移位操作指令见表 3.3。

表 3.2 逻辑运算指令的格式和功能

逻辑操作	指令示例	解释
与	and rd, rs1, rs2	rs1，rs2 按位与，结果存储在 rd
或	or rd, rs1, rs2	rs1，rs2 按位或，结果存储在 rd
异或	xor rd, rs1, rs2	rs1，rs2 按位异或，结果存储在 rd
立即数与	andi rd, rs1, imm	rs1，立即数按位与，结果存储在 rd
立即数或	ori rd, rs1, imm	rs1，立即数按位或，结果存储在 rd
立即数异或	xori rd, rs1, imm	rs1，立即数按位异或，结果存储在 rd

表 3.3 RISC-V 的移位操作指令

逻辑操作	指令示例	解释
左移	sll rd, rs1, rs2	将 rs1 逻辑左移，左移位数为 rs2，结果存储在 rd
右移	srl rd, rs1, rs2	将 rs1 逻辑右移，右移位数为 rs2，结果存储在 rd
算术右移	sra rd, rs1, rs2	将 rs1 算术右移，右移位数为 rs2，结果存储在 rd
立即数左移	slli rd, rs1, imm	将 rs1 逻辑左移，左移位数为 imm，结果存储在 rd
立即数右移	srli rd, rs1, imm	将 rs1 逻辑右移，右移位数为 imm，结果存储在 rd
立即数算术右移	srai rd, rs1, imm	将 rs1 算术右移，右移位数为 imm，结果存储在 rd

3.8　结语

驯兽师通过构造指令简化了与动物的沟通方式，使沟通具有可行性，进而通过指令的排列组合完成精彩的演出。通过本章的学习，我们知道程序员和计算机的沟通也是基于这一原则。关于 RISC-V 体系结构的完整指令语法，如果感兴趣，可以参阅附录 B 或《RISC-V 手册》。计算机的 CPU 能够识别这些指令，每输入一条指令，CPU 都能做出相应的反应。我们传达给计算机的指令当然不是"跳跃"或"前进"动作，而是使计算机进行"加法""数据搬移"，以及"大小判断"等。

从程序员角度考虑，他的工作是将自己的想法写成高级编程语言，这是比指令更抽象、但人类更容易理解的事。程序员是具备计算机知识的小说家，他们会根据自己的想法构思并逐句写出来。计算机按照小说的剧情逐句执行，故事剧情在执行过程中得到推进，并在推进过程中使死板的文字鲜活起来。

程序员写出的源代码会在编译器的协助下编译成一条条指令，这些指令以二进制形式存在，比如 hello_world.exe 可执行文件。当用户执行某个程序时，程序对应的指令就会逐条送进 CPU 执行。计算机从开机算起，指令就开始持续不断地进入 CPU 执行，CPU 就像一个陀螺不停地旋转。这些指令大多来自操作系统和系统服务程序，它们负责资源管理、进程调度等工作。也就是说，内存和 CPU 之间形成了一种指令流动的循环。当运行用户程序时，会从原来的循环中跳转出来，跳到用户程序的指令处执行。待执行完毕，再回到原有的指令流中继续循环。

本章关键词：指令集，RISC-V，汇编，编译器，二进制，补码，寄存器，C 语言，函数，栈

第4章 计算机的"脑回路"

> 如果人类的脑袋简单得足以了解的话，我们还是会愚笨得无法理解它。
>
> —— 乔斯坦·贾德，《苏菲的世界》

4.1 引言

还记得第 3 章开头提到的驯兽师吗，动物听不懂复杂的人类语言，但可以理解少量且简单的指令。这是如何做到的？我们知道，动物天生是不认识这些指令的，但驯兽师却让它们获得了解析指令的能力，其间狮子的脑子一定发生了某种变化。实际上，在表演之前，驯兽师会对狮子进行长时间的训练，如果后者完成某个指令的对应动作，就可以获得食物的奖励。这是在重新构造狮子大脑结构（脑神经网络回路）的过程。经过多轮训练，狮子的脑回路可以"理解"这几个指令，只要指令从耳朵飘进狮子的脑回路，大脑输出的信号就是使其做出相应的动作。

4.2 初识脑回路

4.2.1 有机生物的脑回路

在认知神经科学（Cognitive Neuroscience，脑科学）中，科学家将脑回路称为 Neural Circuits（神经回路），这算是脑回路的官方名字。人类大脑平均只有约 1.36 千克，却可以完成迄今发现最复杂的计算和思考。为了实现这一目标，大脑内部构建了错综复杂但无比精确的线路。思考的秘诀就隐藏在这些微观线路中。大脑内部有上千亿个神经细胞，每个神经细胞以数百或数千个末梢和其他神经细胞相连。它们是物理上连接起来的。

脑部的神经回路最大的特点是使输出信号相比输入信号发生状态变化，这就是计算的过程。所谓计算，就是一个根据已有信息创造新的信息的过程，信息通过某种载体物质来表征，如电子。脑回路通过改变载体物质的状态或组合顺序实现新信息的创造。而驱动物质改变需要能量，所以无论计算机还是人类，没有能量就无法思考。脑回路正是这样一个物质、能量、信息汇集的设备，它的故障会导致信息解析能力的缺失。例如，临床医学上有种叫作"先天性面孔失认症"的疾病，在没有任何其他问题（如视力损伤，心理疾病）存在的情况下，病人无法基于面孔识别对方身份，这是无法记录他人面孔的一类功能障碍。医学界认为"先天性面孔失认症是识别面孔的神经回路中间的连接出现了问题"，导致输入的视觉信号无法顺利流经脑回路并输出，所以无法对面孔信息完成解析。

同样的信息，经由不同结构的脑回路解析，有可能得到完全不同的输出结果。当我们听到"起立"，就会将听到的声音转换为电信号，从耳朵传入脑回路。脑回路传出的信号发生了状态变化，新的信号会控制你的双腿站起来。但如果听到的是"Debout"（法语），虽然声音同样会转换成电信号传入大脑，但从脑回路无法输出有效的信息，我们并不会应声站起。但是，如果是一个法国人，对两种信息的反应则刚好相反。根本原因在于，两人的脑回路结构是不同的。

这是由于中国人和法国人学习的语言不同，所以他们的脑回路被构造成不同的结构。人们常说的"脑回路清奇"，就是用来形容一个人的思维、对事物的反应与常人不同。人类大脑经过数亿年的试错和进化，经由大自然的天择，已经复杂到足以应对已知的所有外部威胁。但无论大脑回路多么复杂，其作为线路集合的属性没有变，利用线路结构改变信号状态的基本职能同样没变。

4.2.2 计算机 "脑回路" 的基本原理

相比人脑，计算机的"脑回路"在技术实现上有很大不同，比如无法达到人脑那样的高并行。但两者的设计原理是一致的，都是通过复杂的线路设计，在信息流入回路后改变其状态，使输出信息不同于输入，从而达到计算的目的。在计算机体系结构中，CPU扮演着脑回路的角色。

冯·诺依曼架构中有五大组件，CPU 占两个：数据通路和控制器。这里的关键是"路"。CPU 通过各个电子元器件和线路的连接，将 CPU 构成一个复杂的集成电路。通过加电压，可以迫使晶体管中的电子在电路中流动。这块电路有很多条电线的分岔，而不是一条路走到底，通过控制器可以决定哪些路是通的（通路）、哪些路是断的（断路），不同指令的通、断路线不一样[1]。晶体管中的电子在通路上流动，并流经通路上的各个电子元器件。这些电子元器件在内部对流入电子状态进行处理，随后流出。

---

① 有机生物的神经线路不像电路零件那样可以任意开关，而是采用了一种平行转接的方式。

各个元器件流入和流出的电子状态会发生变化。这意味着，处理器不仅做了数据的搬移，而且在搬移过程中使数据发生了变化。变化出的新信息就是处理器计算的结果。比如，流入 ALU 器件的两段电位分别是 "00000001_2" 和 "00000001_2"，流出的电位组合是 "00000010"，表示进入 ALU 器件的是两个 "1_{10}" [1]，而流出的则是一个全新的数据 "2_{10}"。当流入的是一个寄存器堆器件，流出的则是该寄存器中的数据，流入和流出的电位同样发生了变化。

设计 CPU 时，数据通路包含两大类逻辑单元：处理数据值的单元和存储数据值的单元。处理数据值的单元称为组合逻辑，它们的输出仅依赖于当前输入。给定相同的输入，组合逻辑单元总是产生相同的输出。由于组合逻辑单元没有内部存储功能，当电信号输入时，它总是快速地将新的电信号输出。除了组合逻辑，计算机还需要记忆，用以保存信息状态。指令存储器、数据存储器、寄存器都属于状态单元，它是可以存储状态的。一个状态单元至少包含两个输入和一个输出，必需的输入是要写入状态单元的数据值和决定何时写入数据值的时钟信号；输出则是存储单元的具体数据值。简言之，状态单元中存储静态的电子状态，组合逻辑负责使动态流动的电子状态发生变化。

驯兽师的指令传入狮子的耳朵，会以电信号的形式流入脑回路，电信号状态在脑回路中改变并流出，进而控制狮子做出相应动作。同样，程序员的指令传入计算机，以电信号的形式流入 CPU，电信号在数据通路中发生状态改变并流出，完成指定的任务。在上文中我们已经了解到，计算机需要识别的指令包括算术逻辑指令、存储器访问指令和分支指令等。CPU 对上述指令的处理方式大体是相同的。对一条指令的整体执行过程如下：首先，从存储器中特定位置取出指令，传入 CPU 内部的 PC 寄存器，整个过程在物理上就是将存储器芯片中晶体管的电位通过导线搬移到寄存器，并在寄存器的晶体管中存下来；随后，对指令各个段的电位进行拆解，并分别传进各自需要的电子元器件进行后续操作；其中，有些段表征寄存器编号，电路将这些电位导入寄存器，并导出寄存器中的电位，有些段表征指令类型，还有一些段表征控制相关的信息，用以控制电子的流向。

为了实现这一目标，我们需要了解以下两个问题：

- 这些指令以怎样的物理形态存在于计算机中？（详见 4.3 节）
- CPU 内部电路应怎样设计，才能对指令做出正确的处理？（详见 4.4 节至 4.6 节）

---

[1] 书中，数字下标用以表征进制。

4.3　指令的 0/1 表示

人识别指令的方式和计算机识别指令的方式是不同的。根据冯·诺依曼架构，CPU 会将指令逐条读入并执行，也就是将 32 个电位从内存的晶体管传入 CPU 中的寄存器。这个过程出现电子的移动，形成微弱的电流。而传入寄存器的指令，也就是现实世界对应晶体管中的电位，根据高低电位分别以 1 和 0 表征。对于到达 CPU 的指令，它的 32 个比特位根据约定各自代表特定的含义。CPU 可以通过识别这 32 个比特位，感知到来的是什么指令。

基于这一思路，只需以特定格式的二进制形式表征各类指令，并在 CPU 电路中对指令的 32 个比特位（晶体管中的电位）进行识别，就可以达到人和计算机同时认识的目的。具体地，指令以一系列高低电平信号的形式保存在计算机中，并以二进制数字的形式表示。每条指令的各部分都可以被视为一个单独的数，把这些数字并排拼接在一起就形成了指令。只需给每一条指令定义相对固定的格式，就可以根据 32 位二进制准确识别当前的指令是什么。

4.3.1　常见类型介绍：R 型

在第 3 章指令学习阶段，首先学习的是算术指令。下面以加法指令为例，先看一下算术指令是如何在计算机中存在的。

例题 4.1（指令的二进制存储格式）

对于符号表示为 "add x9, x20, x21" 的 RISC-V 指令，首先以十进制数表示，然后用二进制数表示。

答案：
直接用十进制数表示如下：

funct7	rs2	rs1	funct3	rd	opcode
0	21	20	0	9	51

一条指令的每一段称为一个字段。
第一、第四和第六字段（0、0 和 51）组合起来告诉 CPU 该指令执行加法操作。
第二字段给出了作为加法运算的第二个源操作数的寄存器编号（21 表示 x21），

第三字段给出了加法运算的另一个源操作数（20 代表 x20）。

第五字段存放用于接收计算结果的寄存器编号（9 代表 x9）。

因此，该指令将寄存器 x20 和寄存器 x21 相加，并将计算结果存放在寄存器 x9 中。

用二进制数表示如下：

funct7	rs2	rs1	funct3	rd	opcode
0000000	10101	10100	000	01001	0110011

综上，add x9, x20, x21 指令对应的机器码为：00000001010110100000010010110011。♠

对照图 4.1，可以看到一条指令数据为 32 位，其中操作码占 7 位，目标寄存器和源寄存器各占 5 位。通过 5 位二进制数，足够表示 32（2^5）个通用寄存器。在上面例子中，两个源寄存器中的值相加，将结果写到目标寄存器。计算机通过拆解指令表示中的 5 位二进制片段（10101，10100 和 01001），可以知道是哪个寄存器。上述例子中的格式是标准的 R 型指令格式。通过这种格式解析，可以从 32 位二进制串拆解出两个源寄存器和一个目标寄存器。此外，有十位（funct7 和 funct3）用于表示指令类型。

现在大家应该理解 C 语言编译生成的可执行文件是如何解析了吧？通过将十进制数拆分成一段一段 32 位的二进制数串，它们在内存的晶体管中以电位状态保存。然后逐条传入 CPU 的电路，CPU 内部电路基于 R 型规则对这些电子状态进行解析，并将各片段送到不同的电路模块进行处理。由于电路是经过精心设计的，因此各电路模块处理后的输出正是我们希望的结果。

add x9, x20, x21

0	21	20	0	9	51

0000000	10101	10100	000	01001	0110011
功能	源寄存器2	源寄存器1	功能	目标寄存器	操作码

funct7	rs2	rs1	funct3	rd	opcode
7位	5位	5位	3位	5位	7位

图 4.1　加减指令二进制格式

4.3.2 常见类型介绍：I 型

R 型指令格式不是万能的，当指令需要表征比上述位数更长的字段时就会出问题。例如，Load 指令需要指定两个寄存器和一个立即数。R 型指令格式中有一个表示源寄存器的 5 位片段没有使用，可以用其表示立即数。但 5 位实在太短了，最大只能表示 $2^5 - 1$，即 31。该立即数与地址访问有关，通常需要很大的数。所以 5 位片段太小，用处不大。

但出于规整性的考虑，一条指令的总长度不变，都是 32 位①。于是人们想，R 型指令格式中，是否有更多的片段是 Load 指令用不到的？—— funct7 的那几个片段也用不到。于是，对于 Load 指令，将 funct7 的 7 位和 rs2 的 5 位合并在一起，共 12 位，用来表示立即数。如此一来，立即数的表示范围扩展到 $[2^{11}, 2^{11} - 1]$。注意，这 12 位填入的是待计算数字的补码。我们把这种指令格式称为 I 型。

Load 指令同样作为 32 位的二进制数送进 CPU，由内部电路进行解析处理。同样都是 32 位指令，电路怎么知道来的是 I 型还是 R 型？不要忘了，通过 funct3 和 opcode 可以识别出是哪个指令，自然也就知道是哪个格式。虽然指令只有 32 位，但通过各个片段的不同含义，可以表征各种类型的指令。除 R 型、I 型，还有 S 型等其他指令格式。非相关从业人员不必掌握所有指令格式，只知道 "通过指令的二进制表示和格式解析，CPU 可以识别各种指令" 这一基本思想即可。

4.3.3 指令格式汇总

RISC-V 有 6 种基本指令格式：R 类型指令，用于寄存器-寄存器操作，名称取自 **R**egister；I 型指令，用于短立即数和访存操作，名称取自 **I**mmediate；S 型指令，用于写回操作，名称取自 **S**tore；B 类型指令，用于条件分支操作，名称取自 **B**ranch；U 型指令，用于长立即数，名称取自 **U**pper；J 型指令，用于无条件跳转，名称取自 **J**ump。

从基本指令格式可知，RISC-V 是具有高性能低功耗的更简洁的指令集架构设计。第一，RISC-V 指令仅有 6 种基本指令格式，不像 x86-32 和 ARM-32 那样具有很多指令格式，这大幅缩短了指令的解码时间。具体的指令格式见表 4.1。第二，RISC-V 指令格式具有三个寄存器地址，不像 x86 那样使源操作数和目的操作数共享一个地址，它无须多使用一条 move 指令来存储目的寄存器的值。第三，对于所有的 RISC-V 指令，其读写的寄存器标识符需要存放在同一位置，这使得指令在执行解码操作前就能提前访问寄存器的值。第四，指令格式中的立即数总是符号扩展的，并且指令的最高位是符号位，因

---

① 等长的指令会大大简化译码电路的复杂度。

此可以在解码前执行立即数的符号扩展操作。

表 4.1　指令格式

R 型	funct7	rs2	rs1	funct3	rd	opcode
I 型	imm [11:0]		rs1	funct3	rd	opcode
S 型	imm [11:5]	rs2	rs1	funct3	imm [4:0]	opcode
B 型	imm [12, 10:5]	rs2	rs1	funct3	imm [4:1, 11]	opcode
J 型	imm [20, 10:1, 11, 19:12]				rd	opcode
U 型	imm [31:12]				rd	opcode

好的，现在我们知道命令计算机做事的指令语言了。这是一套双方约定的规则，在学习上面内容的过程中，我们的大脑结构发生了变化，变得能够理解这些指令的含义。计算机的脑回路应该是什么结构才能理解指令呢？接下来讨论计算机脑回路的结构，也就是处理器芯片的设计原理。这部分内容比较晦涩，但仍建议计算机专业的读者能理解其原理。

4.4　集成电路基本元器件

涉及的三个主要的电子元器件包括：ALU、内存（Memory）、寄存器堆。对于这三大类器件，流入和流出的电位都会发生变化。

ALU：ALU 的全称为 **A**rithmetic and **L**ogic **U**nit（算术逻辑单元），是能实现多组算术运算和逻辑运算的组合逻辑电路。它使用由晶体管制成的各种门（包括与门、或门、非门、异或门等）执行数学和逻辑运算。我们可以把"门"①理解为比较简单的元器件，流入和流出的电子状态会发生变化。ALU 将众多的门组成一个数字组合电路，可以对整数二进制变量执行算术和位运算。图 4.2 所示为 ALU，电子流经这个器件时，有两个 64 位输入，并产生一个 64 位输出，对于加法器，输出的结果刚好就是两个输入相加后的结果。这里，大家只记住 ALU 器件具备这样的能力即可。对于减法、乘除法，ALU 也有相应的内部电路逻辑组合，可以实现相关的计算操作。

寄存器堆：处理器中有很多寄存器，如果每个寄存器都有 32 根电线接入，电路上的电线排布会很烦琐。于是人们考虑先把那些寄存器封装在一起，然后统一输入和输出。这个封装的阵列结构称为寄存器堆，也叫作寄存器文件。寄存器堆是寄存器的集合，其中的寄存器可以通过指定相应的寄存器号进行读写。图 4.3 是寄存器堆的结构图。通用寄存器存放在内部，这些寄存器利用若干通用接口与外界打交道。

---

① 关于"门"的概念，第八章量子计算机会再次提到，此处请记住它的作用。

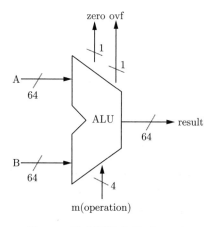

图 4.2 算术逻辑单元（ALU）

从图 4.3 中可以看出，共有 7 组线与寄存器堆连接，其中 5 组输入，2 组输出，下面逐一解释：①当一条指令希望读数据时，需要告诉寄存器堆 "希望读哪两个寄存器中的数据"，并且需要 "将这两个数据传递出来"，对应图中的四根线：Read Addr 1, Read Addr 2, Read Data 1, Read Data 2；②当这条指令需要将某个计算结果写回寄存器时，则需要告诉寄存器堆 "打算写到哪个寄存器" "要写入的数据是什么"，对应图中的 Write Addr 和 Write Data；③而写操作由写控制信号控制，在写操作发生的时钟边沿，写控制信号必须有效。因此，还需要有一根线告诉寄存器堆 "当前能不能写"，图中的 RegWrite 这根线负责这件事。输入的寄存器号为 5bit 宽，用于指定 32 个寄存器中的一个，数据输入总线和两个数据输出总线均为 64bit 宽。

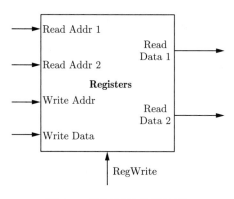

图 4.3 寄存器堆的结构图

　　内存：包括指令存储单元（Instruction memory）和数据存储单元（Data memory）[1]。对于指令存储单元，需要有一个输入和一个输出：输入需要读指令的地址，对应图 4.4（a）中的 Read Addr 线；输出指令的内容，对应 Instruction 线。对于数据存储单元，需要有如下接口引出来：①当需要读指令时，要告诉内存"我要读哪个地址的数据"，随后"将这个地址的指令/数据内容传递出来"，对应图 4.4（b）中的 Addr 和 Read Data 两根线；②当需要往内存写内容时，则需要告诉内存器件"我要写到哪个地址"和"我要写的内容"，即图中的 Addr 和 Write Data 两根线。③最后，需要读写控制信号对其进行控制，即 MemWrite 和 MemRead 两根线。通用计算机一般只配备数据存储器，指令也看作数据处理，指令和数据混杂地存储在同一块内存芯片中。但为了简化后续技术（主要是流水线部分）的讲解，本章默认指令和内容数据分别存储在指令存储单元和数据存储单元。

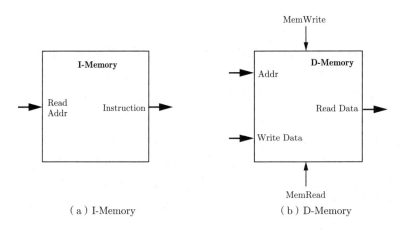

（a）I-Memory　　　　　　　（b）D-Memory

图 4.4　内存器件：指令存储单元（I-Memory）和数据存储单元（D-Memory）

　　笔记　人脑可以同时记录指令和数据。比如，我们记得骑自行车这项技能，也将某个数学公式背得滚瓜烂熟。而我们记忆的画面、诗词等，则是真正体现内容的数据。我们可以把背诵下来的数字代入记忆中的数学公式，以完成此计算，这是指令和数据配合的结果。

　　指令的一般解析过程：解析每条指令的前两个步骤是相同的。

　　（1）程序计数器（PC）发送地址信号到存储单元，从相应地址取出接下来要执行的指令；

---

　　[1] 这种将指令和数据在内存中分别存储的方式是冯·诺依曼架构的改进，对流水线比较友好。在传统的冯·诺依曼架构中，指令即数据，实际上并不需要对其过度区分。通用计算机内存中存储的电位既可能是指令，也可能是数据。

（2）对取到 PC 的指令按位解析，根据指令各字段的 01 编码选择要读取的一个或两个寄存器。例如：对于 add 指令，从两个寄存器中读数据；对于 ld 指令，只需读取一个寄存器。

在这两步之后，完成指令所需的剩余操作取决于具体的指令类别。例如，对于算术逻辑指令 add，取出两个寄存器中的数据后需要传入 ALU 进行计算；对于存储访问指令 ld，则是将寄存器取出的基地址，以及 32bit 指令中表征偏移的字段送入 ALU，计算目标地址，再根据这个算出的地址从存储器中取数据。

4.5 构建数据通路

将寄存器堆、ALU、内存等元器件连接在一起，并按照特定的方向在这个电路上进行电子流动，就能形成数据的流通。所以，这些电子器件和连接它们的导线，共同构成数据流通的通道路径，即数据通路（Datapath）。如果把处理器比作计算机的大脑，那么数据通路就是这个大脑的 "脑回路"，它的内在结构决定了指令到来时，会以什么样的方式处理。

4.5.1 数据通路：处理当前指令

算术指令的电路图： 首先考虑 R 型指令，比如 add 指令。这类指令读两个寄存器，对它们的内容执行 ALU 操作，再将结果写回寄存器。例如，对于指令 add x1, x2, x3，旨在读取寄存器 x2 和 x3 中的数据，并将相加后的结果写入 x1 寄存器。如图 4.5所示，当这条加法指令到来时，指令中涉及源寄存器的两段二进制串将被传入 Read Addr 1 和 Read Addr 2 两个接口，而后经过寄存器堆内部的逻辑电路输出对应两个寄存器中的数据，分别通过 Read Data 1 和 Read Data 2 输出。输出的两个数据分别传进 ALU 器件。ALU 计算的数据传入寄存器堆的 Write Data 接口。同时，还需要知道这个数据要写入哪个寄存器，所以还需要有一个 Write Addr 接口的输入。至于写到哪个寄存器，这个信息从哪里来呢？别着急，不要忘了指令中表示目标寄存器的那个二进制片段。如此一来，寄存器堆中既有 Write Data 的输入，又有 Write Addr 的输入，最终将结果写入目标寄存器。

ALU 除了输出计算的结果，其实还会输出一些其他信息。Overflow 位用于判定计算之后的结果是否溢出。比如两个很大的 64 位数相加，结果可能需要 65 位才能表示，超出了 64 位计算机的能力范围。为了便于大家理解，这里我们对电路图进行了简化，大家只关注核心逻辑即可。图 4.5 中 RegWrite 和 ALU control 为控制信号，它们是从指令的另外一些位（funct 位、OP 位等）传递过来的，这里可以先忽略。

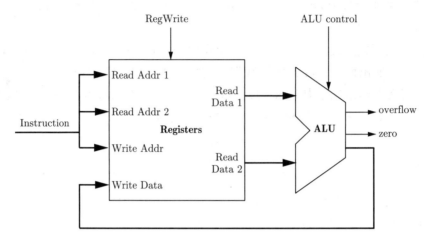

图 4.5   解析 R 型指令的电路设计

Load 指令的电路图：接下来如图 4.6 所示，我们看一下当 Load 指令到来时，比如：ld x9, 64(x22)，电路是如何工作的。对 ld 指令而言，它只需要从一个寄存器中读取数据，所以该指令按照 I 型指令格式进行解析，其中涉及源寄存器的段，即 RS1 段的 5 位二进制会流入寄存器堆的 Read Addr 1 接口，而 Read Addr 2 接口无二进制信息流入。除了从该寄存器中输出要访问的数据值，该指令中还有一段表征立即数，这个立即数是基址的偏移。因此，从图 4.6 中可以看到，指令中有一段二进制绕过了寄存器堆，直接被传输到 ALU 进行计算。ALU 器件的两个输入分别是 Read Data 1(基址) 和立即数 (地址偏移)。经 ALU 计算后，输出的二进制表示实际需要访问的内存地址。于是将这个地址输入到内存的 Addr 接口，告诉内存这条指令实际需要访问的数据地址。经过内存内部的地址译码电路，输入的地址转换为该地址在内存中对应的数据。数据通过内存的 Read Data 接口传出，最终传入寄存器堆的 Write Data 接口。通过这种方式将内存中的数据写入寄存器堆中的某个寄存器。

那么，具体写到哪个寄存器呢？这条 ld 指令已经告诉我们了。可以看到，指令中有一段表征目标寄存器的编号，这段二进制输入到了寄存器堆的 Write Addr 接口，告诉寄存器堆将要往哪个寄存器中写入数据。得益于 Write Addr 和 Write Data 两个接口的输入，寄存器堆明确了将要写入哪个寄存器以及写入的数据内容，于是经过寄存器对内部电路完成写入。从 ld 指令到来，对应的各比特位电子经过一轮流动，并在电流流动过程中发生一些变化，最终将新的电子排序传入指定寄存器。

图 4.6 中涉及一个小器件：立即数生成单元（Imm Gen），这个器件的作用是将一段不足 64 位的二进制扩展为 64 位。使用这个器件的原因很简单：ALU 的一个输入是寄存器中的数据，寄存器是 64 位的，ALU 自然希望输入的另一个数据也是 64 位，这样方便计算。如果不是，比如只是一个 12 位或 32 位的二进制数，只需将其补齐，将更高位填充成 0，将其扩展为数值不变的 64 位二进制即可。

Store 指令的电路图：Store 指令的执行流程如图 4.6 所示，以 sd x9, 96(x22) 为例，当一条 sd 指令到来时，它需要读取两个寄存器中的信息。具体地，从 x9 寄存器读取数据、从 x22 寄存器读取内存基址，然后将 x9 中的数据写入该基址对应的内存地址中。在这个过程中，指令的两段二进制分别输入 Read Addr 1 和 Read Addr 2 接口，两个寄存器中的值分别从寄存器堆的 Read Data 1 和 Read Data 2 输出。其中，Read Data 1 输出的是内存基址，也就是本例中 x22 寄存器中的内容，这个基址还需要和偏移量相加获取最终地址。所以我们看到指令中有一段二进制绕过了寄存器堆，直接输入 ALU，与 Read Data 1 接口输出的数据 (基址) 相加，相加之后的结果输入内存的 Address 接口，告诉内存："这条指令将往内存的哪个地址写入数据"。写入的就是从寄存器堆 Read Data 2 接口传出来的数据。

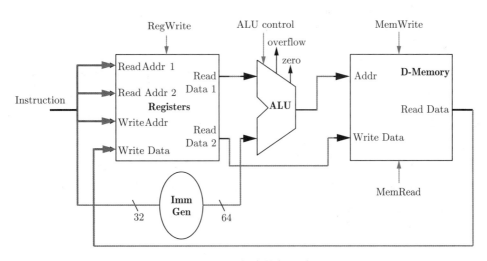

图 4.6　Store 指令的执行流程

这是一个电子在电线和元器件之间流动的动态过程。对这块电路而言，它并不知道所谓的读寄存器、写寄存器、ALU 计算、写内存等。它只看到电子通过电线流入这块电路，然后在流动过程中，经过一些元器件时，电线上的电子状态发生了变化（比如，有些电线上的高电位变成了低电位，也就是我们所认为的 '0' 变成了 '1'）。

一条指令有 32 位，那么就对应有 32 根导线，根据位数不同，其中一些电线联通到寄存器堆中的各个接口，还有一些电线经由 Imm Gen 器件连到 ALU。图 4.6 中，每根箭头实际表示若干根并排的电线，每一根电线用于传输一路电子、表征一位电子状态，也就是 64 位中的一位。以 ALU 指向内存 Address 接口的这个箭头为例，在电路中，它实际由 64 根并排的电线组成。例如，对于一条 Store 指令，这块电路所能看到的是 32 根电线分别有不同状态的电子流入 (也就是 32 位的指令)，然后这些电子又经过后续的电线从左往右传递，最终电子以改变之后的状态流入内存中的某些晶体管中，对这条指令的处理到此结束。电子流动形成电流，所以每个指令到来时，电路中就有一道微弱的电流划过。

4.5.2　数据通路：取下一条指令

通过上面的介绍，我们大致了解了一条指令在电路中是如何执行的。但是，这条指令又是从哪里来的呢？根据冯·诺依曼的存储程序概念，指令就像数据一样是存放在内存中的。所以，处理器还需要一块电路，这块电路根据某个地址，从内存中将指令取进寄存器[①]。这里我们再次强调那个特殊的寄存器：程序计数器 (Program Counter, PC)，这个寄存器不干别的事，专门存储指令在内存中的地址。

如图 4.7 所示，假设这个寄存器中已经有一条指令的地址，那么从这个 PC 寄存器中引出的数据直接流入内存，再从内存流出的就是该地址对应的内存中的内容 —— 也就是 32bit 的指令。从这里我们可知道图 4.6 最左边指令的来处。现在我们再次关注 PC 寄存器，它流出的数据除了流入内存，同样的一份数据还流入了加法器。加法器的另一个输入是 4。这部分电路的意思是将 PC 寄存器里原指令的地址加 4 —— 实际上也就实现了地址的一个偏移 —— 然后将偏移后的指令地址再次传入 PC 寄存器。当这条指令执行完毕后，数据通路就可以顺序执行下一条指令了，指令程序的顺序执行得以实现。

图 4.7 中这个加法器是一个组合逻辑电路，可由 ALU 实现，只将其中的控制信号设为总是进行加法运算即可。给这样的 ALU 加上 "Add" 标记，以表明它是加法器并且不能执行其他运算操作。但请注意，它仍是 ALU 的一种，并非引入了新的器件。那么，为什么是 PC+4 ，而不是加 1 或者加 8 呢？这是因为内存是以字节为基本寻址单位，一字节是 8bit，而指令大小是 32bit。从一条指令的起始地址跳到下一条指令的起

---

① 这块电路通过地址从内存中将指令取进寄存器；Load 指令对应的那块电路 (如图 4.6 所示) 通过地址，从内存中将数据取进寄存器，两者有异曲同工之妙。

始地址, 中间跳了 32bit, 对应的恰恰是 4 字节。所以, PC+4 实际是在告诉内存, 接下来将从四字节 (32bit) 之后的位置取指令。

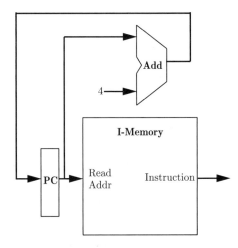

图 4.7 顺序执行情况下, PC 寄存器的数值更新电路 (默认 PC+4)

4.5.3 分支指令的数据通路

除顺序执行指令, 还需要通过分支跳转实现程序逻辑的多样性。因此, 数据通路需支持分支跳转指令。以 beq 为例, 该指令有 3 个操作数, 其中两个寄存器用于比较是否相等, 另一个是 12 位偏移量, 用于计算相对于分支指令所在地址的**分支目标地址** (branch target address)。它的指令格式是 beq x1, x2, offset。为实现 beq 指令, 需将 PC 值与符号扩展后的指令偏移量相加以得到分支目标地址。

计算分支目标地址的同时, 必须确定是顺序执行下一条指令, 还是执行分值目标地址的指令。当分支条件为真时, 比如两个操作数相等, 分支目标地址成为新的 PC, 分支跳转发生。如果条件不成立, 自增后的 PC 成为新的 PC, 就像普通的指令那样 PC+4, 分支跳转未发生。因此, 分支指令的数据通路需要执行两个操作, 分别是计算分支目标地址和检测分支条件。为计算分支目标地址, 分支指令数据通路包含一个如图 4.8 所示的立即数生成单元和一个加法器。为执行比较, 则需要从寄存器堆读出两个操作数。因此, 从图 4.8 中可以看到 beq 指令有两段二进制分别传入寄存器堆, 以获取两个寄存器中的值。此外, 利用 ALU 对这两个操作数进行相等性比较。这一点很容易做到, 通过 ALU 对两个数相减, 看结果是否为 0 即可。

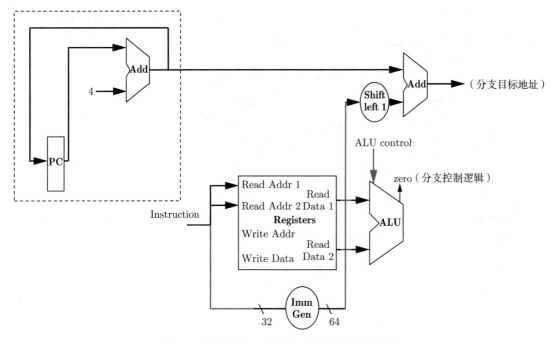

图 4.8　解析指令、跳转指令的逻辑电路设计

除此之外，为了实现指令跳转，beq 指令还需要告诉处理器：如果跳转，跳到哪里？因此，指令中有一段立即数，这段立即数表示希望跳转到的地址。PC+4 指顺序执行下一条指令的地址。而如果变为在 beq 指令中的这段立即数相加，则表示在上述指令地址的基础上再后移多少地址。计算分支目标地址时，将偏移量左移一位以表示以半字为单位的偏移，这样偏移量的有效范围就扩大到两倍。

4.5.4　完整的电路图

通过前文介绍我们知道，基于一些特定的电子元器件：寄存器堆、ALU、内存等，以及这些器件之间的电路联通，可以实现算术运算、数据存取、分支跳转指令。无论哪一种指令，所涉及的电子元器件都是相似的，只不过电线排布和电子流通的路径存在较大差异。因此，这些电子元器件可以统一在一张图中，变成一张图纸。这张图纸如图 4.9 所示。

图 4.9 便是计算机脑回路的简单结构，虽然和人类脑回路的结构差异巨大，但职能相同，都是通过精巧的物理结构改变输入信息，产生新的输出信息。这块脑回路是物质、

信息、能量的集散地。通过图 4.9 中的器件和电线排布，指令可以完成前文介绍的所有指令功能[①]。想象一下这样一个动态过程，当执行一条加法指令时，首先从 PC 寄存器中取出该指令的地址，然后将这个地址传入内存，并从内存中取出该地址中的内容，也就是 32 位加法指令的具体电位状态信息 (参见 R 型指令格式)。获取这条加法指令后，其中指令的两段分别代表两个源寄存器，两者输入到寄存器堆，并从寄存器堆输出两个源寄存器的数据内容，随后两个数据联入 ALU 进行加法计算，并将结果通过联通的电线写回到寄存器堆。与此同时，PC+4，开始准备执行下一条指令。

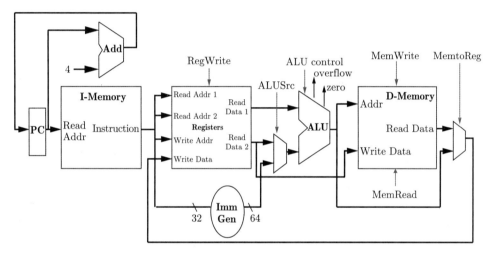

图 4.9 指令整体电路设计，支持指令获取、算术运算、数据存取、分支跳转等功能

假设下一条是 Store 指令，打算将上条加法指令计算出的结果从寄存器写回内存。那么，接下来这块电路将以如下方式流通：根据 PC 中的地址访问内存，从中获取 sd指令的具体信息（I 型指令格式），随后输入两段寄存器信息进寄存器堆，获取两个寄存器中的内容。与此同时，该指令中有一段立即数用于表征内存基址的偏移，这段立即数流经 Imm Gen 器件最终流入 ALU，另一个流入 ALU 的是寄存器中代表基址的那个数据。两者相加，计算出打算写入内存中的位置。另一个寄存器中读出的数据则传输到内存的 Write Data 接口，告诉内存具体写什么数据。电子流入内存中特定位置的晶体管，也就实现了寄存器中数据写进内存的过程。最终，指定寄存器中 64 个晶体管中的电子状态经过电线流入到内存中指定位置的 64 个晶体管中。Store 指令的执行过程到此

[①] 指令的数量是有限的，所以这个电路只支持指令集中有限的指令格式即可。这也是为什么对于一台计算机，指令数不会太多，因为那会大幅提升 CPU 电路设计的复杂度和难度。

结束，由最右侧内存往回引到寄存器堆的那根线这里没有被用到，因为没有数据需要写回寄存器。

通过这样一张图纸，任何指令都可以通过电子流通得以执行。这种设计方式可以实现电子元器件和电线之间尽可能大的复用，而不是对每一个指令单独设计一块电路、配备一套电子元器件，因此经济成本更低。这种复用的思想是现代计算机采用的处理器数据通路的普遍方法。回顾图 1.3 的那个电路图，它是图 4.9 这张图纸的具体实现，那个实体电路板中只有少数几块元器件，而非为每一条指令配备单独的一套器件。

但是，请进一步思考，对于任何一条指令，它只涉及其中的部分器件，且只有局部电线是联通的。也就是说，当不同的指令到来时，它们在同一块电路上电流流通的路径是不同的 —— 这也是为什么它们能实现不同的功能——流进不同的器件会流出不一样的结果。那么，CPU 如何控制不同指令的流通路径呢？这得益于 CPU 电路中的控制系统。

4.5.5　控制系统

这里，我们先回顾一下指令的格式。其中有些字段表示寄存器编号，有些字段表示立即数，但是还有一些字段目前没有用到：funct 段、opcode 段。这些位段是用来做什么的呢？—— 它们用来控制整个电路中哪些电路联通、哪些电路断路，进而控制一条指令在电路中的电子流通路径。正是由于这些位段的控制，对于加法指令，没有数据流入 Imm Gen 器件，也没有电流流入 Data Memory 的 Write Data 接口；对于 Store 指令，则没有电流从 Data Memory 流回到寄存器堆。接下来我们详细看一看，这些位段是如何控制这个电路的。

如图 4.10 所示，电路中增加了一个 Control Unit 控制电路，这个电路的输入来自指令的 funct、opcode 字段。经过 Control Unit 这块电路的处理之后，向外辐射出很多电线触角，分别联通到不同的电子元器件，对各器件进行控制。这些引出的电线分别是 ALUOp、Branch、MemRead、MemtoReg、MemWrite、ALUSrc 和 RegWrite。

其中，ALUOp 这条电线连入一个叫作 ALU control 的电子器件，并通过 ALU control 电路控制 ALU 具体执行哪一类计算操作。根据不同的指令类型，ALU 实际执行四种操作中的某一种。例如，对于 Load 和 Store 指令，ALU 做加法，计算存储器地址。对于 R 型指令，根据指令的 funct 字段，ALU 执行"加、减、与、或"中的一种操作。对于条件分支指令，ALU 则将两个操作数做减法，并检测结果是否为零。ALU 的输入控制信号由这个小型控制单元 ALU control 产生，其输入是指令的 funct 位段和两位 ALUOp

字段，ALUOp 指明要执行的操作是 Load/Store 指令要做的加法，还是 beq 指令要做的减法，并检测是否为零，或是由 funct 字段决定。该控制单元输出一个四位信号，ALU 根据这四位信号决定内部执行"加、减、与、或"中的哪一种操作。

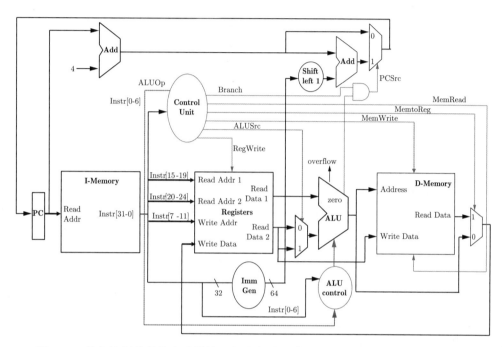

图 4.10 具备控制信号的电路设计（部分电路图借鉴自公开的 UC Berkerley 课件）

这种多级译码的方式 —— 主控单元生成 ALUOp 位，作为 ALU control 的输入控制信号，再生成实际信号来控制 ALU —— 是一种常见且被广泛采纳的技术手段。一来，多级控制可以减小主控制单元的规模，简化设计；二来，多个小的控制单元可以潜在地减小控制单元的延迟。这样的优化在具体电路实现中很重要，因为控制单元的延迟是决定 CPU 时钟周期（即计算机的"心跳"，4.6 节将重点介绍）的关键因素之一。

我们看一下其他信号是如何通过 Control Unit 进行电路控制的。从 Control Unit 辐射出的电信号可以为简单的数据通路添加指令标记，这些标记有些流入寄存器堆，有些流入内存，还有些则流入多路选择器。这些控制信号，除了图 4.10 中右上角的 PCSrc 信号外，所有的控制信号可由控制单元根据指令的 opcode 和 funct 字段设置。这些信号对应的控制位为'1'时表示有效，为'0'时表示无效。这些控制信号可以控制整个电路的电子流转逻辑，进而控制处理器的行为，而这些信号的来源同样来自指令。这也是为什么在冯·诺依曼架构中, 处理器包括数据通路和控制器两大组件。前者是一套电子流通的器件和电线集合, 后者通过控制这块电路的"通"与"断"控制电流的实际流通路径。两者的信息来源均是那个 32 位的指令。所以请务必将第 3 章和第 4 章结合起来学习, 虽然一章介绍汇编指令的语法功能 (软件), 一章介绍处理器的硬件电路 (硬件), 但两者却是密不可分的, 共同构成了计算机处理器的软硬件接口。

笔记 指令虽然只是一串 32 位的二进制, 但麻雀虽小, 五脏俱全。CPU 的内部电路通过解析指令的各个字段, 实现了电路的控制。

4.5.6 数据通路与控制器的协作示例

接下来以算术运算指令为例, 参照图 4.11 看一下整个电路的执行过程, 以加深理解。当 PC 寄存器中是一条加法指令时, 首先从内存中取出该指令的 32 个比特, 其中一些字段传入寄存器堆用于获取寄存器中的数据, 另一些字段则传入 Control Unit。Control Unit 基于加法指令的 funct 和 opcode 字段进行解析, 并将解析之后的各位电子信号传至各个电子元器件 —— 注意图中虚线画圈的几个控制信号, 它们使对应的器件和路径生效。其中, RegWrite 信号值为 1, 传入寄存器堆, 告诉寄存器堆, 对这条指令是可以进行写寄存器操作的; ALUSrc 信号传到一个多选器, 其值为 0, 表示对于当前这个指令, 是从寄存器中读数据进行计算, 而非从指令的立即数字段获取数据 (若需要对立即数进行计算, 这里的多选器值应为 1)。

另外, ALUOp 的相应字段传入 ALU control, 告诉 ALU 应该做的是"加法计算"。图 4.11 中最右侧还有个多选器, MemRead 信号传入该多选器, 在本例中, 传入信号值为零, 表示将有数据写回寄存器堆, 但这个数据是直接从 ALU 计算的结果, 而不是从内存中读出的数据。所以我们可以看到, 最右侧这个多选器为 0 的位置有一根电线绕过内存, 直接连通到 ALU 的输出位置。

右上角还有一个圆圈, 对应的是控制信号 PCSrc, 在本例中其值为 0。PC+4 之后不需再与地址偏移量进行相加, 而是直接将 PC+4 的值传入 PC 寄存器。也就是说, 对于加法指令, 执行完毕后, 直接取下一条指令顺序执行即可。可想而知, 如果是一条分支跳转指令, 那么该指令的一些控制位会使得图 4.11 中右上角多选器的 PCSrc 值变为 1, 处理器有可能跳转到另外的位置执行下一条指令。

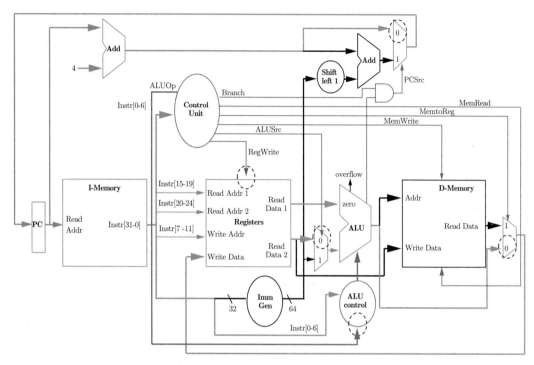

图 4.11 示例：执行算术指令的完整电路流程

4.6 计算机的"心跳"

在进行指令电位的搬移过程中，不可避免会出现各个元器件执行的时机和节奏问题。那么，CPU 的电路应以什么样的节奏工作呢？于是人们开始思考，是不是计算机可以像人一样，有特定的频率的心跳。答案是肯定的，对于多数计算机而言，确实有心跳。计算机的"心脏"会以固定的频率向处理器发送脉冲，而处理器每接收到一次脉冲，才会执行一步操作。这就像人的身体，心脏以特定的心率跳动，控制经脉中物质和信息的流动节奏。

4.6.1 时钟周期

时钟是计算机的心脏，包括外部时钟、内部时钟。时钟就是心跳，使得计算机执行指令时拥有节奏。这个节奏很重要，会大大降低电路的设计难度。从生物的角度来讲，高等生物维持复杂的生命系统往往需要这种节奏，以保证新陈代谢井然有序，自然选择已经暗示了这一方式的优越性。通过心跳的节奏，可以有效、可控地实现器件之间的协作，处理器也一样。时钟信号就是一个脉冲，计算机通过振荡器生成脉冲。

振荡器的实现方式有很多种。例如，在逻辑电路中，一个首尾相连的非门就可以构成一个振荡器。电生磁，在电流周围会产生磁场，给铁通电就能让铁产生磁力，这就是电磁铁。只要在振荡器线圈的两端加电压，线圈中就会流过一定的电流，从而产生电磁感应，衔铁就会在电磁力吸引的作用下克服弹簧的返回拉力被吸向铁芯，从而带动动触点与常闭触点分离，与常开触点接通。线圈断电后，电磁的吸力也随之消失，衔铁就会在弹簧的反作用力下返回原来的位置，于是动触点与常闭触点恢复接通，与常开触点分离。这样的常闭触点继电器就是一个非门。因为它输入 1，输出却是 0。现在的情况是打开电源开关，衔铁分离；断开电源开关，衔铁闭合，这样只可以振荡一次，想想如果将它的输出作为输入，它就可以分离，闭合，分离，闭合……只要有电源，它就可以一直振荡下去。这种输出作为下一次输入的常闭触点继电器就是振荡器的一种。当电源通路的时候，衔铁臂会被吸引，电路断开。当电路断开，失去吸引力，衔铁臂恢复位置，电路又接通。所以，振荡器的输出在 0 和 1 之间交替变化，于是就会产生一个一个的脉冲。

上面方式做出来的振荡器比较大，难以放进 CPU，只能以独立器件的方式存在于 CPU 之外。还有一种振荡器不是靠电磁铁实现，而是通过石英晶体。石英晶体又称为石英晶体谐振器，就是简称的晶振。当外加交变电压的频率和石英片固有频率（取决于晶片的尺寸）相等时，机械振动的幅度会急剧增加，这种现象称为压电谐振。晶振可以装备在 CPU 内部，向 CPU 发送时钟脉冲。

计算机存在心跳，按特定频率跳动。正常人的心跳是每分钟 60 至 100 次，而对于一个主频 2GHz 的 CPU，0.5ns 跳一下，这个心跳节奏是非常快的。基于心跳的节奏，CPU 可以每个时钟周期取一条指令进数据通路，流动一圈结束。电子器件间不再有电子流动，再次处于静默状态。但是，PC 等器件中已经存放了新的状态值，即下一条指令的地址（PC+4）。当下一个时钟周期到来时，再将下一条指令的电位依次传入各个电子元器件，形成新的短暂电流。执行完毕后，电流消失（此时这个时钟周期还没有结束），器件再次静默，继续等待下一个时钟周期到来。以此类推，循环往复。宏观来看，处理器上每次心跳都会催生一次短暂的电流流动。

4.6.2 性能分析

但是，这种方式的性能代价太大。按照这种方式，每次心跳完成一条指令，但由于不同指令花费的时间不一样 —— 因为这些指令在电子元器件中的流通路径不同 —— 那么心跳就必须按最慢的那条指令来。即使有些指令执行得比较快,在下一次心跳到来前已经执行完毕,也必须等待。直到下一次心跳开始才能继续执行下一条指令。显然,在这种设计思路下,大量指令执行完毕后陷入漫长而无聊的等待,处理器的性能显然高不到哪里去。

我们通过一个简单的例子来看一下。假设不同类型的指令在各个器件上所花时间如表 4.2 所示,其中涉及读、写寄存器操作的花费 100ps,涉及 ALU 计算和访问内存操作的花费 200ps。那么,R 型指令一共花费了 600ps,该指令无须从内存中加载数据。而Load 指令执行过程中,涉及各个元器件,所花费的时间更多,是 800ps。同样道理,执行一条 Store 和分支跳转指令分别花费 700ps 和 500ps。在这样的情况下,CPU 心跳不得不选择 800ps。这样,处理器中的最长路径决定了时钟周期。由于时钟周期必须满足所有指令中最坏的情况,也就是瓶颈,因此不能使用那些缩短常用指令执行时间而不改变最坏情况的技术。

表 4.2 示例:CPU 各器件的耗时(ps)

	访问 I-Mem	读寄存器	ALU 计算	访问 D-Mem	写寄存器	总耗时
R 型指令	200	100	200		100	600
Load 指令	200	100	200	200	100	800
Store 指令	200	100	200	200		700
分支跳转指令	200	100	200			500

4.6.3 给心跳加速

既然一次心跳执行一步基本操作,那么心跳过慢会导致整个计算机效率低下,这一点就很容易理解。当执行某个任务时,拆解出的每个动作都是缓慢的,那么整体效率的低下可想而知(见图 4.12)。为解决这一问题,一种方式是短时间内提高心跳频率,比如运动员跑步时心跳加速。受此启发,计算机可以通过提高心跳频率来提高性能。

现代计算机的 CPU 普遍提供了动态调频接口,支持提升或降低 CPU 的频率。例如,Jo S.W. 等人通过考虑 CPU 频率和正在运行的应用程序的特性,对响应时间进行数学建模,提出一种响应时间约束的频率和优先级控制方案,用于提高计算机效率。Yang Y. 等人考虑到视频流功耗包括数据传输和 CPU 处理功耗,其中两者都受 CPU 频率的影响。高 CPU 频率可以减少数据传输时间,但会消耗更多的 CPU 功耗;低 CPU 频率会降低 CPU 功耗,但会增加数据传输时间,进而增加功耗。根据实测结论,研究人员基于 CPU 频率对 TCP 吞吐量和系统功率的影响建模,提出一种功耗感知的 CPU 频率缩放算法。

屏幕刷新率 (FPS)，简单来说就是屏幕上每秒钟生成的图片数量。屏幕刷新率越高，每秒生成的图像就越多，用户感受到的延迟或者卡顿就会越低。为了保持用户友好的流畅性使用体验，必须维持 FPS 在一定的高度，而且 FPS 是衡量系统性能的一项重要的指标。

图 4.12　一项任务可以拆解成多条指令，如果每条指令的执行节奏太慢，完成一项任务将是漫长的过程。图片出自电影《疯狂动物城》

对于智能手机这类交互体验敏感的计算机，屏幕帧率需要维持在相对较高的水平。一般而言，一帧的渲染时长最好低于 16.6ms，这是人类视网膜能够识别的极限。Cheng Z. 等人观察到帧率与 CPU 频率近似线性，但存在一个瓶颈，当 CPU 频率达到这个阈值时，帧率不会随着 CPU 频率的增加而增加。此外，利用游戏状态信息可以降低游戏交互表征对动态调频的影响。于是，研究人员提出一种基于自动帧速率的动态调频策略，这一策略可以在线学习帧速率阈值，利用游戏状态和帧速率信息在不进行预测的情况下缩放频率。另外，安卓手机中 CPU 占用率主要由前台应用程序决定。如果能估计出前台应用近期对 CPU 的需求，就可以提前大致预测出系统的 CPU 占用情况。在许多情况下，CPU 资源的行为与应用程序中每种方法的特性有很强的关系。基于此，Kumakura K. 提出一种方法来观察应用程序的方法调用与其 CPU 资源需求之间的关系。

机器学习的技术也被应用到动态频率调节。例如，Carvalho S 等人对自适应指数加权移动平均算法进行了改进，增加了检测工作负载变化的新功能，提出一种新的基于 k-NN 回归算法的移动设备功率模型。Tian Z 等人提出一种基于强化学习的动态调频方法，以降低用户指定性能要求下的能耗。学习代理根据对所有内核计算强度、内存行为以及内核之间同步的观察，周期性地选择所有内核的电压和频率。它以忙周期比率、每周期指令数、累积性能损失，以及上一轮迭代的电压和频率为模型输入，然后反馈给处理器需要调节的电压和频率。

在业界，计算机中很早就支持动态调频机制，允许计算机的心跳速度基于任务、功耗的实际情况灵活调整。具体地，现代计算机的 CPU 普遍具备热保护能力，当 CPU 温度高于某个阈值，一般是 70℃，计算机的心跳就会强制放缓，虽然影响了性能，但可以减少散热。笔者在华为消费者 BG 工作时，所在团队深度参与了业界知名的 GPU Turbo 项目。这个项目也用到动态调频的技术，使得《王者荣耀》等手游的流畅度大幅提升。

除了临时提高 CPU 频率，另一种研究方向是提高指令执行的并行度。接下来将介绍流水线技术，它使用单周期相似的数据通路，但吞吐率得到大幅提升，通过最大限度压榨元器件，使得多条指令可以同时执行，从而提高了效率。现代计算机中已普遍放弃单周期执行指令的技术路线，广泛采用流水线的方式。

4.7　流水线

在指令流经数据通路各个电子元器件的过程中，发生了严重的资源浪费。例如，当一条指令在寄存器堆中进行处理时，ALU 和内存器件都是空闲的；而当这条指令流入 ALU 开始算术运算时，寄存器堆和内存则空闲下来。总之，一个器件忙碌时，其他元器件是空闲等待的。这就好比在一家公司，一个员工忙碌时，其他员工无事可做，而当另一个员工开始忙碌时，其他员工，包括刚才在忙的那位，全部空闲下来。显然，这是一种生产效率极低的状态。如果把这家公司比作计算机，怎样才能提高效率呢？理想情况下，公司职员每天工作 24 小时（假设大家不睡觉不吃饭，不知疲惫）可以最大限度剥削劳动力。在这种情况下完成的总任务是最多的。基于这样一个朴素的想法，人们开始思考在处理器的设计中，使各个器件始终处于工作状态，最大限度地压榨各个器件。

聪明的计算机架构师将工厂生产线上广泛采用的流水线思路引入 CPU 的设计中。流水线的大致描述是这样的：如果一项工作可以拆解成彼此独立的一些工序，每道工序由一个人负责，对于每个到来的任务，当所有工序执行完毕后，这个任务也就执行完毕了。在这种情况下，当任务 A 开始执行第二道工序，任务 B 就可以开始执行了，因为负责工序一的那个人已经空闲下来了。又过了一会儿，当任务 A 执行到工序三时，任务 B 的第一个步骤也刚好执行完毕了，B 可以顺理成章地执行工序二。通过这种方式，任务 B 紧跟任务 A 的步伐向前推进，每次在 A 执行一个步骤时，B 都在执行它前面拿到的工序。当 A 最终执行完，B 也就只剩下最后一个步骤了，可以很快执行完毕。相比于等 A 完全执行完再开始执行 B，流水线的方式能让 B 提前执行。而由于各个步骤之间相互比较独立，两个任务执行相邻的步骤，因此具备可行性。

那么，CPU 处理指令时，是否具备类似特征的工序呢？经过抽象，处理器对一条指令的处理过程可以大致拆分成五个较为独立的工序，分别是：取指（IFetch）、译码（Dec）、执行（Exec）、访存（Mem）和写回（WB），描述如下所示。

- IFetch：从内存中取出指令，并计算下一条指令的地址。
- Dec：翻译指令的各个字段，并对寄存器堆进行操作。
- Exec：进行 ALU 的算术计算操作，例如 R 型指令的两数相加、地址基址和偏移量相加。
- Mem：从内存中读取数据，或写数据到内存。
- WB：将数据写回到寄存器堆。

任意一条指令的执行都可以抽象成上述 5 个步骤，或其中某几个步骤。这种情况下，CPU 时钟周期可以不再古板地设定为执行一条指令所需的时间跨度，而是将指令执行单一步骤所花费的时间作为时钟周期。基于这样的设计方式，当到来的指令足够多时，这些器件会最大限度地实现并行。对于数据通路而言，每个时钟周期都有指令完成（离开 CPU），每个时钟周期都有新的指令到来（进入 CPU）。

通常，流水线设计的原则是：流水线的工序个数以最复杂指令所用的工序个数为准，每道工序的执行时间以最复杂工序操作所花时间为准（一般是访存操作）。仍然以表 4.2 介绍的时间开销为例，当基于流水线进行处理器设计时，CPU 的时钟周期可以设置为 200ps。执行过程和时间开销如图 4.13 所示，对于单周期执行的方案，时钟周期为 800ps，当一条指令执行完毕后，后续指令在下一个 800ps 执行，三条指令一共耗时 2400ps。当采用流水线的设计方式，第一条 ld 指令耗时 200×5=1000(ps)，后续指令也相继耗时 1000ps，但与单周期的区别在于，第二条指令的执行无须等第一条指令结束：第二条指令在第一条指令结束后的 200ps 完成，第三条指令在第二条指令结束后的 200ps 完成。以第二条指令为例，流水线方案中第二条指令在第 1200ps 完成，相比单周期方案快了 400ps。

上述性能提升并不是由于单一指令的执行时间缩短了。恰恰相反，以 Load 指令为例，这条指令的执行时间在流水线中反倒增加了 200ps。流水线的性能优势，奥秘在于将大量后续指令的执行时机提前了。

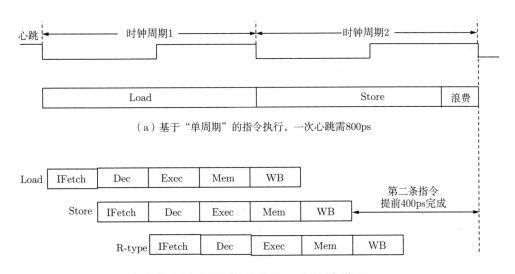

（a）基于"单周期"的指令执行，一次心跳需800ps

（b）基于"流水线"的指令执行，一次心跳仅需200ps

图 4.13　流水线相比单周期的性能优势

4.7.1　流水线的电路实现

在图 4.14 所示的流水线数据通路中，每条指令的执行都经过 5 个流水段：取指（IF）、译码（ID）、执行（EX）、访存（MEM）和写回（WB）。每个流水段都在不同的功能部件中执行。流水段之间有一个流水线寄存器，例如，IF/ID 代表介于 IF 段和 ID 段的寄存器。每个流水线寄存器用来存放从当前流水段传到后面流水段的信息。因为每个段间传递的信息不一样，所以各流水线寄存器的长度也不一样。通过这些流水线寄存器的设置，一条指令在流水段之间往前推进，这条指令相关的信息通过在流水线寄存器中保留了下来并向前传递。结合这几个流水线寄存器，数据通路在任意时刻可以同时维护 4 条指令的信息。

例如，当第一条指令 A 到来时，将它从内存取出，放进 IF/ID 寄存器；在下一个时钟周期，该指令开始进入译码和访问寄存器堆阶段，此时 A 指令的相关电位传入寄存器堆。另外，A 指令有一些数据后续会用到，仍需要保留，因此将 A 指令的位信息从 IF/ID 寄存器传递到 ID/EX 寄存器存储。也是在这个时钟周期，电路根据 PC 中的值，将下一条指令从 I-Memory 取出（指令 B），指令 B 会被存放到 IF/ID 寄存器。这时指令 A 的信息已经从 IF/ID 挪到 ID/EX，所以不会被 B 冲掉。在 CPU 这波心跳的时间段内，数据通路中同时保留了 A 和 B 两条指令的信息。然后，当第三个心跳到来

时，A 指令的信息从 ID/EX 寄存器往前传递到 EX/MEM 寄存器，B 指令的信息紧跟
A 的步伐，从 IF/ID 寄存器传递到 ID/EX 寄存器。下一条新的指令 C 被取进来，放到
IF/ID 寄存器。

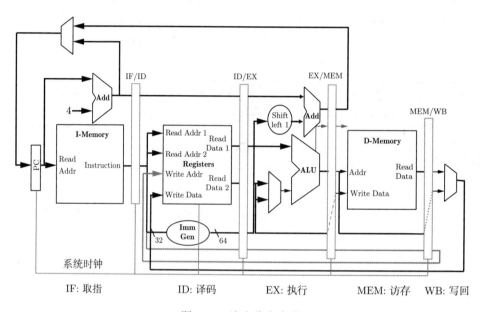

图 4.14　流水线寄存器

看图 4.14 时，请结合自己的想象，以一种动态的方式看它。各个指令像踢着正步
向前行进的阵列，而图中这块电路就是"观礼台"。每一次心跳，大家整齐划一地往前
迈一步，节奏统一，前后有序。每一次心跳都会有指令从 MEM/WB 寄存器离开，同时
又有新的指令从 IF/ID 寄存器进来。

除指令的一些段需要传递下去，这个指令对应的一些控制位同样也需传递下去，如
图 4.15 所示的 Control Unit 和 ALU control，这两块控制电路可以输出一些控制位，用
于控制该指令对应的电路路径。但很快下一条指令就会到来，这两个控制电路还要被新
来的指令使用。上一条指令的那些控制电位同样保存在流水线寄存器中。

通过流水线技术，在不大量增加硬件的情况下，实现了指令执行的并行化，可以最
大限度地发挥各元器件的潜力。但是，具体实施阶段往往不会如想象的那般美好，各个
指令有些情况下不能这样一个紧跟一个顺利地执行。比如，后面那个指令所要访问的寄
存器数据，刚好在前一个指令计算之后才能得到；再或者，前面那条指令是跳转指令，
在跳转指令执行完毕之前就取下一条指令是不严谨的。

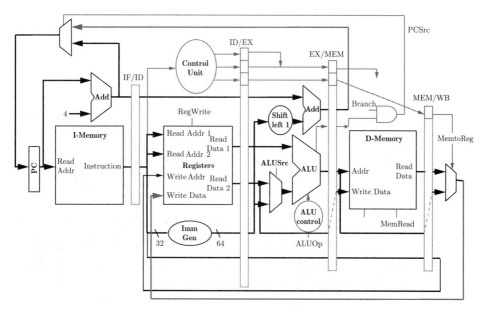

图 4.15　具备控制功能的流水线电路设计

4.7.2　流水线的代价

根据引入流水线技术，可能出现的问题分为结构冒险、数据冒险和控制冒险。

- **结构冒险**：当一条指令需要的硬件部件还在为之前的指令工作，而无法为这条指令提供服务，那就导致结构冒险。这里，结构是指硬件中的某个部件，结构冒险也称资源冲突。
- **数据冒险**：当指令在流水线中前后执行时，后面的指令需要用到前面指令的执行结果，而前面的指令尚未写回导致的冲突。
- **控制冒险**：如果现在想执行哪条指令，由之前指令的运行结果决定，而之前那条指令的结果还没产生，就会导致控制冒险。

无论上述哪一种冒险，都有一个万能的解决方案：暂停后续指令的执行。可以等前一条指令有计算结果或把资源释放出来，然后再取下一条指令。这种万能方法的缺陷也是很明显的，它很大程度破坏了流水线。那么，对于不同类型的冒险，是否有更好的解决方案呢？

结构冒险的解决方案：指令与数据分离。如前所述，结构冒险是由于两条指令同时需要同一个硬件资源，最常见的硬件资源冲突发生在内存。在流水线的 5 个流水段，取址（IF）和访存（MEM）阶段都需要访问内存，前者取内存中的指令，后者取内存中的数据。两者因为抢占内存芯片而产生冲突。一种行之有效的解决方案是在计算机中配置两块物理上独立的内存芯片，一块专门负责存储指令，一块专门负责存储数据。本章的数据通路示意图就采用了这种方式，取指阶段从指令存储器（I-Memory）取，访存阶段则对数据存储器（D-Memory）读写，彼此不发生冲突。将数据和指令分开存储具有较高的执行效率，在执行指令的同时可以提前读取下一条指令；而且因为数据和指令分开存储在两个存储器中，数据和指令就可以采用两种不同的数据长度进行存储。

通用计算机，包括 x86 架构、ARM 架构等采用经典冯·诺依曼架构，也就是指令内存和数据内存不做区分。这是因为通用计算机中程序经常发生变化，这时就要对数据和指令占有的存储器重新分配，冯·诺依曼架构统一的编码格式能最大限度地利用资源。虽然冯·诺依曼架构将指令和数据存放在同一个物理内存，但在 CPU 的 L1 Cache 层做了区分。第 5 章将会介绍，CPU 一般有两级或三级 Cache（目前主流的计算机是三级 Cache：L1-L3 Cache），其中最靠近 CPU 的 L1 Cache 分为 D-Cache 和 I-Cache，将数据和指令分开存储。

数据冒险的解决方案：旁路。数据冒险是由于数据依赖导致的。如图 4.16 所示，后面一条指令需要访问寄存器，而该寄存器中的数据需要等上一条指令执行完毕才能得到。从图中左半部分的指令代码看没有问题，先执行 add $1, $3, $5 [①]，再执行 sub $4, $1, $5。我们使用 $ 符指代寄存器。这里隐含一条规则：我们认为第一条加法指令执行完毕，才会执行减法指令。单从指令看，不存在任何问题。但是，由于流水线机制，第二条指令并没有老老实实地等第一条指令结束，而是提前执行了。

在图 4.16 的例子中，后面四条指令均依赖 $1 寄存器中的值，但 or 和 xor 两条指令由于距离 add 指令较远，等它们执行的时候 add 已经将结果计算出来了。出问题的是紧挨着 add 的 sub 和 and 指令。这两条指令访问寄存器时，加法指令分别处在 ALU 和访存阶段，并未来得及将数据写进寄存器。请看图 4.16 中从寄存器 Reg 引出来的 4 个箭头。箭头从右上角往左下角指就是错的。因为横轴是时间，上述指法表示使用未来产生的数据，为当下所用。

为了解决这个问题，人们开始思考：虽然第一条指令中的数据还未写进寄存器，但这个数据是不是已经存在？既然已经存在，那么它最早在哪里出现？请重新审视图中 add 指令的那一行流水图，相加之后的那个数据在流经 ALU 器件以后就"出生"了。如果

---

① 这里采用伪代码形式，使用"$"代替寄存器符"x"。

在 ALU 和 Reg 之间引一条电线, 直接将 ALU 出来的结果传递给下条指令使用, 是不是就可以了? 这就是旁路的思想: 当发生数据冲突时, 找到数据最早出生的地方, 在那里引一条捷径过来, 供后续指令直接使用。旁路 (Forward) 也称为前递。

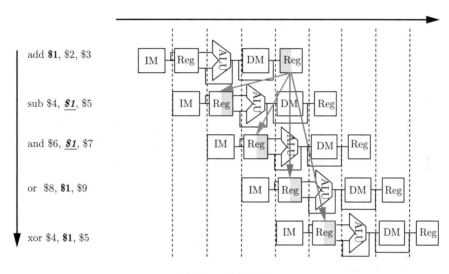

图 4.16   数据冒险

控制冒险的解决方案: 分支预测。 对于控制冒险 (见图 4.17), 可采用和前面解决数据冒险一样的硬件阻塞方式 (插入气泡) 或软件阻塞方式 (插入空操作指令)。插入气泡和插入空操作指令, 都是消极的方式, 效率较低。设计者开始尝试更高效的解决方案: 分支预测。整体思路如下: 程序执行到分支指令这个节点时, 就像是一个人走到了三岔路口, 要么左拐, 要么右拐。既然是二选一的问题, 何不先假设指令会从其中一条路走呢? 然后立刻执行预测的那条指令, 而不是空等。如果预测错了, 大不了把那条误执行的指令作废, 代价不会比空等更高。如果猜对了, 指令继续执行, 就会节省空等的时间。

分支预测分为静态预测 (static prediction) 和动态预测 (dynamic prediction)。静态预测与指令执行历史无关, 可以简单预测分支指令的条件总是不满足 (not taken) 或总是满足 (taken)。对于预测不满足的情况, 流水线按顺序执行分支指令的后续指令。如果在数据通路中检测到实际条件确实不满足时, 则预测正确, 没有任何时间损失; 如果检测到实际条件满足时, 则预测不正确, 此时将分支指令后续不该执行的指令的控制信号清零, 实际上只需将寄存器写信号 RegWrite 和存储器写信号 MemWrite 清零, 就能保证不改变指令执行结果, 相当于将误执行的指令作废了。动态预测则是根据指令的历史执行情况动态调整, 这种方式的准确率更高, 可以达到 90%, 现代计算机一般采用动态预测的方案。

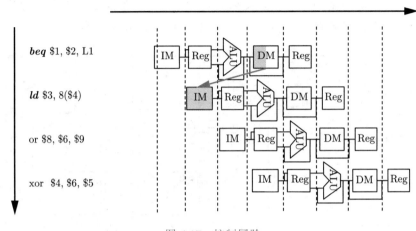

图 4.17　控制冒险

4.7.3　解决冒险问题的流水线电路设计

既然有这些冒险问题，在进行电路设计时就必须考虑到，并加以应对。在原有电路的基础上，需要新增两部分功能：

（1）能够识别是否有冒险发生；

（2）实现解决冒险问题的电路，如旁路。

这里以数据冒险为例，帮助大家理解一下基本思路。首先请思考一下，数据冲突在什么情况下出现？—— 在两个相邻或次相邻（中间隔了一条指令）的指令之间，如果前一条指令的目标寄存器和后一条指令的源寄存器相同，则会出现数据冒险。

借用前文数据冒险的例子：

```
add $1, $3, $5
sub $4, $1, $5
and $6, $1, $7
```

这里，sub 指令（与 add 相邻）和 and 指令（与 add 次相邻）均访问了 add 指令的目标寄存器。这两种情况下存在数据冒险。既然如此，只需在电路中，判定相邻、次相邻的指令中是否前条指令的目标寄存器和后条指令的源寄存器相同即可。那么，如何获取目标寄存器、源寄存器信息呢？不要忘了，指令的这些信息就存放在流水线寄存器中。可以先检查 EX/MEM 寄存器中的目标寄存器和 ID/EX 寄存器中的两个源寄存器是否有相同，再检查 MEM/WB 寄存器中的目标寄存器和 ID/EX 中的源寄存器是否有相同。通过这两步判断，就能知道是否存在数据冒险。中间隔了两条及两条以上的指令时，即使源寄存器和目标寄存器同属一个，也不会发生冒险。

　　基于流水线寄存器的冒险判定逻辑如下：

EX Forward Unit:
if (EX/MEM.RegWrite
and (EX/MEM.RegisterRd != 0)
and (EX/MEM.RegisterRd = ID/EX.RegisterRs1)) --> 新到来一条指令（位于ID/EX寄存
　　器），判断它的源寄存器是否与前一条指令（此时位于EX/MEM寄存器）的目标寄存器相同
ForwardA = 10 --> 代表具体的旁路路径，"ForwardA=10"表示ALU的第一个操作数来自上一
　　个ALU计算结果的前递
if (EX/MEM.RegWrite
and (EX/MEM.RegisterRd != 0)
and (EX/MEM.RegisterRd = ID/EX.RegisterRs2)) --> 新到来一条指令（位于ID/EX寄存
　　器），判断它的另一个源寄存器是否与前一条指令（此时位于EX/MEM寄存器）目标寄存器
　　相同
ForwardB = 10 --> 代表具体的旁路路径，"ForwardB=10"表示ALU的第二个操作数来自上一
　　个ALU计算结果的前递

MEM Forward Unit:
if (MEM/WB.RegWrit
and (MEM/WB.RegisterRd != 0)
and (MEM/WB.RegisterRd = ID/EX.RegisterRs1)) --> 新到来一条指令（位于ID/EX寄存
　　器），判断它的源寄存器是否与次相邻的前一条指令（此时位于MEM/WB寄存器，与ID/EX
　　寄存器之间隔了一个EX/MEM寄存器）的目标寄存器相同
ForwardA = 01 --> 代表具体的旁路路径，"ForwardA=01"表示ALU的第一个操作数来自数据
　　存储器或更早的ALU计算结果的前递
if (MEM/WB.RegWrite
and (MEM/WB.RegisterRd != 0
and (MEM/WB.RegisterRd = ID/EX.RegisterRs2)) --> 新到来一条指令（位于ID/EX寄存
　　器），判断它的另一个源寄存器是否与次相邻的前一条指令（此时位于MEM/WB寄存器，与
　　ID/EX寄存器之间隔了一个EX/MEM寄存器）的目标寄存器相同
ForwardB = 01 --> 代表具体的旁路路径，"ForwardB=01"表示ALU的第二个操作数来自数据
　　存储器或更早的ALU计算结果的前递

当然，情况比上面情况稍微复杂一些。例如，指令 A（add $1, $1, $2）和指令 B（add $1, $1, $3）有数据冲突，指令 A 和指令 C（add $1, $1, $4）有数据冲突。但不巧的是，指令 B 和 C 之间也有数据冲突。这种双重依赖情况下，指令 C 应该以最近指令的计算结果为准，也就是以指令 B 而非指令 A 的结果为准。在引旁路时，第三条指令的旁路从第二条指令的 ALU 引出。

对数据冒险的判定需要更细致：

```
EX Forward Unit:
if  (EX/MEM.RegWrite
and (EX/MEM.RegisterRd != 0)
and (EX/MEM.RegisterRd = ID/EX.RegisterRs1))
ForwardA = 10
if  (EX/MEM.RegWrite
and (EX/MEM.RegisterRd != 0)
and (EX/MEM.RegisterRd = ID/EX.RegisterRs2))
ForwardB = 10

MEM Forward Unit:
if  (MEM/WB.RegWrite
and (MEM/WB.RegisterRd != 0)
and (EX/MEM.RegisterRd != ID/EX.RegisterRs1) --> 新到来一条指令，当它的源寄存器Rs1与
    前一条指令不存在数据冲突时，才会去看与前前条指令是否有数据冲突
and (MEM/WB.RegisterRd = ID/EX.RegisterRs1))
ForwardA = 01
if  (MEM/WB.RegWrite
and (MEM/WB.RegisterRd != 0)
and (EX/MEM.RegisterRd != ID/EX.RegisterRs2) --> 新到来一条指令，当它的源寄存器Rs2与
    前一条指令不存在数据冲突时，才会去看与前前条指令是否有数据冲突
and (MEM/WB.RegisterRd = ID/EX.RegisterRs2))
ForwardB = 01
```

增加冒险识别和控制之后的数据通路如图 4.18 所示。这里多了一个 Forward Unit 电路控制模块。模块的输入有 4 个，分别是 ID/EX.RegisterRs1、ID/EX.RegisterRs2、MEM/WB.RegisterRd 和 EX/MEM.RegisterRd。Forward Unit 接收到这 4 个信息，利用内部的电路逻辑对它们进行比较，也就是把新到来指令（ID/EX）的两个源寄存器（RegisterRs1 和 RegisterRs2)分别和它的前一个(EX/MEM)和前前个(MEM/WB)指令的目标寄存器(RegisterRd)做对比,看是否相同。如果有相同,则说明存在数据冲突,输出相应信号。Forward Unit 有两个输出,每个输出两位,分别代表 ForwardA 和 ForwardB 的两位状态。例如上文算法提到的"ForwardA = 10""ForwardB = 01"等。

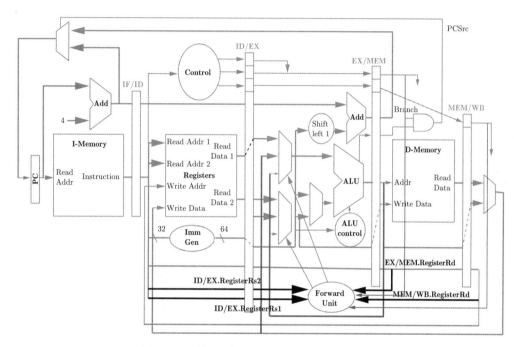

图 4.18 增加冒险识别和控制之后的数据通路

类似地,其他冒险也可通过检测指令间各个寄存器的情况而做出判断,并在控制电路中进行识别。基于识别的结果决定输出,进而控制数据通路发生前递。经过这样的设计,CPU 电路更复杂了,但这样是值得的。一来,这些额外的电路保证了流水线执行的正确性,避免了一部分冒险;二来,保证正确性的同时提高了性能,避免了阻滞,使流水线可以顺畅进行。

通过如上设计,计算机的脑回路可以准确、高效地对输入信息进行处理。但是,**生活经验告诉我们,脑回路对输入信息的处理并非一视同仁 —— 当看到一只猫从远处走来,我们可以不慌不忙地走过去逗它;可是,当草丛突然跳出一头狮子,我们脑回路的反应速度明显要快于猫的刺激 —— 这是因为除了正常的信息处理,脑回路还可以做出**更高级别的中断响应。

4.7.4　大脑的应激反应：中断

　　人类的大脑在某个阶段，跃进到一个全新的层次，开始创造语言和工具，执行各种复杂的程序。但是，大脑依然保留了从祖先那里继承来的一些本能，这些本能对外界刺激做出特定的反应，生物学中称之为反射作用。反射作用是快速的自动反应，由脊髓和大脑底部的短距离神经线路所引起。其中最强烈的是惊吓反应。

　　一只麋鹿在草原上吃草，当受到突如其来的惊吓，比如草丛中忽然跳出一头狮子（见图 4.19）—— 受到惊吓的麋鹿会立刻做出反应，大脑向身体发送信号，身体绷紧，领首以护住颈部，心跳加速，四肢回缩。此外，肾上腺髓质加速分泌儿茶酚胺激素和肾上腺素，增加新陈代谢速度；把肝脏和肌肉中的肝糖分解为葡萄糖，以快速提供能量；肺部支气管扩张以容纳更多的氧气，消化系统放缓。这些反应都是为迎接即将到来的危险做准备，如此复杂的反应几乎在一瞬间启动，完全不需要经过冗长的思考。即使经过长期训练，有意识地模拟仍然无法具备这么快的反应速度。

图 4.19　动物界的应激反应，麋鹿受到惊吓后将中断现有任务，执行中断响应程序 —— 全力奔跑

　　随后的情景可想而知，麋鹿和狮子在草原上展开了决定生死的赛跑，而麋鹿对惊吓的本能反应，为它争取了关键的逃生时间。这个应激机制有一个特点：无论动物正在执行什么程序，吃草或是小憩，都会被立刻中断。针对惊吓的应激程序具有更高的优先级。

　　高等生物普遍具备上述应激能力，当突发事件到来时，会启动预案，对突发事件做出响应。更重要的是，会立即执行预案，原本正在执行的任务会暂时中断。那个突发事件称为"中断源"，应对该事件的预案称为"中断服务程序"。不同的中断源可以触发不同的中断服务程序，比如当看到漂亮女孩儿和蠕动的蛇类，人的第一反应明显不一样。

　　计算机的大脑同样具备响应突发事件的能力。程序的默认执行流程是顺序的：一条指令执行完毕，紧接着执行下一条相邻指令。当前，计算机有两种技术手段可打破这一默认执行模式：①通过指令决定跳转，包括有条件跳转和无条件跳转；②并非基于条件分支指令，而是由某些异常信号触发中断，CPU 不得不暂停原本正在执行的指令，转而执行中断服务程序。待中断服务程序执行完毕，再返回断点继续执行原来的程序。这种处理异常突发事件的机制称为**中断机制**。

对计算机而言，中断源可以是处理器异常引发的系统异常中断，也可以是由外设引发的外部中断。中断处理过程可以分为中断响应、执行中断服务程序和中断返回。一般来说，中断响应和中断返回由硬件自动完成，而中断服务程序是用户根据需求编写，在中断发生时被执行，以实现对中断的具体操作和处理。正常情况下，处理器在用户模式执行用户程序，在中断或异常情况下处理器切换到特权模式执行内核程序，处理完中断或异常之后再返回用户模式继续执行用户程序。当然，在执行中断服务程序之前，需要先将 CPU 寄存器中的数据保存到栈中。当中断服务程序执行完毕，原程序会继续执行，此时将数据从栈中恢复回来即可。

中断之间还可能存在嵌套关系。中断嵌套指中断系统正在执行一个中断服务 L 时，有另一个优先级更高的中断 H 触发，这时中断系统会暂时中止当前正在执行的中断服务 L，而去处理更高级别的中断 H。待高优先级中断 H 处理完毕，再返回被中断了的中断服务程序 L 继续执行。中断嵌套也就是中断抢占机制，这一机制允许高优先级中断源抢占正在执行的低优先级中断。自动驾驶等新计算机形态对实时性要求很高，比如系统若判定前方有障碍物，必须在规定时间内完成刹车行为。对于传统计算机，偶尔发生的高延迟是可以接受的，比如王者荣耀出现手游的卡顿。但对于刹车任务，不可预测的延迟是不可接受的。当前特斯拉等新能源汽车系统对实时性要求很高，其中一项重要的支持机制就是中断嵌套。所谓实时，就是能及时处理那些关键任务和中断。刹车任务作为高优先级中断，可以抢占任何既定程序和低优先级中断，刹车行为的实时响应很大程度得到了保障。

CPU 对中断的响应并不是靠中断引脚的电平发生了改变，CPU 便立即放下手头的事情完成中断源分配的任务，其中还包含识别中断源、找到中断程序、保存当前任务的各个寄存器状态、进入中断处理程序后的返回等一系列复杂的操作。

现代计算机提供中断机制能带来诸多好处：首先，提高了计算机的工作效率。计算机系统中处理器的工作速度远高于外围设备，而通过中断可以协调它们之间的工作。必要时，外设通过向处理器发送中断请求，外设任务可以得到及时的响应和处理。而正常工作时，处理器和外设则彼此独立，并行工作。其次，中断有助于提升计算机的可靠性。现代计算机中，程序员不能直接干预和操纵硬件资源，必须通过中断系统向操作系统发出请求，由操作系统介入并操纵硬件。在程序运行过程中，如出现越界等非法行为，有可能引起程序混乱或相互破坏信息。为避免这类事件发生，计算机系统会进行监测，一旦发生越界访问，会向处理器发出中断请求，计算机系统立即采取保护措施。再者，可以提升计算机系统的实时性。在实时系统中，各种监测和控制装置可能随时向处理器发出中断请求，处理机随时响应并进行处理。最后，提供故障现场处理手段。处理机中设有各种故障检测和错误诊断的部件，一旦发现故障或错误，立即发出中断请求，进行故障现场记录和隔离，为进一步处理提供必要的依据。

　　无论中断还是前文所说的预测，都是系统趋于复杂的标志。从单细胞生物到人类的漫长进化过程中，有机生物的系统也是逐渐趋于复杂的。复杂的系统在大自然优胜劣汰的规则之下，表现出更强的竞争力，它们可以基于当前情况预判即将到来的危险，也可以在危险到来时强行中断目前的行为以应对危机。这些都是初等生物不具备的能力。

4.8　人工智能芯片

　　计算机发展之初，主要是替代人类做一些重复性、可程序化的工作。人们通过编程指导计算机一步一步应该怎么做。通过 CPU 对指令的逐条执行，计算机最终达到某个目标。但随着计算机硬件能力和软件算法的发展，计算机对外界输入的响应变得越来越"聪明"。在计算机发展的漫长过程中，人工智能（AI）作为计算机科学的一个分支，也取得了很多突破。图灵①在《计算机和智能》一文中，首次详细论证了计算机代替人脑运算的原理，这是人类向人工智能领域迈出的关键一步。通过著名的"图灵测试"，AI 的超前理念得到了验证。所谓图灵测试，是指计算机对人类输入的响应，有可能达到人类无法分辨其是机器还是人类的程度。

　　人工智能算法仿照有机生物的神经系统进行设计，通过人为构造神经网络结构并进行训练推理，可以得到更接近人类思维的结果。遗憾的是，当前通用 CPU 对人工智能算法并不友好，神经网络（如 CNN、DNN 等）的训练和推理速度低下。计算机科学家开始思考，除了 CPU，是否可以再设计一款处理器专门用于完成人工智能所需的任务？—— 于是，计算机世界开始出现一种新的处理器形态：AI 芯片。AI 芯片主要包括以下三类。

----

① 由于图灵对计算机科学和人工智能领域贡献巨大，因此后人为纪念他专门设立了"图灵奖"。图灵是公认的"人工智能之父"，"图灵奖"则被誉为"计算机界的诺贝尔奖"。1954 年 6 月 7 日，图灵意外离开人世，而他身边被咬了一口的苹果也给后人留下了许多遐想，乔布斯的苹果 logo 正是为了纪念图灵。

- 专门为特定的 AI 产品或者服务而设计的芯片，称为 ASIC（Application-Specific Integrated Circuit），主要侧重加速机器学习（尤其是神经网络、深度学习），这是目前 AI 芯片中最多的形式；
- 经过软硬件优化可以高效支持 AI 应用的通用芯片，如 GPU、FPGA；
- 受生物脑启发设计的神经形态计算芯片，这类芯片不采用经典的冯·诺依曼架构，而是基于神经形态架构设计，以 IBM TrueNorth 为代表。

4.8.1 ASIC

2014 年，华人首次在国际顶级会议 ASPLOS 上发表论文并获得最佳论文奖，在学术界和业界引起巨大反响。中国科学院计算技术研究所的陈云霁和陈天石研究员提出了专门用于人工智能加速的处理器芯片 DianNao，如图 4.20 所示。论文中首次提出一种面向深度学习全流程的神经网络专用芯片架构，采用大规模定点乘法器和累加器、高带宽存储、专用的神经网络指令集，实现了与 128 位 2GHz SIMD 处理器相比的 117.87 倍速度提升和 21.08 倍功耗减少。这项工作开创了人工智能芯片的新思路，具有里程碑意义。2018 年 2 月，世界权威学术期刊 *Science* 刊登了一篇名为 CHINA'S AI IMPERATIVE 的文章，将陈云霁团队的深度学习处理器芯片研究成果评论为"开创性进展"，并将他们评价为领域内的"引领者"。

从这项工作开始，ASIC 芯片的研究工作飞速发展，并且在各类计算机平台上得以应用。2016 年，谷歌首次发布机器学习专用芯片 TPU（Tensor Processing Unit），高度定制化，允许灵活插入现有服务器，采用大规模矩阵乘法与神经网络专用架构，可以将机器学习加速 30 至 80 倍。TPU 大幅降低了功耗与成本，广泛服务于谷歌 AI 成品，也开创了企业级 AI 芯片先河。DaDianNao 主要针对云服务器上进行大型神经网络训练的加速器，弥补了 DianNao 不能对训练过程加速的不足，采用大量的 eDRAM 片上存储单元以减少数据移动，降低内存带宽需求。在此基础上，PuDianNao 和 ShiDianNao 分别对机器学习模型和卷积神经网络模型进行了加速设计。前者通过提取几种机器学习 (k-Means、k-NN、朴素贝叶斯、支持向量机、线性回归、分类树) 的原子操作，设计针对机器学习模型加速的机器学习单元（MLU），从而实现针对机器学习模型的加速。后者利用 CNN 算法的特性，通过直接嵌入 CMOS/CCD 传感器获取数据，消除了对 DRAM 的访问，对于 CNN 的加速，它的能效是 DianNao 的 60 倍。ASIC 芯片不仅可以应用于云服务器和 PC 的加速，还能实现对资源限制的移动端和边缘设备进行加速，在 Jang J

等人的研究工作中，团队提出了一种灵活但高效的 NPU 架构，设计了一个可重新配置的 MAC 阵列。这种阵列可以增强 NPU 的灵活性，最大限度提高片上存储器的带宽利用率，并支持混合精度算法。实验表明，当使用单个 NPU 内核执行 8 位量化 Inception-v3 模型时，便实现了 290.7 FPS 和 13.6 TOPS/W 的性能。不同于 CPU 的通用性，ASIC 具有多样性，在设计方法、适用场景、执行效率，以及推理时的精度等方面有很大差异。

图 4.20　中国科学院计算技术研究所的陈云霁团队关于 AI 芯片的研究处于国际领先水平，成果在学术界和工业界均有深远影响

　　ASIC 芯片的基本设计原理与 CPU 并没有本质区别，都是通过集成大量晶体管实现数据的存储，以及在电路流动过程中的状态变化。其整体架构依然没有跳脱冯·诺依曼架构和程序存储概念的范畴，但利用定制化的设计，可以极大地加速 AI 算法。ASIC 芯片相比前文所述 CPU 设计的主要优势可以归纳为如下几点。

　　优势一：强大的并行能力。和传统 CPU 相比，ASIC 提供的最重要的改进是并行计算能力。ASIC 芯片可以运行比 CPU 更多的并行计算。对于 DNN 的计算是高度并行的，因为它们是相同的，并且不依赖其他计算的结果。DNN 训练和推理需要大量独立、相同的矩阵乘法运算。这反过来又需要执行许多乘法运算，然后求和，即所谓的"乘积"运算。ASIC 设计通常要在单芯片上具备大量的"乘法累加电路"（MAC），以有效地在一个大规模并行架构上执行矩阵乘法操作。并行计算也使 ASIC 能比顺序计算更快地完成任务。

并行处理操作使用了多种技术，其中数据并行是最常见的并行形式。它将输入数据集分为不同的 "批"，以便针对各个批次并行处理。这些批次可以跨 ASIC 芯片的不同执行单元或并行连接的不同芯片。数据并行性适用于任何类型的神经网络。另一种方式是模型并行。将模型分成多个部分，在这些部分，计算在 AI 芯片的不同执行单元上并行执行，或者在并行连接的不同 AI 芯片上并行执行。例如，单个 DNN 层包括许多神经元，一个分区可能包括这些神经元的子集，另一个分区包括相同神经元的不同子集。有一种替代技术可以并行地对不同的神经网络层进行计算。考虑到并行性的限制，通过更多的人工智能芯片并行扩展计算量并不是人工智能进步的最佳策略，好的 AI 算法研究更有意义，也是必要的，因为它允许更大程度的数据和模型并行。

优势二：低精度计算。ASIC 芯片牺牲了速度的数值精度和效率，特别适合人工智能算法。一个 X-bit 处理器由执行单元组成，每个执行单元都是用来操作由 X-bit 表示的数据的。晶体管存储一个 bit，其值可以为 1 或 0；因此，X-bit 值允许 2X 不同的组合。

一方面，高位数据类型可以表示更广泛的数字范围或在有限范围内的更高精度的数字。在许多人工智能算法中，训练或推理也会执行，或者几乎同样地执行，如果一些计算是用 8 位或 16 位数据执行的，那么这些数据代表有限或低精度的数字范围。即使模拟计算也足以满足一些人工智能算法。经过训练的 DNN 通常不受噪声的影响，因此，在推理计算中舍入数字不会影响结果；此外，DNN 中的某些数值参数事先已知的值仅在一个小的数值范围内，准确地说是可以用低位数存储的数据类型。另一方面，低位数据计算可以用包含较少晶体管的执行单元进行。这产生了两个好处：①如果每个执行单元需要更少的晶体管，芯片可以包括更多的并行执行单元；②低位计算更有效率，需要更少的操作。一个 8 位执行单元所使用的面积和能耗仅为 16 位执行单元的六分之一。

优势三：突破冯·诺依曼墙。如果 AI 算法的内存访问模式是可预测的，那么 ASIC 芯片可以优化这些可预测用途的内存数量、位置和类型。例如，一些 ASIC 芯片包括足够的内存来存储整个 AI 计算所需数据。与片外存储器通信相比，片内存储器访问提供了更高的效率和速度。在传统的冯·诺依曼架构之下，CPU 和内存通过中央总线相连。由于总线的带宽有限，因此 CPU 必须顺序地单独访问代码和数据，这就导致 CPU 在处理指令时，一旦涉及与内存的交互，就会经历一个冯·诺依曼墙，内存访问延迟阻止 CPU 通过高晶体管开关速度获得更快的速度。冯·诺依曼设计对通用计算是有用的，但 ASIC 芯片通过将大量数据缓存在芯片内部，冯·诺依曼墙问题大大缓解。

优势四：领域特定语言。不同的计算机语言在不同的抽象层次运作。例如，像 Python 这样的高级编程语言接近人类自然语言，但是 Python 代码在执行时往往相对较慢，因为将人类的高级指令转换为特定处理器的机器代码的复杂性很高。相比之下，在较低抽象级别上操作的 C 类编程语言需要更复杂的代码，但它们的代码执行效率往往更高，因为更容易转换成为特定的机器代码。然而，这两个例子都是通用编程语言，其代码可以实现各种各样的计算，但效率不高。相比之下，领域特定语言（Domain-Specific Language, DSL）专门为专用芯片高效编程。DSL 的优点可以通过 PyTorch 这样的专门代码库来实现：这些代码库将专门的 AI 处理器的知识打包在通用语言可以调用的函数中。

4.8.2 GPU 和 FPGA

ASIC 是专门为人工智能创造的芯片，因此对 AI 有天然的优势。而在其他现存的处理器芯片中，有些天然对 AI 友好。随着 AI 的发展，这些芯片有了更大的发挥空间，其中最有代表性的是 GPU 和 FPGA。

GPU 是显卡的计算单元，它的标准名称是 Graphics Processing Unit，翻译过来是图形处理器。GPU 直接决定了显卡的性能，通过 GPU 型号往往能判断显卡的性能高低。GPU 的官方定义如下："A graphics processing unit (GPU) is a specialized electronic circuit designed to manipulate and alter memory to accelerate the creation of images in a frame buffer intended for output to a display device." 意思是 GPU 是专用的电子电路，用于操控和改变存储器，加速在帧缓冲区中创建图像，该帧缓冲区用于输出到显示设备。由此可见，GPU 是专门用于生成图像的计算单元。在个人计算机时代，《战地》《生化危机》《极品飞车》等游戏产品对显卡要求很高（见图 4.21），GPU 的优势崭露头角；在随后的移动计算机时代，《王者荣耀》《和平精英》等手游同样依赖 GPU 强大的图像处理能力；而随着 AI 的发展，GPU 找到了更广阔的用武之地。得益于在 AI 方面的优秀表现，GPU 的生产商英伟达公司在 2023 年 5 月 30 日美股开盘后股价一举突破 400 美元关口，市值正式突破 1 万亿美元大关，成为第一家加入万亿美元俱乐部的芯片制造商。

相比 CPU 这个多面手，GPU 能做的事虽然不多，但处理起它熟悉的事效率很高。GPU 其实和 CPU 的功能是类似的，只不过 CPU 的主要作用是全局掌控，负责一台计算机的全部任务处理，而 GPU 则是只处理与图形相关的任务，其他任务不参与。也就是说，CPU 在处理图形图像任务的时候，只把相关指令和数据交给 GPU 就可以了，后面的任务由 GPU 完成。这样就可以给 CPU 提供更多的时间处理其他任务。如果计算机没有 GPU 芯片，那么 CPU 还需要参与图形处理，这会给 CPU 增加任务量。CPU 执行指令时，一次只能处理一个数据，只能通过流水线提高吞吐率，不存在真正意义上的并行。但 GPU 为了进行大规模图形图像处理，有多个处理器核，在一个时刻可以并行处理多个数据。GPU 采用流式并行计算，可对每个数据进行独立的并行计算，流内任意元素的计算不依赖于其他同类型的数据。这一架构天生适合做神经网络计算。

图 4.21 《战地》、《极品飞车》、*Pokemon Go* 和《王者荣耀》等大型游戏需要 GPU 进行渲染和加速

FPGA 是一款可多次编程的逻辑器件，本体是一种数字集成电路，一个可以通过编程改变内部结构的芯片。FPGA 芯片主要由六部分组成：可编程输入/输出单元、基本可编程逻辑单元、完整的时钟管理、嵌入块式 RAM、丰富的布线资源、内嵌的底层功能单元和内嵌专用硬件模块。ASIC、GPU 等芯片一旦设计好，其内部结构也就成型了，未来使用时不能再做更改。而 FPGA 可以通过编程改变内部结构，因此具有很大的灵活性。由于这一特点，FPGA 在 AI 领域同样具有优势。首先，由于可以随时改变芯片功能，因此进行 AI 芯片设计验证的成本大幅降低，这种特性能够降低产品的成本与风险。ASIC 方案有固定成本而 FPGA 方案几乎没有，在使用量小的时候，采用 FPGA 方案无须一次性支付动辄百万美元的流片成本，同时也不用承担流片失败的风险，此时 FPGA 方案的成本低于 ASIC 的。其次，对 FPGA 编程后即可直接使用，FPGA 方案无须经历三个月至一年的芯片流片周期，可以为企业争取产品上市时间。再者，FPGA 相比 GPU 功耗更低，在嵌入式计算机中有更大的发挥空间。

在计算机中，CPU 是主要的脑回路，可以处理各种事务。但是，术业有专攻，有些任务可以通过更有针对性的线路完成。比如，采用 DSP 处理图片数据，采用 ASIC 处理人工智能算法。正如麻省理工学院的 Nancy Kansisher 教授所言："人类的大脑像一把多用途的军刀，有着不同的神经回路，平行地处理各式各样的信息。而并非一个巨大的中央处理器，一股脑地处理所有信息。分布式的神经环路可以有效加快信息处理过程，毕竟每个区域都有自己擅长处理的信息类型，各司其职可以加速处理过程。"与人类大脑类似，计算机的脑回路正在向多元化并存的方向发展。

笔记 当前的人工智能芯片并没有对计算机的大脑做根本性的改良，仅是让这个大脑处理 AI 任务更快。但一个生物反应快，并不是其称为高级生物的理由。当前的人工智能芯片尚不具备逻辑推理能力。人脑是一个演变中的杂乱系统，由于进化的突发因素，大脑中会发生大量的相互作用。另外，它是健壮的，能承受相当多的变化以及环境因素的影响，所以对大脑真正有价值的洞察力可能是如何开发出灵活的、具有良好自组织能力的复杂系统。人脑真正实现了软硬协同。相比之下，当前 CPU 的电路设计还比较刻板，回路难以基于外界环境刺激进行动态重构。这使得它在应对时刻变化的复杂环境时，难以像人脑那样高效适应。

当然，凡事有利必有弊，计算机脑回路的一个关键优势在于对知识的快速获取。如果我们学习《微积分》或阅读《诗经》，这个过程不能简单地通过下载或复制完成。由于生物大脑需要物理结构的重构，这个知识获取的过程需要刻苦努力地学习。当然，一旦人脑神经网络重构完毕，掌握了某项知识，我们对知识的运用相比计算机将会更加灵活、高效，这又是当今计算机智能远不能及的，这是真正的软硬协同。

除了利用芯片进行 AI 的硬件加速，近年来学术界开始探索新的技术。比如，研究人员正在尝试利用 AI 技术反过来指导芯片设计，并积极探索神经网络的白盒化和 AI 的逻辑推理方法。

4.9　结语

4.9.1　信息、物质、能量

脑回路的职责是处理信息，它是"信息""物质""能量"三者的统一体，而这三者也是构成宇宙万物的三要素。物质是信息的载体，但凡信息，必定以某种物质的形式存在。信息不是物质，但不能脱离物质而存在。世界是物质和信息的对立统一，我们可以认为，存在一个与现实物质世界相对应的信息形态的世界。只要物质载体足够，信息就可以被复制。比如计算机晶体管中的电子按特定序列可以组合出信息"00110101"，如果利用其他电子按相同方式组合，则可以复制出一份完全相同的信息。

　　但是，信息不同于物质，物质不灭，而信息则是"缘聚则生，缘散则灭"。通过改变物质的形态、组合方式，原有信息可以消失，全新的信息可以诞生。当一个普通人死去，关于它的信息会从这个世界上完全抹掉；而即将诞生的生命会带来新的信息。本章介绍的脑回路就是创造新信息的加工厂。当电子流入脑回路，其排列组合会在流出时发生变化，这意味着流入的信息被转换成了新的信息。本章介绍的计算机脑回路，无论是单周期数据通路，还是流水线通路，都承担着改变输入信息、输出新信息的使命。我们可以输入不同的信息来重复这个过程，如果输入的是同样的信息，并重复相同的过程，这个信息处理过程就应该是确定性的，每次都会获得相同的输出结果。

　　要驱动这种基于物质的信息转换，还需要宇宙第三要素：能量。只有在能量的驱动下，电子才可以基于势能发生定向运动，从而改变排序次序，即改变信息。无论无机生物，还是有机生物，都要不断从外界摄取能量，就是为了维持这种有序的信息处理能力。

　　信息既不是实体物质，也不是能量，可是信息却可用来描述物质和能量，可以将后者表征化。物质、能量是中性的，是万物共有的本质特性。而信息刚好相反，它是分别一切物质的标识，正是因为信息的不同，才导致大千世界的千姿百态。

4.9.2　房间里的真相

　　假设你面前有一个房间，房间里有一个小窗口。你可以使用中文在纸条上写下自己想说的话，然后把纸条从窗口塞进去。你知道房间里有个人，而你每次塞进纸条，对方都从房间递出纸条来回复你。就这样，你们愉快地聊了很久，你确信自己遇到了知己。

　　但真实情况是，房间里是一位只懂英语的先生。他有一本书，上面有所有的中文语句，地板上放满了汉字，还有一些指示。每当你递进去纸条，对方就用书中对应的陈述回应。屋里的人实际上不知道纸条写了什么，他需要经历一个翻阅书的枯燥过程，根据纸条上的汉字找到对应的回复，并使用地板上的字符，将语句粘贴到一张纸上，把它从窗口传递出去。这就是哲学家 John Searle 于 20 世纪 80 年代提出的中文房间实验（见图 4.22）。

　　这个实验引发我们思考：如果不知道屋内的真相，我们会始终相信房间里有位"善解人意"的中国人。在这种情况下，对方是不是"理解"你似乎不是那么重要。这个房间就是一个变相的计算机大脑，也就是 CPU。我们无须纠结电路板是不是真的理解你的想法，就像狮子并不会真的和驯兽师心意相通。但我们只要把计算机的大脑藏在"房间"里 —— 比如披一层人类的皮囊 —— 并隐藏"房间"里的真相，它就可以躲在人群中而不被发现。通过本章的学习，能理解到这一层就足够了。

图 4.22　中文房间实验

进一步思考，我们依然会觉得计算机还缺了点什么，即便它的脑回路能给予我们准确的回应 —— 事实上，ChatGPT 已经比较接近人类的交流水平。我们会认为计算机这块电路板无法真正"理解"自己，而如果对方是一个懂中文的人，我们说出的话能被对方理解。知道真相的我们会说："这块电路板没有灵魂"。更准确地讲，电路板没有自己的意识。意识是一个难以量化的概念，它更多的是一种感觉。这是一个更复杂的问题，将在第 8 章介绍量子计算机时深入探讨。

本章关键词：CPU，脑回路，信息熵，数据通路，控制器，逻辑运算单元，流水线，二进制，中断

第 5 章 计算机的"记忆"

　　一个人被剥夺了最宝贵的东西，记忆就是给他的弥补。记忆是大自然给予我们的对残废的补偿。

—— 尤·特里丰诺夫

5.1 引言：人类的记忆和回忆

　　一个无法记忆的生物，是难以称为高级生命的，因为它只能对当下的输入进行应对，难以基于过往时间跨度的记忆进行更复杂的、跨越时间维度的决策。有人推了你一下，你的第一反应是愤怒并还击。可是当你回头看，发现是自己心仪的姑娘，如果你是一个小伙子，这时你的决策就会发生变化。那个姑娘就是你的记忆，你的记忆和"被推了一下"这个当下输入的信息共同作用于大脑，最终给出更合理的响应 —— 红着脸笑一笑，而不是奋起反击。

　　初级生物对外界环境做出反应的算法记录在它们的基因中，这些生物对输入系统的信息做出既定的反应，不会发生变化。得益于信息存储能力，人类的算法相比初级生物有了质的飞跃。以细菌为例，它的软件算法只能从母体的基因中继承，基因所传递的信息量是有限的。但人类因为有了信息存储能力，可以在突触中存储大量的知识技能和数据。人类基因中存储的有限信息是人类行为准则的根本性逻辑和纲领，过去数万年都没有发生过大的变化，而人类后天存储的信息则由于所处环境不同而差异巨大，人类基于存储器中习得的算法（俗称经验）应对更具体的当下环境。

🖈 **笔记** 当我们从长期记忆唤回数据时，会出现两种情况。第一种情况，数据只是作为我们执行某个任务的素材，比如考试时默写的诗词。记忆库中与之相关的事物很少，且该数据不被用于决策，那么这个数据一般称为记忆（memory）。第二种情况，记忆库中与该数据有关联的事物很多，我们唤回的不单单是数据本身，还有与之相关度很高的指令，甚至受到情绪线路的共振影响，则称为回忆（remembrance）。

生物世界是一个生物与生物之间、生物与自然环境之间的信息相互作用。信息在生物之间传播，影响其他生物和环境，并反过来被其他生物和环境影响。这些被固化存储下来的信息就是数据。数据本身是没有意义的，纸面上的文字、古时候在墙壁上刻的甲骨文图像，这些线条本身对人类的生存和需求是没有意义的。但是，这些数据经过某种规则的解析，可以变成信息输入到人类的大脑，进而对人类产生影响，甚至作为某些重大决策的依据。**通过将信息固化成为数据，并在未来需要时再次将其解析为信息，就可以打破当下的时间限制，将跨越时间维度的信息作为输入，以进行更复杂、更合理的输出。**

计算机同样有"记忆"，除了基于处理器的脑回路对即时输入进行响应，还可以通过存储器将数据保存下来。未来，这些存储下来的数据将作为信息输入处理器，辅助脑回路作出更复杂的逻辑响应。

5.2　计算机的记忆模块

人脑的记忆有长期和短期之分。短期记忆用来存储最近刚刚发生的事情，而长期记忆则用来存储更久之前发生的事。短期记忆比较快速，但也容易很快遗忘；长期记忆需要花费更多时间去记住，一旦记住，就较难遗忘，甚至终身保有。此外，两者之间的性能上存在差异，人们总是很容易想起刚刚发生的事，却可能思考很久才想起某个故人的名字。这是我们对于短期记忆模块和长期记忆模块性能差异的直观感受。需要时，脑回路可以从长期记忆中读取数据，暂时存放在短期记忆中。同时，脑回路会以每个符号 25ms 的速度处理数据。

同样，在计算机的大脑中同时存在两个记忆模块：*动态随机访问存储*（Dynamic Random Access Memory，DRAM）和*静态随机访问存储*（Static Random Access Memory，SRAM）。DRAM 就是我们通常所说的内存或主存，是冯·诺依曼架构中的核心组件之一。SRAM 更靠近 CPU，一般称为 CPU Cache，速度高于 DRAM，但容量更小。DRAM 对应人脑的长期记忆模块，SRAM 更像短期记忆模块。当然，无论长期还是短期，一旦停止能量供给——一般表现为计算机断电或人类死亡——所存储的信息都会随之消散。

"要致富，先修路"，存储器中存储数据，为了形成有效信息，需要有通路与外界交互信息。显然，电路线是必要的通道，通过传导电子，存储器可以完成信息的传递。在这条通道上，需要跑两个信息：①地址信息，告诉存储器需要访问哪个位置的数据；②数据信息，目标地址的数据经由通路传出存储器。这种"先具备通道，再告知地址，最后传递数据"的三要素模型①在点对点的信息流通过程中普遍存在。现在我们从上述三要素出发，看一下计算机记忆模块的工作机制。

5.2.1 长期记忆：DRAM

D(ynamic)RAM 就是我们通常所说的内存，全称为动态随机存取内存。它通常使用一个晶体管和一个电容器代表一个比特。接下来，我们首先探讨在整个冯·诺依曼架构中，DRAM 作为内存，其中的数据是如何被访问的。随后，解释 DRAM 存储比特信息的方法。

DRAM 中的数据是怎么找到的？ DRAM 作为一块独立的存储器，与 CPU 之间通过一根根的电线连通。晶体管中的电子经由这些导线在 DRAM 和 CPU 之间传递，从而实现数据传输。这些导线称为总线。CPU 通过总线与 DRAM 传递的信息分为两类：数据以及数据的地址，相应的总线称为数据总线和地址总线。

数据总线是在 CPU 与内存或其他设备之间进行数据传输的通道，总线宽度决定了 CPU 和外界一次可以传输的位数。总线上每条传输线一次只能传输 1 位二进制数据。例如，8 条数据线可以一次传输一个 8 位二进制数据，即 1 字节。数据总线用于传输数据信息。数据总线是双向三态总线，它可以将 CPU 的数据传输到内存或 I/O 接口等其他组件，也可以将其他组件的数据传输到 CPU。数据总线上的位数是计算机的重要指示器，通常和处理的字长一致。例如，英特尔 8086 微处理器的字长为 16 位，数据总线宽度也为 16 位。应该指出的是，数据的含义是广泛的，它可以是真实的数据，也可以是指令代码或状态信息，有时甚至是控制信息。因此，在实际工作中，数据总线上传输的并不一定就是真实数据。

此外，CPU 通过地址总线指定存储单元。地址总线确定 CPU 可以访问的最大内存空间的大小。例如，10 条地址线可以访问的最大内存是 1024 位二进制数据 (1B)。地址总线特别用于传输地址。由于地址只能从 CPU 传输到外部存储器或 I/O 端口，因此地址总线始终为单向三态，这与数据总线不同。地址总线的位数决定了 CPU 可以直接寻址的存储空间的大小。例如，一个 8 位计算机的地址总线为 16 位，则最大可寻址空间为 $2^{16}=64\text{KB}$，而一个 16 位微型计算机的地址总线为 20 位，其可寻址空间为 $2^{20}=1\text{MB}$。一般来说，如果地址总线为 n 位，则可寻址空间为 2^n 字节。处理器多少位是指寄存器的长度，因此数据线需要与之相同，地址线不必与之相等。

———————————————

① 广播的方式不需要告知地址，是另外一种信息传播方式。

图 5.1 是一个 32 位计算机中，CPU 与内存（DRAM）的电路连接情况。其中包括横线和竖线。这些纵横交错的线，每一根都代表实际芯片中的一根金属导线，电子就是基于这些导线传输。每个横线和横线的交点，对应一个晶体管构成的存储单元，用于存储一个比特位。注意，一个交点只存储一个比特位。当 CPU 需要访问某个地址的数据时，将这个地址的二进制从 CPU 传出。在图 5.1 所示例子中，有 32 根横线从 CPU 连出来，代表这个处理器最大可以表示 2^{32} 字节的地址空间。这 32 根线就是地址总线。它们的另一端连入 DRAM 芯片的地址译码电路。经过电路之后输出的是密密麻麻的横线，一共 2^{30} 根（输入的 32 根线中有 2 根另有用处，后面我们再解释）。也就是说，无论 CPU 传出来的地址是哪个二进制组合，都能对应上这 2^{30} 根导线中的某一条。

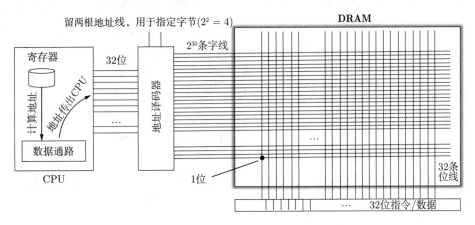

图 5.1　内存寻址简图

然后，对应的那根导线连通，其他导线依然处于断路状态。如此一来，就可以对这根线上的晶体管加电压，把其中的电子状态压出来。那么，这根线上一共多少个存储单元（晶体管）呢？一共 32 个，刚好是一个字。怎么把这个字传出来呢？那 32 根竖线就是来干这个事的，每根竖线传一个比特位。所以，这些密密麻麻的横线称为"字线"（Wordline，WL），而那 32 根竖线称为"位线"（Bitline，BL）。前者把控制接口连成一条线，后者则把输入/输出端连成一条线。

至于有两根线从地址译码器引出来，那是由于 DRAM 内以字节为最小寻址单位。熟悉 C 语言的读者应该都知道，CPU 中执行的程序可以访问精确到字节的数据，比如字符类型（char 类型）的数据。但 DRAM 有 32 根位线（一个字）连入 CPU，如何知道需要访问的是这个字中的哪个字节呢？一字节 8 位，本例中一个字相当于 4 字节。使用 2 根线刚好能表示 4 字节中的某一个（2^2=4）。引出来的那两根线是来做这个事的。图 5.1 只是一个简图，严格来讲，地址译码器由行地址译码和列地址译码两部分构成。其中，列地址译码用于确定是字里面的哪个字节。

过去几十年，虽然 DRAM 的工作原理没有变化，但为了提高输入/输出速度，接口技术进行了一代又一代的改进。购买计算机时可能会看到 DDR3、DDR4 这样的词汇，这就是 DRAM 接口技术的标准。另外，手机使用的 DRAM 要求有所不同，允许牺牲一部分性能但必须省电，DRAM 芯片会按这个要求优化。手机使用的 DRAM 往往使用 LPDDR3/4 这样的标准，LP 就是低功耗（Low Power）的意思。

电位是如何在 DRAM 中存下来的？ 在 DRAM 中，每个字线和位线的交点对应一个存储单元，表示一个比特信息。比特是最小的信息单位，也就是"0"和"1"两种可能性二选一。每个比特需要一个存储单元来存储。不难算出，在 8GB 内存的计算机中，有 640 亿个 DRAM 存储单元。

这个存储单元由一个电容器和一个晶体管组成，如图 5.2 所示，信息以电荷的形式存储在电容器上。晶体管在这里是作为开关使用的。当对控制信号加上一个高电压，开关就打开了。此时可以在输入端加一个高电压，导致一部分电荷存储到电容器上，代表"1"；或者加一个零电压，把电容器上的电荷放干净，代表"0"。然后，把控制信号变成零电压或者稍微负一点的电压，开关就关上了，电荷被锁在里面，信息就保存下来了。就好像给气球打气，然后用绳子扎起来。

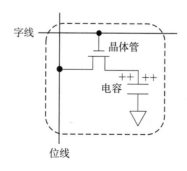

图 5.2　DRAM 存储单元的工作原理

DRAM 存储单元的工作原理很简单，但使用起来还是有些麻烦。首先读取数据时需要检测电容器上的电压，这时只能把开关再打开。打开开关时，电容器上的电荷自然都跑掉了，这种特性叫破坏性读取。就好像我们想知道气球是圆的还是瘪的，但眼睛看不见，只能松开系住它的绳子用耳朵听。DRAM 必须在完成检测后，根据读取的结果，重新把电容器上的电荷充满或放空。好在，工程师发明了一个聪明的电路，让这个过程自动地、高速地完成。

其次，任何阀门都无法不漏气，一个气球到第二天，很可能漏掉一半气。DRAM 这个"气球"只有不到 20nm（一亿分之二米）这点微薄的容量，即便极小的漏气，也足以瞬间把它放空。我们假设电容充满电时电压为 1V，随着时间的流逝，电容中的电荷缓慢泄漏，电压随之降低。等电压到 0.5V 以下的时候，就无法有效检测了，'1' 也就变成了 '0'。解决办法是，在电压降低到 0.5V 之前，对电容再次充电。自 DRAM 于 1966 年发明以来，虽然业界持续不断地改进那个晶体管，减少漏电，但 DRAM 中的电荷仍然撑不过 1s。所以每隔几十毫秒，DRAM 芯片必须做一件事：自刷新，就是趁着漏电的影响还不足以改变结果，把所有单元的数据读出来，再写回去。DRAM 中的 D 是英文 Dynamic（动态）的缩写，因为 DRAM 需要不停地动态充放电。DRAM 的中文名是"动态随机存储器"，这个名字太拗口，我们一般喜欢使用英文缩写或直接叫它内存。

理想状态下，当电容中充满正电荷时，如果字线为非激活状态，电容中的电荷应该不随时间变化。但由于熵增，实际上还是会有一些微弱的电荷移动。而且随着现代工艺的提高，存储单元的尺寸变得越来越小（纳米级），电容充电后的电子数目只有几万个，让这种现象更加明显了。

从图纸到流片的难度在哪里？ 所谓流片，就是把芯片真正制造出来的过程。目前，市场占有率最高的 DRAM 芯片厂商是三星，接近一半的市场份额以及大半的行业利润。海力士和美光紧随其后。这种简单直白的技术有什么难的，为什么世界上只有少数几家公司能做？因为"密度"。一块指甲盖大小的硅晶片上通常有 80~160 亿个存储单元，也就是 1~2GB。对于 8GB 的 DRAM，还需要将多个晶片磨到极薄，叠在一起封装在一个壳子里。DRAM 的难度，首先在于把这么多的存储单元挤在一个小晶片上。每个存储单元首先要有一个晶体管。逻辑计算芯片（如 CPU、手机主控芯片等）现在较先进的工艺是 7nm。DRAM 大约只有 17nm，但 DRAM 芯片上晶体管的密度比 7nm 逻辑芯片还要高。

晶体管密度变高，尺寸变小，带来的一个问题就是之前提到过的漏电。晶体管（这种晶体管叫场效应管）的栅极负责打开和关上导电沟道。若栅极太窄，这个闸门就关不严实，导致存储在电容器中的信息过早丢失。所以，DRAM 产业发展了埋入式栅极，可以在宽度很小、占面积很小的情况下制造一个很长的沟道，大幅降低漏电。这个重要的发明对 DRAM 存储单元的小型化做了很大的贡献。相比之下，逻辑计算芯片在器件小型化时遇到的难题有所不同，它必须保证很高的开关速度。所以，逻辑芯片生产工艺在

14nm 以下发明了 FINFET、GAA 等技术。这两种集成电路的生产工艺早已分化,已经走得很远,需要完全不同的产线。大部分能够制造逻辑芯片的公司是不懂得生产 DRAM 的。世界上也只有三星一家公司,两种工艺都做得很好。想象一下:在指甲盖大小的一块地方雕刻上百亿个非常细高、壳薄的烟囱,不能弄碎、不能倒;再在烟囱的外壁和内壁涂上电介质,厚度必须均匀;再填上另外的导电材料,其难度可想而知。

这上百亿个存储单元还必须高度可靠。一个内存芯片中上百亿比特中哪怕出了一个比特的错误,轻则产生不正确的计算结果,重则导致计算机死机或系统崩溃。每个 DRAM 存储单元都要求读写一亿亿次(10 的 16 次方)不出错,做到高密度、高可靠性的同时,还必须低成本。成本是芯片公司的核心竞争力。电路设计和生产工艺必须做到最优,产品良率必须高。

5.2.2 短期快速记忆:SRAM

DRAM(内存)和 CPU 共同构成冯·诺依曼架构的基石。它们之间通过地址总线和数据总线,以及分布在 DRAM 外围的地址译码电路、字线、位线,可以进行有效的数据流通。从 CPU 出来的地址信息,其电位状态经过地址总线进入 DRAM,流出 DRAM 的就是实际的数据(或指令),数据通过数据总线传回 CPU。一轮完整的电流流动过程,可实现一次数据的获取(Load 指令)。

但是,DRAM 的性能远低于 CPU 的 ALU 计算单元和寄存器单元,访问 DRAM 往往成为指令的性能瓶颈。试想一下,如果在 CPU 内部有一块存储器,它的容量比内存小,但远大于寄存器,且性能极快,那么是不是可以把内存中一些常用的指令和数据放进去缓存起来?如此一来,CPU 每次取指令时,从 CPU 视角看,它依然认为自己从内存取数据,但是数据实际从那块缓存中取出来,性能会快得多。只有当缓存中没找到请求的数据,再从 DRAM 中找。整个过程中,CPU 完全没有意识到那块缓存的存在,而且即便缓存不存在,也不会影响计算机对数据和指令的正常获取。区别仅在于性能的高低! SRAM 就是那个缓存。

在冯·诺依曼架构中,实际是没有 SRAM 的位置的,五大组件都不是 SRAM。就像寄存器一样,SRAM 位于 CPU 内部,是用来辅助 CPU 的一个额外的存储器件。

SRAM 的工作原理。 SRAM 不需要刷新电路,就能保存它内部存储的数据。存储 1bit 的信息需要 4~6 只晶体管。如图 5.3 所示,SRAM 的每一 bit 存储在由 4 个场效应管 M_1、M_2、M_3、M_4 构成的两个交叉耦合的反相器里,另外两个场效应管(M_5、M_6)是控制开关。这种设置是典型的 CMOS 工艺，相当于一个"RS 锁存器"电路，只要系统是稳定的供电状态，就可以存储信息 '0' 或 '1'，即逻辑等效的低电压或高电压。可以看出，一个 6 晶体管 SRAM 存储器包括由交叉逆变器 M_1-M_2 和 M_3-M_4 构成的锁存器，以及两个存取晶体管 M_5 和 M_6。M_1-M_2 逆变器的输入信号 Q 和 M_3-M_4 逆变器的输出相连接，M_3-M_4 逆变器的输入信号 $\bar{Q}$ 和 M_1-M_2 逆变器的输出反向连接。M_5 和 M_6 晶体管类似于由字线驱动的两个开关，该开关同时使这些晶体管的栅极极化，并允许位线读取存储的信息。存储在锁存器中的两个二进制信号 Q 和 $\bar{Q}$ 通过两个存取晶体管 M_5 和 M_6 传输到两个位线 ($\overline{\mathrm{BL}}$ 和 BL)，M_5 和 M_6 由连接到它们的每个栅极的字线打开或关闭。

存储器的操作可以概括为 3 个功能：备用、读、写擦除。备用功能对应锁存器中信息 '0' 或 '1' 的保持，是通过字线在栅极处施加负电压或低电压，使它们处于不导电的状态，相当于将锁存器和两个位线隔离，这就实现了锁存器里信号不变的状态。另一方面，读取操作则是通过将锁存器和两个位线通信获得的。连接到两个位线的感测放大器识别哪一行具有更强的信号，从而读取由位线 BL 携带的初始信息。感测放大器是连接到两个互补的位线 ('0' 和 '1') 两端的电子器件，其功能是在放大两个位线之间的电压差后，识别其中哪个具有 '0' 或 '1' 的逻辑状态。写入和擦除操作则是通过打开晶体管 M_5 和 M_6 的通道并在两个位线 BL 上施加 '0' 和 '1' 实现的。

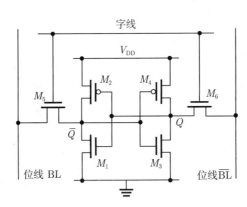

图 5.3　SRAM 存储单元的工作原理

从实际角度看，SRAM 存储器的速度非常快，换相时间只有数十纳秒，这使得它们比 DRAM 快 10 倍。对于 DRAM 来说，循环次数 (写擦除) 几乎是无限的。虽然 SRAM 在切断电源时易失，但它不需要定期更新，这使得它在能耗方面比 DRAM 更有利。但遗憾的是，SRAM 的复杂性使得它们的制造成本很高，而且它们的大尺寸不允许高的集成密度。因此,它们在计算机中的使用仅限于低容量的高速缓存,用于高速执行重复操作,从而大幅缩短了复杂操作的执行时间。

5.2.3 存储器之间的地址映射

如果确定数据在某个存储器,就可以基于前文的介绍,地址解析以后将目标数据传出即可。但是,由于计算机采用了多级存储结构,就需要额外回答一个问题:"数据在哪个存储器里?"只有确定目标存储器,才有后续基于地址的解析和读写。在内存和 CPU Cache 构成的分级存储结构中,CPU Cache 性能更高,我们把它称为内存的上一级存储器。

访问某个数据时,遵循如下原则:先看上一级存储器中有没有数据,如果没有,再看下一级。具体地,当需要访问数据时,会从数据通路中输出一个地址:可能是下一条取指的指令地址,也可能是 Load/Store 指令的数据地址。这个二进制地址首先送入 CPU Cache 的地址译码电路,判断是否在其中缓存。若有,则直接将数据返回给 CPU,性能极快。如果未命中,也就是 Cache miss,继续拿着这个地址去内存里找。越往下一级存储器找,性能越差。

既然上级存储器是下级存储器的缓存,那么上级存储器的数据实际上在下一级也是有的,只不过有些数据放到上一级缓存起来,能获得更大的性能收益。如此一来,在相邻两层存储器之间就需要有映射关系。通过某种映射关系,当计算机需要访问数据时,能够获悉:打算在某一级存储器中访问的数据是否在它的上一级缓存中。映射关系分为三类:直接映射、组相联映射、全相联映射。

直接映射。我们以 CPU Cache(SRAM)和内存(DRAM)这两个存储器为例,理解一下直接映射的机制。在没有 CPU Cache 的情况下,计算机应该拿着地址从内存中取数据。我们人为把内存划分成一个个存储区域,称之为"块"。同样,我们把 CPU Cache 也划分成一个个同等大小的坑位,一个坑位可以承载一个块的数据。块的大小可以设计者酌情来定,既可以是 2 个字为一个块,也可以是一个字为一个块。内存中的每个块,都和 CPU Cache 中的某个坑位绑定。如果要访问的数据是内存的某个块 A,就在 Cache 中找到与之绑定的 A' 坑位。数据要么没有缓存,如果在 Cache 中,一定在 A' 坑位。

这里先解释"块"的概念。我们知道,字是存放在一个存储单元里的机器数,由若干比特位组成,具体字长取决于存储器的规格。也就是说,它可以是 8 位组成一个字,也可以是 16 位、32 位、64 位,而块则是若干连续字的组合。一个块可以是一个字的大小，也可以是若干字的大小。

在直接映射中，假设内存一共可以划分成 D 个块，CPU Cache 一共可以划分成 S 个坑位，每个坑位就是一个块的大小。这 D 个块中的每个块，必然与 S 个坑位中的某一个对应。那么问题来了，内存空间远远大于其缓存，所以内存中的多个块可能会映射到 CPU Cache 的同一个坑位。假设有 8 个坑位，那么内存中的数据块应该和这些坑位怎么映射呢？如图 5.4 所示，内存中 1 号块与缓存的 1 号坑位映射，2 号块与缓存的 2 号坑位映射……8 号块与缓存的 8 号坑位映射。注意，接下来重新轮一遍：内存中 9 号块和缓存的 1 号坑位映射，10 号块和缓存的 2 号坑位映射……16 号块和缓存的 8 号坑位映射。以此类推，就像时钟一样，转一圈回到原点，继续循环。这个映射方法实际上就是数学上的取模，即直接映射 Cache 使用如下的映射方法找到对应的数据块：「块在内存中的编号」mod「Cache 中的坑位数量」。在 CPU Cache 中，坑位有一个专门的名字：Cacheline。

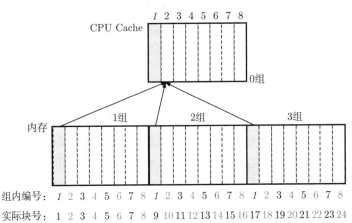

图 5.4　缓存直接地址映射：内存首先按照 CPU Cache 的大小进行分组。随后，每组内的 N 号位映射到 Cache 中的 N 号位

当 CPU 需要访问某个地址的数据时，这个地址表征的是内存中的地址。地址是一串二进制，比如 32 位。如何通过这串二进制确定该地址的数据是否缓存在 CPU Cache 中呢？对这 32 位需要做一个拆解。首先，根据地址位中的后几位，可以算出其对应 CPU Cache 的哪个坑位。假设一共 8 个坑位，$2^3 = 8$，3 个比特位可以给坑位赋予编号。这几个比特位称为 Index。进一步，每个坑位中可能保存的是若干个对应块中的任意一个。为了确定是哪一个，需要有一些比特位用来表示是哪些对应块中的哪一个。这些比特位称为 Tag。不难看出，Tag + Index，共同构成内存中的地址。如果一个块就是一个字，

那么 Offset 设置 2 位，可以精确找到字节。

综上所述，32 位的地址最终可以拆分成 Tag、Index、Offset 三段。CPU Cache 的地址映射电路会对这 32 位进行拆解，以判断该地址的数据是否在缓存中。如图 5.5 所示，首先，根据地址的后几位，可以判断该地址应该对应哪个坑位；如果数据被缓存，就一定在那个坑位。具体地，电路根据地址 Index 段的那几位二进制数可以找到其在 Cache 中坑位的物理位置。这个坑位中保存了缓存的数据。除此之外，坑位中还有一些比特位用来表示当前缓存的这个数据对应内存中的哪个块。这时，目标地址的 Tag 段派上用场了。将 Tag 段和坑位中的比特位进行对比，如果相等，说明就是它，命中！如果不等，说明未命中。

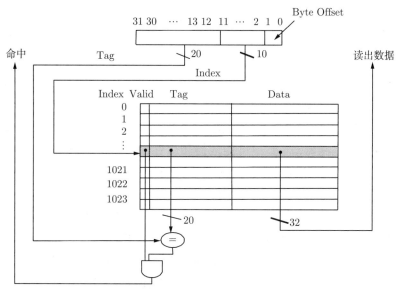

图 5.5　缓存地址直接映射电路图

命中，直接根据上述方式取出相应数据并加载进处理器中的寄存器即可。未命中，情况要复杂一下，需要执行如下操作。

- 将地址发送到内存，由内存的地址译码电路对地址进行解析；
- 等待内存返回数据；
- 写 Cache 表项，将从内存获得的数据写入对应的坑位，如果坑位中有数据，就将原来的数据替换掉；此外，就将地址的高位写入 Tag 字段，并将有效位置为有效；
- 重新执行上一步访问数据的指令，将会重新取数据，本次将在 Cache 中直接命中。

　　通过这种直接映射的方式，可以通过内存地址的拆解，快速确定该地址的数据是否在 CPU Cache 中。这里会有一个问题：如果很不巧，用户经常访问的热点数据对应同一个坑位，就会出现 CPU Cache 中某个坑位频繁换入换出，而其他坑位闲置。人们开始考虑把限制放开一些，内存中的块不是唯一绑定在 CPU Cache 的特定坑位上，而是可以在某几个坑位中选一个。将这几个坑位编为一组，这种映射关系称为组相联。

　　组相联映射：组相联的映射方式和直接映射类似，区别仅在于，每个内存中的数据块可以存放在 CPU Cache 中的多个坑位。允许存放的坑位数量是固定的。每个数据块有 n 个坑位，可以存放的组相联称为 n 路组相联。在一个 n 路组相联的 Cache 中，有若干组，每一组包含 n 个坑位。内存中的数据块通过 Index 段映射到对应的组，数据块可以存放在该组中的任意坑位。之后，组里所有坑位都要进行检查，以确定数据块是否缓存在其中的某个坑位。注意，直接映射中 Index 是索引到具体坑位，而组相联是索引到组。

　　直接映射和组相联映射各有优势，前者查找的速度快，而后者有助于提高命中率。CPU Cache 和内存中间采用哪种映射关系呢？一般而言，越靠近 CPU 的存储器，对查找速度的要求越高，往往追求极致的性能（minimize hit time），因此采用直接映射比较好。离 CPU 稍远的存储器，需要尽可能地提高缓存命中率（minimize miss penalty），因此可以采用多路组相联。于是，我们看到 CPU Cache 又细分为 L1 Cache、L2 Cache、L3 Cache。L1 Cache 距离 CPU 最近，采用直接映射比较好；L2 Cache、L3 Cache 则可以采用多路组相联。至于具体几路，不同型号处理器的实现参数不同，视情况而定。但整体趋势是：越远离 CPU，存储器的读写性能越差，所以 Cache Miss 的代价越高。因此，越远离 CPU，存储器越追求高命中率，组相联所带来的查找时间开销反而可以忽略。

　　请继续思考：组相联之下，一个数据块可以映射到多个坑位。极端情况下，是不是数据块可以映射到缓存的所有坑位？这便是全相联。

　　全相联映射：内存和闪存之间采用的就是全相联的方式。当把内存作为闪存的缓存时，闪存中的数据块可以缓存在内存的任意位置。在这种情况下，除非内存已经很满，否则闪存数据不会尝试替换内存中的数据，而是找仍然空着的坑位。这种方式有助于提高效率，因为可以尽可能多地把热数据放在内存中。

　　通过上面介绍，我们知道上下级存储器之间可以通过直接映射、全相联、组相联 3 种方式进行数据定位。无论哪种方式，都是将下级存储器中的数据块映射到上级缓存的坑位。直接映射是一个极端，它的映射方式极其简约，因此效率很高，但数据块在缓存中的位置过于受限；全相联是另一个极端，数据块可以灵活占用缓存的坑位，命中率高，但由于提高了电路复杂度, 因此性能变差。组相联则是两者之间的一个折中。下面以一个例子, 看一下 3 种映射方式的执行过程。

例题 5.1 (不同映射方式下的缓存命中情况)

假设 Cache 有 4 个坑位, 可以使用直接映射、2 路组相联、全相联 3 种方式。当按照 0, 8, 0, 6, 8 的地址顺序访问主存中数据块时, 求上述 3 种映射方式各自的命中率。

答案: 直接映射的数据命中情况如图 5.6 (a) 所示, 第一次访问数据块 Mem[0], 由于是第一次访问, 没有在 Cache 中, 因此 miss, 随后 Mem[0] 数据块缓存在 0 号坑位; 接着访问 Mem[8], 它也对应 0 号坑位, 但遗憾的是, 0 号坑位存放的是 Mem[0] 数据块, 所以 miss; 接下来访问 Mem[0], 还是看 0 号坑位, 这个坑位原本的 Mem[0] 数据刚刚被替换成 Mem[8], 再次 miss; 接下来访问的是 Mem[6], 它对应 2 号坑位, miss, Mem[6] 数据块填进 2 号坑位; 最后, 再次访问 Mem[8], 0 号坑位已经被 Mem[0] 占了, 再次 miss。综上所述, 访问 5 个数据, 全部未命中, 命中率为 0%。

接下来看 2 路组相联的情况, 如图 5.6 (b) 所示。第一次访问 Mem[0], miss, 将 Mem[0] 数据块填进 0 号坑位。第二次访问 Mem[8], miss, 此时将 Mem[8] 填入 0 号组, 即图 5.6(b) 中的 Set-0。组中有两个坑位, 其中一个被 Mem[0] 占了, 但还有一个空的, 因此填入那个空的 1 号坑位。接着, 访问 Mem[0], 从 0 号坑位命中。访问 Mem[6], miss, 它同样对应 Set-0, 需要从这个组中找一个替换掉。注意, 一般替换掉更旧的那个数, 由于 Mem[0] 刚刚被访问过, 因此把 Mem[8] 替换掉。最后访问 Mem[8], 由于其已被替换掉, 因此再次 miss。在 2 路组相联情况下, 5 次访问, 命中一次, 命中率为 20%。

图 5.6 (c) 是全相联的情况: 前两次分别访问 Mem[0] 和 Mem[8], miss, 填入 0 号和 1 号坑位; 随后再次访问 Mem[0], 命中; 接着访问 Mem[6], miss, 此时还有空的坑位, 将 Mem[6] 填入其中即可, 不会冲掉其他数据; 最后, 访问 Mem[8], 在 Cache 中, 命中。5 次访问, 命中 2 次, 命中率为 40%。

通过上述例子, 可以清晰看出, 全相联对提高命中率是有帮助的。但是, 由于主存数据块可以缓存在任意坑位, 因此会引出一个新问题: 应该放入哪个坑位? 如果所有坑位都满了, 应该替换掉哪个坑位的数据? 针对这个问题, 目前普遍采用的策略是最近最少使用（Least Recently Used, LRU[①]）。在该策略下，被替换的数据块应该是最不活跃的，也就是最长时间未被使用的。LRU 替换策略可以通过跟踪某个数据块相对于同组内其他数据块的使用时间实现。对于 2 路组相联 Cache，对两个数据块的使用情况进行跟踪，可以在每组内为其单独保留 1 位，该位用以表示哪一项被访问过。

Block address	Cache index	hit/miss	访问后缓存中的内容			
			0	1	2	3
0	0	miss	**Mem[0]**			
8	0	miss	**Mem[8]**			
0	0	miss	**Mem[0]**			
6	2	miss	Mem[0]		**Mem[6]**	
8	0	miss	**Mem[8]**		Mem[6]	

（a）直接映射

Block address	Cache index	hit/miss	访问后缓存中的内容			
			Set-0		Set-1	
0	0	miss	**Mem[0]**			
8	0	miss	Mem[0]		**Mem[8]**	
0	0	hit	**Mem[0]**		Mem[8]	
6	0	miss	Mem[0]		**Mem[6]**	
8	0	miss	**Mem[8]**		Mem[6]	

（b）2路组相联

Block address		hit/miss	访问后缓存中的内容			
0		miss	**Mem[0]**			
8		miss	Mem[0]	**Mem[8]**		
0		hit	**Mem[0]**	Mem[8]		
6		miss	Mem[0]	Mem[8]	**Mem[6]**	
8		hit	Mem[0]	**Mem[8]**	Mem[6]	

（c）全相联

图 5.6　直接映射、2 路组相联、全相联情况下的 Cache 命中情况

5.2.4　缓存写操作

CPU 对指令进行处理后，可能将新产生的数据写到存储器。然而，多级存储结构导致写操作存在一些问题。计算机中多种存储器共存，数据应写到哪里？要么几个存储

---

① LRU 是一项思想简单的技术，也正是因为简单，它不仅应用于 Cache 和内存之间的内存替换，同样应用于内存和外接存储器之间。Linux 内核版本更新迭代数十年，其中有几块代码一直未做大的修改，除了伙伴算法，LRU 算法也是其中之一。计算机的底层策略一般非常简约。这些策略位于系统底层，在计算机运行过程中被频繁调用，这就要求其必须足够简约，简约往往意味着高效率和低开销。正如人类这样的有机生物一样，越接近上层的、表面的策略，越可以复杂多样，而越是接近底层根本性的策略，反而越简单，大道至简。

器全部写入，要么选一个合适的存储器写入。

对于存储指令，只把数据写入 CPU Cache，不需要改变主内存。完成写入 Cache 的操作后，主存中的数据将和 Cache 中的数据不同。在这种情况下，Cache 和主存出现不一致（inconsistent）。保持 Cache 和主存一致的最简单方法是，数据既写回 Cache，也写回内存。这样的写策略称为写直达或写穿（write through）。

虽然上述方案能简单地处理写操作，但是性能损耗过大。基于写穿的策略，每次写操作都会引起写主存的操作。这些写操作延时很长，至少 100 个处理器时钟周期，这会大大降低处理器性能。例如，假设 10% 的指令是 Store 指令，若不发生 Cache 失效，则处理器的 CPI 是 1。每次写操作需要 100 个时钟周期，这会导致 CPI 变为 $1.0+100\times 10\%=11$，性能降低为原来的 $\frac{1}{10}$。

解决上述问题的方法之一是使用写缓冲（write buffer）。计算机中维护一个缓冲区，其中保存着需要写入主存的数据。数据写入 Cache 的同时，也写入这个缓冲区。当处理器进行写操作时，只需写入 Cache 和缓冲区，然后就认为这个任务完成了。在后台，缓冲区中的数据再偷偷写回到主存，整个过程对 CPU 不可见。通过这种方式，那 100 时钟周期的写内存时间开销就能隐藏起来，不会影响指令继续执行。

遗憾的是，写缓冲在现实中的作用并没有听上去那么大，因为这个缓冲区很容易满。试想，从写缓冲迁移数据到主存的速度是 100 时钟周期，而新的数据写入缓冲区只需要 1 个时钟周期，这种情况下缓冲区很容易满。只有当写请求零星出现，才能使得缓冲区的进账和出账达到平衡，否则多大的缓冲区都无济于事。毕竟，写操作的产生速度远远快于主存系统的处理速度。即使写操作的产生速度小于主存的处理速度，还是会产生停顿。

最理想的状态是只写入 Cache，这样性能最快。注意，只要这个数据依然在 Cache 中，上述方法就不会有问题。当需要读这个新写入的数据时，只从 Cache 中获取即可。这种方法称为写返回（write back）。只要新的数据还在 Cache 中，CPU 读到的就是新的。所以，只在这个新值将被踢出 Cache 时，将其内容回写到下一级存储器即可。

计算机实际运行时，经常出现一种现象：某些缓存中的数据被频繁写。得益于写返回机制，这些写操作只发生在 Cache 中，只有最后一次写操作的内容才会被写到下级存储器。相对于写直达和写缓冲，写返回策略被更广泛的计算机采纳，也是当前计算机中较为普遍采用的技术手段。

🖋 **笔记** 在睡眠状态下，人类几乎所有的外在感官都关闭了，但记忆模块反而会利用休息时间进行数据整理。科学家认为，做梦很有可能是大脑记忆库中，信息编辑重组时产生的副作用，这一观点可以很好地诠释为什么梦境中的内容总是无规律可循且是变化多端的。人类需要睡眠，就是要进行这种数据重组。研究人员从这里获得灵感，在一些计算机设计中也维护了类似的机制。例如，一些商用手机会在夜里手机充电时，进行更活跃的内存数据重组，即垃圾回收（GC）。业界将这一机制形象地称作"半夜鸡叫"。此外，当内存容量不足时，会优先剔除被认为不重要的信息，尤其是比较久远的数据，这和人类"越久远的事越容易忘记"的记忆模式是相似的。

计算机"死而复生"的秘密：当人类个体死亡，记忆 —— 无论短期记忆还是长期记忆 —— 会随之消失。一旦死亡，就无法再恢复生命。因此，人类需要定期摄取食物，以维持长达几十年的持续开机状态。计算机也一样，必须维持供电状态，否则内存和 CPU Cache 中的数据都会消失。这是因为 SRAM 和 DRAM 有一个共同缺陷：掉电易失。一旦断电或关机，存储在其中的数据会全部丢失。电子的运动是随机的，只有存在电压时，才会沿着电势能的方向移动，形成电流。一旦掉电，电压撤掉，晶体管中存在的电子会迅速耗散。但生活中的经验告诉我们，事情似乎并没有那么简单：假设我们使用手机拍照，之后手机电量用尽，一周以后再次充电开机，会发现照片还在，并没有消失。计算机似乎有一个有机生物不具备的能力，它能够重启生命。要了解计算机"死而复生"的秘密，就需要介绍计算机中广泛使用的第三种存储器：闪存。

5.3　永恒记忆的秘密：闪存

人一旦死亡，无论短期还是长期记忆，都会随之消失。于是人类尝试借助一些特殊介质实现信息的跨生命传承，竹简、纸张就是这样的存储介质。当一个人生前把一些重要信息记录在案，那么这些信息在他死后依然可以传递进其他生命体的大脑，这个过程通过眼睛的阅读完成。同样，当计算机"死亡"，即掉电，它同样可以把一些信息保留下来。计算机为完成这一过程借助的介质是外存储器，目前使用最多的是闪存。

闪存相比内存和 CPU Cache，最大的特点是掉电非易失。也就是说，即使停止供电，闪存里存储的电子状态也不会丢失。如果内存和 CPU Cache 对应人脑的长期记忆和短期记忆模块，那么闪存更像人类为了避免遗忘而做的笔记。只要不主动涂掉，笔记上的数据会永久性记录在那里，即使写笔记的人死亡，笔记的内容也不会随之消失。

闪存就扮演着类似"笔记"的角色，它使用一种叫作"浮动门场效应晶体管"的晶体管保存数据。由于计算机的数据只有 0/1 两种形式，那么只要让晶体管中的状态有两种，并且能随时检测其状态，就可以根据状态表征 0 和 1。晶体管中只能带负电荷，即电子，不能带正电荷，上述对应关系有助于简化闪存的内部电路。闪存之所以在掉电时可以保存数据，是因为存储单元中特殊的绝缘层。当加上电压，电子能被压入晶体管。断电以后，电路中的电压消失，但电子不会从晶体管中逃逸，绝缘层可以锁住之前充入的电子。除非下次加电压进行擦除操作，否则电子状态是保留的。

闪存有 3 个基本操作：编程 (写入)、读取、擦除。写入操作是在控制极加一个相对于衬底的高电压，当电压足够高时，衬底中的电子会在电场作用下穿过绝缘层进入浮栅。擦除操作是在衬底加一个相对于控制极的高电压，当电压足够高时，浮栅中的电子会在电场作用下穿过绝缘层进入衬底。根据浮栅中充入电子的多少，浮栅 MOSFET 有着不同的导通电压：浮栅中充入电子较少时，浮栅 MOSFET 可以轻易导通，记为"1"，即擦除态；浮栅中充入电子较多时，需要在控制极施加更高的电压浮栅 MOSFET 才能导通，记为"0"，即编程态；读取时，在控制极加一个较低的电压并对浮栅 MOSFET 进行检测。当浮栅 MOSFET 导通时，查询读取电压对应的数值，便可以得知存储的数据内容。从上述基本原理可以看出，闪存的读速度和写速度相差很大，数据读取速度比写入速度要快得多。

闪存的绝缘层使得掉电以后数据不至于丢失，但同样因为这个绝缘层，计算机整体性能随着使用年限的增加会逐渐变差。这是因为每次擦除操作都会对存储单元造成磨损，随着擦除次数的增加，绝缘层会越来越薄，直至锁不住电子。为了缓解这个问题，闪存中一般会有一个专门的磨损均衡固件，试图将擦除操作平均分布在所有区域，而不是盯着少数几个晶体管疯狂擦写。这种方式可最大限度地延长闪存的使用寿命。但是，随着使用年限的增加，各个存储单元的绝缘层都会接近磨损的极限，此时闪存内部的磨损均衡、垃圾回收、校验等操作会频繁发生，忙得不可开交。这个阶段，计算机向闪存发送读写请求时，会发现后者给予响应的速度越来越慢。

当然，到最后一个阶段，闪存中的存储单元会逐个磨损，计算机的存储器开始出现数据丢失、损坏等现象，直至整个器件报废。这里我们可以看到，越是频繁操作计算机、往闪存中写入大量数据的用户，计算机损坏的可能性越大、性能恶化也越快。以手机为例，市场一般根据用户日均使用时长分为"重度用户"和"轻度用户"，前者每天花费大量时间使用手机，后者则只用手机做一些简单操作，比如打电话、发微信等。前者平均每天写入手机闪存的数据规模高达 40GB，甚至更多，其中既包括用户主动写的数据，也包括日志文件、网络缓存数据等。后者则可能不足 10GB。重度用户会更快地逼近闪存的磨损极限，最终出现数据损坏，甚至整个机器损坏。根据每天的数据写入量、闪存容量，可以大致计算出一个闪存被用户使用多久而不损坏。**商家在定质保期限时，对闪存寿命问题做了**

充分考量，对于大部分用户，其写入量不大，闪存一般在保质期满后才会损毁。

笔记　遗传学家研究人类寿命时，发现了端粒。端粒是染色体末端的 DNA，它具有保护染色体完整性的作用。细胞分裂时，端粒就会减少一段。细胞不断地分裂，端粒就会不断地变短，当端粒无法再变短时，人类的寿命也就走到了尽头。这与闪存逐渐磨损、达到极限后彻底损毁的特征是类似的。

　　闪存像一台独立的微型计算机：闪存处于冯·诺依曼架构的外围，与内存通过 I/O 总线相连。这个总线同样包括地址总线和数据总线。当程序需要访问一个在闪存中的数据时，会将一个地址传递给闪存的接口。闪存在内部对这个地址解析，并通过 FTL（Flash Translation Layer，闪存转换层）转化为真实存在的物理地址，然后取出数据传出。请注意，在计算机的体系结构中，闪存的定位和 DRAM 完全不同。闪存更像一台独立的小型计算机。

　　如图 5.7 所示，其中有逻辑计算单元（微处理器）、缓存，以及 Flash 芯片。这个小型计算机与主体计算机通过 I/O 总线相联。之所以闪存像一个小型计算机，是因为其内部的管理相比 DRAM、SRAM 复杂得多。当主体计算机向闪存发送目标数据的地址时，后者接收到信号并利用微处理器进行解析，将该地址经过 FTL 转换成数据在 Flash 芯片中实际的位置。然后，通过控制字线、位线上的电压，将目标地址的数据压出晶体管，最终传递到内存。如果有多个访问数据的请求到达闪存，还可以在内部排队。其中，微控制器负责解析到来的地址信息并调度，称为前端；Flash 芯片和相应的电路是真正存储数据的地方，称为后端。

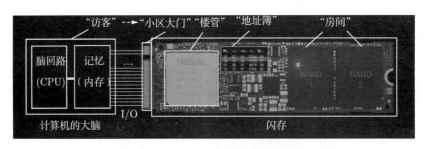

图 5.7　闪存内部结构与访问过程

　　我们可以把闪存比作一个校区，里面有物业（控制器）、地址簿（FTL）、众多房间组成的楼房（Flash 芯片）。当计算机大脑通过小区大门（I/O 接口）访问楼里某个住户（特定地址的数据）时，楼管会查询地址簿，把住户叫出来交给你。当然，楼管不仅要应付外来的访客，还要维持小区日常的打扫和秩序（闪存内部的垃圾回收、磨损均衡等机制）。

　　闪存后端就像由一个个存储单元构成的房间，众多房间构成一栋异常庞大的楼。而位于前端的控制器则是整栋楼的楼管。当有访客时，即主体计算机请求从闪存访问数据时，需要告诉楼管要找人的名字，这个名字就是主体计算机传入闪存的地址。由于这栋楼结构复杂，一栋楼很多层，每层分很多区，每个区还有多个单元，楼管实在记不住那么多人名。于是，他存了一个地址簿 —— FTL，负责虚拟地址到物理地址的转换。楼管根据访客提供的名字查地址簿，就知道要找的是哪个房间，然后把人叫出来。

　　闪存的并行化结构：闪存后端的存储单元结构复杂，因为存储器为了提供更高的读写性能，进行了诸多并行化的设计。具体地，一个闪存存储器会由多个 Chip 构成。一个 Chip 是一个封装好的闪存芯片。每个闪存芯片由若干个 Die 组成，一个 Die 又有多个 Plane，Plane 是闪存能够根据读、写、擦除等命令进行操作的最小单位。一个 Plane 就是一个存储矩阵，包含若干个块。块是闪存的最小擦除单位，一个块包含若干个页。页是闪存的最小读写单位。一个页包含若干个比特，每个比特由一个存储单元的晶体管表征状态。在闪存中，这个基本的存储单元称为 Cell。

🎙 笔记　联想、华为、小米等手机厂商向上游存储器公司下订单时，以 Die 为基本单位。一个 Die 一般 64GB。厂商可以订购 128GB、256GB 或 512GB 的闪存，如果要增加规格，甚至可以订购 512GB+64GB，即 576GB 的闪存（当然，一般不这么做）。上述规格都是可以的，但是如果想订购 513GB 的规格，就会被拒绝。供应商会回复："我们产线最小以 64GB 的 Die 为出厂单位，要增加容量可以，但要加一整个 Die"。这也很容易理解，当前产线已经固化，不会为了一个小订单而重构整个产线的，利润代价不成比例。

　　有机生物是不可以 "掉电" 的，一旦掉电，将无法重启，就意味着生物死亡 —— 这也是人类需要一日三餐不断摄取能量的原因。类似地，计算机通过电池或插在墙上的电源线维持能量，催动晶振产生心跳。但不同之处在于，这个无机生物是能接受掉电的。当再次接入电源，计算机可以重新启动，重新活过来。实现重生的功臣正是闪存。

　　服务器或手机关机后，CPU Cache 和 DRAM 中的数据都会丢失，为什么 Windows/安卓系统还能启动？这是由于操作系统相应的代码已经存储在闪存的特定位置上，当计算机再次启动时，系统会从闪存特定的位置访问数据/指令，将操作系统相关的代码指令加载进内存。归根结底，第一行执行的代码指令从哪里取，是通过事先的 "约定" 实现的。启动计算机 BIOS 自检后，计算机硬件电路基于设计之初的约定，从闪存特定地址上取第一条指令，第一条指令执行完毕后，继续顺序取下一条指令执行，或者基于具体指令内容进行跳转。"一生二，二生三，三生万物"，只要第一条指令出现，计算机的生命就有了开端，随后便可逐渐运动起来。

第一条指令又是在什么时候存在于闪存里的呢？是在安装操作系统时。这些特定位置上的操作系统镜像数据不会被用户数据占用。而操作系统本身就是一个大号的程序，即一堆指令的排列。具体过程是，操作系统代码通过编译生成二进制文件（.img），注意不是.exe、.elf 等可执行文件格式，但依然是各个指令、数据构成的二进制集合。通过将它们烧录进闪存，这些二进制就会在闪存的特定位置以相应的晶体管状态，即高电平、低电平，进行表征。

安装操作系统时，比如将一个 U 盘插到计算机上，就可以通过 BIOS 选择从哪个盘启动。如果从 U 盘启动，就会从 U 盘的特定位置执行指令，进而运行整个程序。而执行的那些指令，最终目标是把操作系统镜像进行解压，并烧写到闪存的特定位置。当拔掉 U 盘，重启计算机，再次通过 BIOS 从闪存启动时（这也是默认启动方式），电路就会从闪存上把那个刚才烧录进来的指令读进内存并逐条执行指令。

"指令即数据"，在闪存上体现得格外明显。处理器中执行的一条条指令是从内存中传入的，而内存中的这些指令，正是我们通过编程生成的可执行文件。可执行文件是二进制文件，内容就是一条条指令的二进制表示。对于闪存来说，这个文件是数据。但当双击它，文件中的二进制数据加载进内存，并进一步流入处理器的内部电路，数据根据指令格式被解析成指令，指令的流动变成行进的程序，也就是进程。

计算机的内存和 CPU Cache 处于冯·诺依曼架构的核心位置，高性能但掉电易失，类似于人脑中的记忆模块。闪存是外存，掉电非易失，是计算机持久化存储数据的外设工具，可作为内存的有力补充。

5.4 多级存储结构：既"大"且"快"

现代计算机中，CPU Cache、内存、闪存三者共存，形成分工明确的多级存储架构。如图 5.8 所示，计算机的 CPU Cache 往往又分为两至三层：L1、L2、L3 Cache。L1 Cache 又细分为 I-Cache 和 D-Cache，前者缓存指令，后者缓存数据。再往外围是内存，它在 CPU 之外，作为冯·诺依曼架构中的一个独立组件存在。更远离 CPU 的外接存储器是闪存。闪存作为一个具有存储属性的外设，与内存通过 I/O 总线相连。当处理器需要从闪存访问数据时，首先将数据传递到内存，再从内存读进 CPU。图 5.8 中，从左往右，各类存储器的读写性能依次递减,但容量依次递增。

那么,这些存储器为什么在计算机中共存,而不是只使用某一种呢? 存在即合理,它们三者一定有各自的优势,是其他存储器无法替代的。CPU Cache 的优势是速度"快",闪存的优势是容量"大",内存则处于两者之间。通过 3 种存储器的多级分层架构设计,计算机在存储数据时可以做到既"快"且"大"。而达成上述目标还需要一个隐含条件:数据的访问是有长尾特征的。也就是说,计算机中存储的数据,一定是少部分数据经常访问,而大部分数据较少访问。前者称为热数据,后者称为冷数据。这一点很容易理解,手机用户每天打开微信的次数显然比打开腾讯会议 App 的次数多。没有人会对计算机里的数据"雨露均沾"。

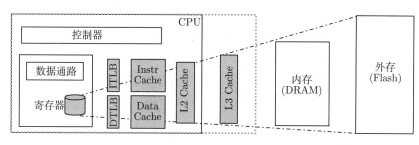

图 5.8　多级存储架构

通过数据的追踪分析,研究人员发现数据的访问往往具有局部性特征,包括时间局部性和空间局部性。

- **时间局部性**:如果某个数据被访问,那么在不久的将来它很可能被再次访问。
- **空间局部性**:如果某个数据被访问,与它地址相邻的数据可能很快也将被访问。

这表明,通过数据的局部性特征反向制定数据在不同存储器中的放置策略,具备可行性。一个简单的想法:把那些数据量小但频繁访问的数据放到 CPU Cache 或内存中,把那些数据量很大但很少访问的数据放到闪存里。如此一来,使用者基于自身的使用体验,会认为计算机不但跑得快,还能存储大量的数据,好像所有数据的访问都很快。这是多级存储结构利用数据的冷热特征而刻意制造的认知偏差。

在多级存储结构中,缓存的概念更加泛化。书中 CPU Cache 特指狭义的缓存,也就是 SRAM。但广义上来讲,任何一级存储器,都可以作为下一级存储器的缓存。CPU Cache 可以作为内存的缓存,内存可以作为闪存的缓存,闪存又可以作为网络数据的缓存。例如,手机厂商对排名第一的微信做了很多针对性的优化,会尽力将这个热点应用的数据缓存在内存中,以减少访问闪存带来的 I/O 开销。

5.5　存储新势力

5.5.1　闪存的混合存储结构

如今闪存在各个领域被广泛使用，如手机、新能源汽车、IoT 设备等。一方面，随着数据的持续增长，人们对闪存的容量需求越来越高。在市场需求的推动下，闪存从最初的每个 Cell 存 1 比特（SLC）数据增长到如今的每个 Cell 存 3 比特（TLC）或 4 比特（QLC）数据。未来，每个 Cell 甚至可以存 5 比特数据（PLC）。除此之外，闪存也从原先的 2D 平面闪存发展成如今广泛使用的 3D 堆叠式结构。这些技术大大增加了闪存的容量，当今闪存早已突破 TB 级。然而，容量的增长伴随的弊端是寿命、性能和可靠性的下降。SLC 单颗粒擦写次数在十万次以上，QLC 降到了不足 3000 次。延迟也从原先 SLC 的微秒级增长到 QLC 的百微秒级。

为了实现大容量、高性能的需求，在多级存储结构的基础上，闪存这一层进一步拆分成多种存储介质的混合架构。通过同时使用高性能闪存（SLC）和大容量闪存（TLC/QLC），可以在外存储器这一层实现更加极致的性能和容量。其中，高性能闪存姑且称为"快盘"，大容量闪存称为"慢盘"。英特尔 665P、670P 和 Crucial P1 都采用了这种快慢盘同时存在的混合结构。

混合存储旨在将异质存储设备整合成统一的逻辑存储设备，通过利用不同存储器件的特性，根据数据访问的特点及系统的负载情况，尽可能将数据请求交给最适合处理该请求的设备，从而提高整个系统的性价比、使用寿命、可靠性、容量等指标。

快慢盘之间以什么方式共存？目前主要分为两种架构：**垂直架构**和**水平架构**。

垂直架构中，快盘和慢盘处于上下级关系。如图 5.9（左）所示，虽然从计算机全局视角看，快慢盘构成统一的一块闪存，但在内部，快盘作为慢盘的缓存使用。现代计

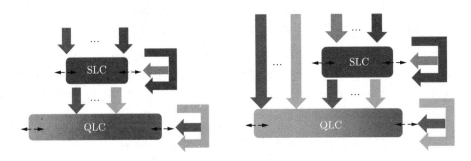

图 5.9　混合存储的垂直架构和水平架构

算机中，混合存储架构中较常见的是这种垂直架构。在消费级计算机中，如笔记本、智能手机，会把 SLC 作为闪存内部的缓存模块。所有数据都要先经过 SLC，再写入慢盘。IBM 公司曾对快慢盘的相互影响做过分析。据测算，通过合理的快盘尺寸设置和有效的利用，在低负载情况下，SLC Cache 能提升整体性能和寿命；在高负载情况下，SLC Cache 结构会降低整体性能和寿命，如图 5.10 所示。精确调整层级的大小和目标 SLC 的利用率是最大化性能和持久性的关键，并同时减轻了混合式控制器在高设备利用率下的缺点。但这种情况下，SLC 会承担较大的磨损压力。此外，如果大批量数据爆发式落盘，则 SLC Cache 会快速填满，性能优势随之消失。

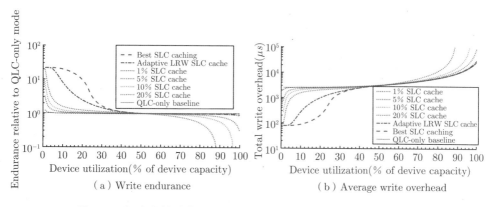

（a）Write endurance　　　（b）Average write overhead

图 5.10　混合存储结构中，快盘对存储器整体性能、寿命的影响

水平架构中，快盘和慢盘处于同等地位。如图 5.9（右）所示，一些数据存放在快盘，另一些数据则存放在慢盘，快盘不再作为缓存出现。这种情况下，并非所有数据都会经过快盘。近年来，一些厂商已经开始这一架构的研究并部署在商用计算机，但性能达不到预期，因此并未对外宣传。这其中有很多技术难点有待解决，比如，两个盘磨损不均衡问题、冷热数据的放置问题、SLC 和 TLC 的双向转换问题等。无论在产业界还是在学术界，相关研究仍在继续，相信不远的将来，这一架构将在计算机中占有一席之地。

垂直架构和水平架构的相同点在于，快盘充当性能层，尽可能地将请求定位到快设备中；慢盘作为容量层，满足低成本大容量的需求。不同点在于：①可见容量不同。水平结构中，闪存容量是快慢盘容量之和；垂直结构中，闪存容量仅为慢盘容量，快盘作为缓存对用户是不可见的。②数据备份不同。水平结构中，数据仅存在于快慢盘中的一个；垂直结构中，数据可能在快慢盘中同时存在，需要考虑数据一致性的问题，以及数据写回的开销。③保存时间不同。水平结构中，热数据往往在快盘中保存较长时间；相比之下，垂直结构中，快盘中的数据很容易被新到来的数据冲掉，难以将热数据留在快盘。④数据配置策略不同。水平结构中通常基于数据的热度放置数据；在此基础上，水平结构通常会结合缓存的类型（只读缓存或读写缓存）放置数据。⑤数据迁移处理机制不同。水平结构中，如需迁移快盘中的数据，需等迁移完毕后才能将原位置数据置为无效；而垂直结构中，快盘数据可以直接置为无效。

5.5.2　新型存储器

除 SRAM、DRAM 和闪存，一系列新型存储介质正在蓬勃发展中。其中代表性的有 PCM、FRAM、RRAM 和 MRAM。

相变存储器（PCM）：PCM 以相变材料为存储介质，利用相变材料在电流的焦耳热作用下，晶态与非晶态之间相互快速转化时呈现出导电性差异这一特性实现数据存储。PCM 是典型的非易失性存储器（NVM）技术。

如前文介绍，当前的计算机主要是利用 DRAM 与闪存两级存储器结合的方式进行数据存储。DRAM 读写速度快，但是易失性存储器，断电后数据无法保存；闪存是非易失性存储器，数据可长期保存，但读写速度较慢。为满足计算机技术发展的要求，将 DRAM 与闪存二者的优点相结合，同时，具备读写速度快、非易失性特点的新型存储器需求迫切。PCM 的出现有望满足这一需求。

PCM 是新一代存储技术，具有掉电非易失性，并且可以像 DRAM 一样字节寻址。此外，PCM 在写入更新代码之前不需要擦除以前的代码或数据，所以 PCM 读写速度比闪存有所提高，读写时间较为均衡①。PCM 读写是非破坏性的，故耐写能力远超过闪存。总之，PCM 具有非易失性、读写速度快、容量大、寿命长等优点，并且能与 CMOS 工艺兼容。比较有代表性的 PCM 是英特尔和美光合作研发的 3D XPoint。业界早在 2018 年就已经尝试将这种 NVM 架构应用在手机等终端设备，但由于诸多原因，最终没有成功。

笔记 从存储器的长远发展看，随着 PCM 等新型非易失存储技术的成熟，内存和外存的边界将逐渐模糊，直至融为一体。经典的多级存储结构有可能从三层变成两层，这将是存储技术乃至计算机体系结构的一次重大变革。

铁电存储器（FRAM）：这是一种与 DRAM 结构类似的非易失存储器，其基本存

① 实际测试中发现，其读写性能并不如官方宣称那般接近 DRAM。此外，为了使相变材料兼容 CMOS 工艺，PCM 必须采取多层结构，这导致存储密度受限，容量难以像闪存那样做上去。客观而言，PCM 前景光明，但距离完全替代 DRAM 和闪存尚有很长的路要走。

储单元也是由一个电容器和一个晶体管组成。不同之处在于，FRAM 用铁电电容器代替了介电电容器。FRAM 芯片包含一个锆钛酸铅 $[PbZr_xTi_{1-x}O_3]$ 的薄铁电薄膜。因 Ti^{4+} 的离子半径（0.061 纳米）和 Zr^{4+} 的离子半径（0.072 纳米）相似，且两种离子的化学性能相似，所以钛酸铅和锆酸铅能以任何比例形成连续固溶体，可通过改变锆和钛的比例改变其介电、铁电、压电及热释电。通过改变锆钛酸铅中 Zr/Ti 原子的极性，可以产生一个二进制开关。与 RAM 器件不同，FRAM 在电源被关闭或中断时，由于锆钛酸铅晶体保持极性而能保留其数据记忆。这种独特的性质使得 FRAM 成为一个低功耗、非易失性存储器。

FRAM 凭借诸多特性，正在成为存储器未来发展方向之一。《2022—2027 年中国 FRAM（铁电存储器）行业市场深度调研及发展前景预测报告》显示，FRAM 存储密度较低，容量有限，无法完全取代 DRAM 和闪存（这一结论还是比较客观的）。但在对容量要求不高、读写速度要求高、读写频率高、使用寿命要求长的场景中拥有发展潜力。FRAM 可应用于消费电子领域，比如智能手表、智能卡，以及物联网设备制造中；汽车领域，比如高级驾驶辅助系统（ADAS）制造；工业机器人领域，比如控制系统制造等。

阻变存储器（RRAM）：1971 年，加州大学伯克利分校的 Leon Chua 教授写了一篇题为《忆阻器 —— 下落不明的电路元件》的理论论文。文章提供了忆阻器的原始理论架构，推测电路有天然的记忆能力，即使电力中断，亦然。忆阻器在理论上存在，但在实践中并不存在。这一切都在 2008 年发生了变化，当时惠普实验室宣布已经成功用 TiO_2 制造了一个忆阻器，并且忆阻器是可用于存储模拟或数字数据的非二进制设备。这项工作以学术论文的形式发表在《自然》杂志。基于 TiO_2 的 RRAM 器件，正是那个被实现了的忆阻器。

RRAM 也称电阻式随机存取存储器，是以非导性材料的电阻在外加电场作用下，在高阻态和低阻态之间实现可逆转换为基础的非易失性存储器。RRAM 结构简单，绝缘介质层（阻变层）被夹在两层金属之间，形成由上、下电极和阻变层构成金属-介质层-金属（MIM）三层结构，行业里人们形象地将其比喻成三明治。在这种结构下，导电细丝在阻变层中呈现导通或断开两种状态：非易失性的低阻态或高阻态，从而实现 0/1 状态的区分和存储。

作为忆阻器，RRAM 在神经拟态计算领域具有天然优势，基于 RRAM 的类脑计算还能在中长期突破冯·诺依曼计算架构瓶颈，它支持多种不同的 AI 算法，具有算力高、功耗低等特点。2010 年，惠普实验室的 Williams 教授团队用忆阻器实现简单的布尔逻辑功能。2016 年，美国加州大学圣塔芭芭拉分校（UCSB）的谢源教授团队提出使用 RRAM

构建存算一体架构的深度学习神经网络 (PRIME)。相较于冯·诺依曼架构的传统方案，PRIME 可以实现功耗约降低为原来的 $\frac{1}{20}$、速度提升约 50 倍，在产业界引起广泛关注。

　　磁性存储器（MRAM）：MRAM 是一种基于隧穿磁阻效应的技术，使用隧道层的巨磁阻效应读取位单元，当该层两侧的磁性方向一致时，为低电阻；当磁性方向相反时，电阻则会变得很高。由于铁磁体的磁性不会由于断电而消失，因此 MRAM 具备非易失性，并且和 DRAM 一样可以无限次重写。亿阻器与神经网络的工作原理如图 5.11 所示。

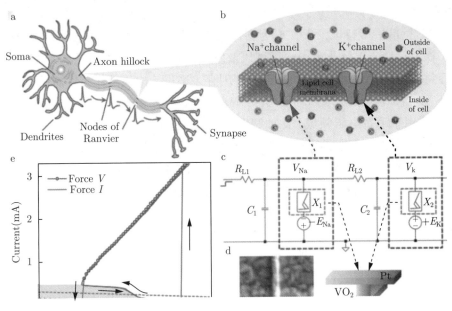

图 5.11　忆阻器与神经网络的工作原理

　　MRAM 的单元可以方便地嵌入逻辑电路芯片中，只在后端的金属化过程增加一两步需要光刻掩模板的工艺即可。再加上 MRAM 单元可以完全制作在芯片的金属层中，甚至可以实现 2~3 层单元叠放，故具备在逻辑电路上构造大规模内存阵列的潜力。MRAM 性能较好，但临界电流密度和功耗仍需进一步降低。目前，MRAM 的存储单元尺寸仍较大且不支持堆叠，工艺较为复杂，大规模制造难以保证均一性，存储容量和良率爬坡缓慢。在工艺取得进一步突破之前，MRAM 产品主要适用于对容量要求低的特殊应用领域，以及新兴的 IoT 嵌入式存储领域。

　　据 Objective Analysis 和 Coughlin Associates 发布的报告显示，新型存储器已经开始增长，预计到 2032 年市场规模将会攀升至 440 亿美元，迎来广阔的市场空间。未来，存储领域极有可能再次出现百家争鸣的局面，PCM、FRAM、RRAM、MRAM 会在各自合适的领域扎根。直至某项重大技术突破的出现，分久必合，进入下一轮存储技术的发展周期。

笔记 东汉时期，蔡伦发明造纸术，作为中国四大发明之一，纸张替代竹简，成为承载信息的主要载体。现代计算机通过存储器芯片中的晶体管，起到的同样是承载信息的作用。无论纸张还是前文介绍的各类半导体存储器，其本身是无价值的，价值在于载体上所存储的数据。这些数据可以作为人类的信息输入，使得人类可以更好地在自然环境中生存、繁衍，并形成文明。人类发展的漫长历史长河中，存储媒介一直在发展改良。而大自然已经给人类做了示范，有个存储媒介就存在于人类身体中：DNA。

1953 年，沃森和克里克发现 DNA 双螺旋结构，揭示了人类信息存储和传播（遗传）的秘密。受此启发，20 世纪 90 年代开始，研究者开始尝试利用 DNA 的工作原理实现数据存储。DNA 存储是一种以生物大分子 DNA 作为信息载体的存储技术，具有容量大、密度高、能耗低和存储时间长等优点。"人体细胞和计算机处理与存储信息的方式如此相似。计算机以"0"和"1"组成字符串存储库，而生物体以 A、T、C、G 表示的分子存储信息。我们当然可以利用 DNA 完成计算机高速运算的任务"。技术层面上看，DNA 存储已经被证明是可行的。人们一直在探索更好的存储方法，而大自然已经把最佳答案呈现在我们面前，人类自身就是答案。随着分子生物学、遗传学等有机生物领域研究的推进，无机生物的存储技术或许会越来越趋同于有机生物。

5.5.3 存算一体

在冯·诺依曼架构中，存储单元和计算单元分离，搬移数据的过程需要消耗大量时间和能量，并且由于处理器和存储器的工艺路线不同，存储器的数据访问速度难以跟上 CPU 的数据处理速度，性能已远远落后于处理器。所以，冯·诺依曼架构在数据处理速度和能效比等方面存在天然限制，这被称为"存储墙"，即前文所提的冯·诺依曼墙。

为了打破冯·诺依曼瓶颈，降低"外存-> 内存-> 计算单元"过程中数据搬移的开销，学术界和工业界尝试了多种方法。早在 1969 年，斯坦福研究所的 Kautz 等人就提出了存算一体计算机的概念。通过将存储单元和计算单元融为一体，可以有效消除数据访存带来的延迟和功耗，实现更高的算力和更高的能效比。受限于当时的芯片制造技术和算力需求的匮乏，那时存算一体仅停留在理论研究阶段，并未得到实际应用。近年来，存算一体技术再次进入主流科学家的视野，成为领域内的一个朝阳方向。

当前的存算一体技术路径中，既有使用 DRAM、SRAM、闪存等传统存储器的方案，也有使用 PCM、RRAM、MRAM 等新型存储器的方案。前者由于存储器制造工艺和逻辑计算单元的制造工艺不同，难以实现良好的融合，目前只能实现近存计算，仍存在存储墙问题，甚至因为互连问题可能还会带来性能损失。并且，因为 SRAM 和 DRAM 是易失性存储器，所以需要持续供电来保存数据，仍存在功耗和可靠性的问题。

新型存储器的出现带动了存算一体技术的发展。例如，RRAM 使用等效器件电阻调制实现数据存储。可以利用欧姆定律和基尔霍夫定律在阵列内完成矩阵乘法运算，而无须向芯片内移入和移出权重。存储器加载的电压等于电阻和电流的乘积，相当于每个单元可以实现一个乘法运算，再汇总相加便可以实现矩阵乘法，所以新型存储器天然具备存储和计算的属性。在这种情况下，同一单元就可以完成数据存储和计算，消除了数据访存带来的延迟和功耗，是真正意义上的存算一体。

5.6　结语

第 4 章介绍的脑回路和本章的记忆模块，共同构成计算机的**大脑**。这个大脑既有高效的短期记忆 —— CPU Cache，也有效率没那么高的长期记忆 —— 内存。

5.6.1　外存与内存的区别

技术类书籍一般将闪存等外存储器与内存一起介绍，并分别命名为外存和内存，将两者统称为存储器。但从计算机架构的角度看，闪存实际上和网卡、显示器、播放器、摄像头等处于同一大类，都是基于 I/O 与内存相联的外设。在 Linux 内核源码中，上述器件（外设）统一经由 I/O 软件栈代码管理，足见其在体系结构中的地位相同。

计算机的信息存储与人类大脑的记忆存储在实现方式上存在较大差异，这不仅体现在构成各自存储器的物理材料上，还体现在数据的存储和访问方式上。在计算机内存中，每组比特都拥有一个地址，当需要读取这个数据时，计算机检索它的地址。就好像你与图书管理员说："请从 1 号书架取出最顶层，左数第三本书，然后翻到第 137 页告诉我记载了什么"。相反，人类大脑读取信息的方式是基于内容关联的，像构建了一张图谱，内容（而非地址）有关联的数据更容易被联想到一起并获得检索。生物学上称这种记忆方式为"自联想"（auto-associative）。

得益于闪存等外接存储器，计算机的程序和数据可以在关机之后保留。这也赋予了计算机复活的能力，掉电后变为"尸体"的计算机，重启后可以继续与人交互。这让我们不由地反思人类自身生命的生死。

5.6.2 3C 模型

无论哪种方式，存储的本质并没有改变，都是用来固化那些表征信息序列的物质，即数据。人类正在不断探索新的数据存储形态，并不断追求"大而快"的目标，既要能存下海量的数据，又要能快速地读写它们。日常经验告诉我们，大和快往往是相悖的，房间里的书越多，翻找起来越慢。好在，数据具有冷热之分，因此现代计算机将快存储器和大存储器合在一起，热点数据放在快存储器，冷数据放在慢存储器，制造出一种"大而快"的假象。

在多层存储结构中，高层级存储器速度更快，可作为低层级存储器的缓存，这是广义的缓存概念，不单单指 CPU Cache。内存同样可以作为闪存的 Cache。在这种架构下，我们追求的是更高的命中率，使尽可能多的被访问到的数据处于高层级存储器中。而一旦没有命中，也就是失效，就必须付出更大的时间代价去低速存储器取数据。

通过 3C 模型可以洞察存储层次结构中引起失效的原因，以及存储层次结构中的变化对失效的影响。在这种模型下，所有失效可以归纳为三类。

- **强制失效**（**C**ompulsory）：对没有在缓存中出现过的块进行第一次访问时产生的失效，也称为冷启动失效。
- **容量失效**（**C**apacity）：缓存无法包含所有数据，当某些数据被换出，随后再从容量更大的低层级存储器调回，将发生容量失效。这是最常见的一种失效方式。
- **冲突失效**（**C**onflict）：在组相联和直接映射中，很多块为了竞争同一个坑位会导致失效。冲突失效是直接映射和组相联中的失效，在全相联中不存在。

各层级存储器容量大小、采用的相联方式、设置块的大小乃至数据访问的顺序，都会影响到上述指标中的一种或多种。而上述指标往往又是相互影响的。进行计算机存储架构设计时，人们总是小心地寻找某个折中，使整体性能趋于最优。

本章关键词：内存，CPU Cache，闪存，缓存，命中率，组相联，记忆，重启，非易失，DNA，存储器寿命

第6章　人机交互

> 我来这里（虚拟世界）是为了逃避现实，但我发现了远比自己更重要的东西，我交到了许多朋友，我找到了真爱。
>
> —— 《头号玩家》

6.1　引言

在冯·诺依曼架构的五大核心组件中，I/O 占其二。所谓 I/O，即输入（Input）和输出（Output），是个体获取外部信息的管道。管道的一端连接大脑，另一端则连接能够在计算机内部信号和外部信号之间进行转换的设备，这些设备称为"外设"。

外设实现了多种多样的人机交互方式。注意，人机交互分两种情况：程序员和计算机的交互，普通用户和计算机的交互。前者是通过某些 I/O 渠道告诉计算机应该怎么做，这是类似第 3 章介绍的驯兽师的交互方式。而普通用户的交互方式更加广泛，我们刷短视频、浏览网页的过程都是交互。普通用户并不需要了解计算机的技术细节。

人的大脑通过 I/O 管道连接了多个外设：耳朵（输入设备）、眼睛（输入设备）、嘴巴（输出设备）、四肢（输出设备）等。这些 I/O 管道就是遍布全身的神经。神经由神经元构成，并通过突触在神经元之间传递电信号，通过电信号建立大脑与身体各个外设的信息连接。如果一个人的大脑依然运转，心脏依然跳动，甚至依然有思维意识，但完全丧失了与外界交互的能力，这是很痛苦的事。同样，计算机的大脑能力强大、记忆力惊人，但如果只能自娱自乐，无法与外部世界进行信息交流，那也是没有意义的。为了满足人类需求，计算机需要有渠道使人类的命令进入 CPU，同时需要有渠道向外界反馈信息。有了 I/O，人脑中的想法就可以传递到计算机的大脑，并使其按自己的意志执行任务。

CPU 和内存是冯·诺依曼架构的核心，所以人们往往有一个错觉，认为 I/O 相对不重要。但要知道，计算机形态的几次重要变革，恰恰都发生在 I/O。毕竟，如果无法和外界交互信息，计算机无论 CPU 能力多强大，都是没有意义的。人类孜孜不倦探索着如何优化 I/O 技术，以便以更好的体验与计算机打交道。I/O 管道连接不同外设的能力，很大程度上决定了人机交互^①的方式。

- **个人计算（Personal Computing）时代**，键盘和屏幕是 I/O 连接的主要外设，分别负责信息的输入和输出。最初，人们通过键盘输入一些特定规则的字符，以形成指令传入计算机，最终转换成电子状态进入 CPU 执行。执行的结果通过屏幕展示。这种交互方式非常不直观。通过第 3 章的学习我们知道，机器命令和人类自然语言的构造规则相去甚远，使用者需要记忆大量的指令，甚至需要具备计算机领域的专业知识。高昂的交互成本在计算机和普通人之间划出一道难以逾越的鸿沟。在这样的背景下，基于图形桌面的计算机应运而生。比尔·盖茨等人模仿人类在办公桌上工作的样子，在屏幕上画出了一个虚拟的桌面。桌面上包括窗口、图标、菜单、指针这四类主要的交互元素。由于计算机通过 I/O 管道连接了一个新的外设 —— 鼠标，因此人们可以通过控制指针对窗口、图标和菜单等显示元素进行点击操作，以实现交互。图形桌面技术使得人们从抽象且晦涩的计算机指令中解脱出来，显著降低了非专业人士的学习和使用成本。得益于此，计算机开始进入千家万户，比尔·盖茨"每个人有一台计算机"的理想成为现实。

- **移动计算（Mobile Computing）时代**，I/O 管道开始连接到触屏。2007 年 1 月 9 日是一个计算机行业诸神陨落的时刻，随着乔布斯在 WWDC 大会上将 iPhone 呈现在世人面前，诺基亚、摩托罗拉等一众巨头陨落，人类开始了智能手机的大时代。这是计算机 I/O 方式的一次革命，相比鼠标，触摸屏充分利用了人们触摸物理世界中物体的经验，将间接的交互操作转化为直接的交互操作。通过手指在屏幕上的滑动、点击，人们可以更轻松地向计算机传达意愿。智能手机上集成了大量传感器外设，I/O 管道连接的外设更加多样，研究者开始尝试使用相机、麦克风进行交互，人脸识别、Siri 语音等技术陆续出现。

- **空间计算（Spatial Computing）时代**，同样是 WWDC 大会，乔布斯的继任者库克向消费者再现了 "One More Thing" 时刻。随着 Apple Vision Pro 的出现，人类与计算机的交互方式再次发生变革。人们只需在现实空间有所行为，如转动眼球、在空气中滑动手指，就能将控制信息传入计算机。此外，三维交互界面进一步突破了二维交互界面的限制，将交互扩展到三维空间中。计算机的输出信息作为虚拟画面的形态浮现在物理世界，沉浸式的体验进一步提升了交互自

---

① 人机交互（Human-Computer Interaction）是一门研究系统与用户之间交互关系的学问，首次出现在 Stuart K. Card 等人撰写的著作 *The Psychology of Human-Computer Interaction* 中。

然度。基于增强现实（AR）和虚拟现实（VR）的技术并非首创，但这样一个高质量产品的出现势必引起 I/O 方式的一次重大变革。

过往经验已经多次证明，I/O 技术的创新与现代社会发展有着直接的联系，它使得人类与计算机、计算机与计算机、人类通过计算机与其他人之间信息的流通越来越顺畅。新交互技术的诞生，往往伴随着新的应用人群、新的应用领域，带来巨大的社会经济效益。2007 年，美国国家科学基金把"以人为本的计算"列为核心技术领域。工信和信息化部等 15 个部委联合印发的《"十四五"机器人产业发展规划》中，首次将计算机的人机自然交互技术列入核心技术攻关行动前沿技术。

笔记 无论与他人还是与计算机打交道，人们总是希望自己发出的信息能得到积极回应。当对方无法作出回应时，人往往会表现出沮丧、难过，或是愤怒。当计算机性能很差，总是"怠慢"你的诉求，甚至直接死机，用户会慢慢失去耐心，这和被朋友无视的心理体验很像，都会由于信息交互无法达到预期而影响人的情绪。

6.2   计算机的经脉

人类大脑中有着极其复杂的神经网络结构。这些神经网络由神经元组成，它们之间通过神经元的突触相互连接。这些连接可以在大脑中形成各种各样的模式，从而使大脑能处理信息。信息在神经元之间以电信号的形式传递，这是一个化学能转化为电能的过程。为了使大脑与外界交互信息，大脑的神经网络将这些神经脉络延伸到全身，形成一个庞大的通信网络，并最终连接到五官、四肢 —— 我们姑且称之为"外设"。当外设从外部世界感知到信息时，比如耳朵听到声音，会将声波等物理信号转换为电信号，然后经过神经系统传进大脑，由大脑中更密集、更复杂的神经网络进行处理。而从神经网络中传出来的信号，其状态已经发生了变化，这个变化的过程就是计算。这个过程和 CPU 的数据通路十分相似。

CPU 中的数据通路是经过精心设计的，所以能对输入电流作出符合预期的输出。人脑的神经网络同样经过了精心设计，准确讲是学习[①]。仍以语言交流为例，我们可以听懂汉语，但听不懂法语和西班牙语 —— 虽然能听到对方的声音，但不理解其含义。那是因为我们曾经历漫长的汉语言学习过程，而没有经过法语和西班牙语的相关训练。学

---

① 研究者从人脑神经网络中获得灵感，利用计算机构造神经网络进行学习和推理，发展出人工智能这一重要的计算机分支。

习语言是一个辛苦且痛苦的过程，脑神经在这个过程中进行结构的重组。待重构完成，我们的脑神经也就能按该语言的语法规则解析听到的声音了。这就像武侠小说中，通过《易筋经》的修炼，可以利用外界信息反向重塑自身的穴道位置和经脉结构。

电流在经过神经元时可以发生状态变化，从而完成计算过程，对输入信息做出各种各样的反应。同样，计算机 CPU 中的电路通过金属导线连接，用于处理和记忆数据，这些导线进一步从 CPU 这个"大脑"伸出来，将触角延伸到各个外设，实现计算机"大脑对外设的信息交互和控制"。《智库：四十位科学家探索人类经验的生物根源》中曾将人脑和计算机大脑进行过比较，无论在脉冲电流还是突触传递方面，大脑每秒最多可执行大约 1000 次的基本运算，相比之下，计算机要快 1000 万倍。

6.2.1　基于总线的"经脉"排布

人类大脑中存在千丝万缕的神经系统，这些神经系统经由神经元传递信息，并在传递过程中生成结果信息。随后，这些结果信息从脑回路传出，神经线路从大脑延伸到人体的各个部位[1]，脑回路中的结果信息经由这些延展的神经线路传递到目的地（见图 6.1（a）），指挥人体作出响应。同样，计算机的 CPU 数据通路对输入信息进行计算，将结果信息经由纵横交错的线路传递到各个外设部件（见图 6.1（b））。

早期，计算机采用以 CPU 为中心的分散式连接方式，各个部件通过单独的金属线互联。这种连接方式的特点是内部连接方式极其复杂。此外，当 I/O 与存储器交换信息时，需要经过 CPU 计算单元，这会导致 CPU 中止现有计算任务，严重影响性能。为了解决这个争抢 CPU 的问题，聪明的设计者提出了以存储器为中心的分散式连接结构，这就解决了 I/O 设备与主存交换信息需经过 CPU 的问题。但是，即使后来采用中断、DMA 等技术使 CPU 工作效率得到很大提高，也仍然无法解决 I/O 设备与主机之间连接的灵活性问题，即 I/O 设备的增删异常困难，这是分散式连接结构的通病。为了解决这一通病，现代计算机普遍采用**总线连接**方式。

总线是计算机各种功能部件之间传递信息的公共通信干线，它是由导线组成的传输线束。计算机架构中，总线连接更加灵活，且成本更低。它的灵活性体现在新部件可以很容易地挂载到总线上，并且部件可以在使用相同总线的计算机系统之间互换。因为一组单独的连线可被多个部件共用，所以总线的性价比高。最初设计总线时，采用单总线结构。为了不争夺 CPU 资源，I/O 和主存储器直接相连。可是，这又会出现争夺总线

---

[1] 脑是神经的起源，这一认识不仅可以从脑室受损带来的感觉和自主运动的消失的实验中得到印证，而且可以通过从解剖学实践中直接观察到的现象证明。人们可以观察到，分布全身的神经是一套从大脑发出的独立通信线路系统。

的问题。为了解决这个问题，还必须设置总线判优逻辑，让各部件按优先级高低占用总线，这也会影响计算机的整体工作效率。为了解决这个总线争夺的问题，计算机的经脉结构继续进化，形成了今天广泛采纳的以存储器为中心的"双总线"结构。

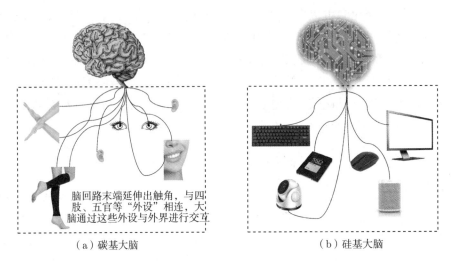

（a）碳基大脑   （b）硅基大脑

图 6.1   脑回路通过延伸至全身的线路与各类外设相联，实现与外部环境的交互（无论肉做的还是半导体做的脑回路，都遵循这种从大脑延伸出大量触角的"章鱼式"的 I/O 结构）

如图 6.2 所示，它在单总线基础上又开辟出一条 CPU 与主存之间的总线，一般称为北桥总线。这组总线速度高，只供内存与 CPU 之间传输信息。这样既提高了传输效率，又减轻了系统总线的负担，还保留了 I/O 设备与存储器交换信息时不经过 CPU 的特点。原来那条连接内存和外设的 I/O 总线，称为南桥总线。北桥总线连接 CPU 和内存，性能远高于南桥总线。例如，数据从主存加载进 CPU 的延迟为十纳秒级，而数据从闪存经 I/O 总线进内存需要百微秒级，甚至毫秒级。

📝 笔记 计算机大脑坐北朝南，正合古代中国"坐北朝南为尊，坐南朝北称臣"的风水方位，正如天安门，坐北朝南。这也暗合 CPU 和内存在计算机中的中枢首脑地位。

总线实际上由许多传输线或通路组成，每条线上保持的电平高低即所传输的信号，每条线可一位一位地传输二进制代码。一串二进制代码可以在一段时间内逐一传输完成。若干条传输线可以同时传输若干位二进制代码，齐头并进。总线在任一时刻只允许一个外设发送信息，但多个部件可以同时从总线上接收相同的信息。总线中的电路线根据其上传输信号的意义分为地址总线、数据总线、控制总线。

- **地址总线**是用于传输地址信息的导线,通常用于指示内存位置或输入/输出（I/O）设备的位置。传输地址时,CPU 会将地址信息送到总线上,然后被所有设备捕捉并响应。
- **数据总线**是用于传输数据信息的导线,用于在设备之间传递数据信号。传输数据信息时,CPU 会将数据信息送到总线上,然后所有设备都会捕捉和响应。
- **控制总线**是用于传输控制信号的导线,通常用于向不同的设备发送控制信息。传输控制信号时,CPU 会将控制信号送到总线上,然后所有设备都会捕捉和响应。

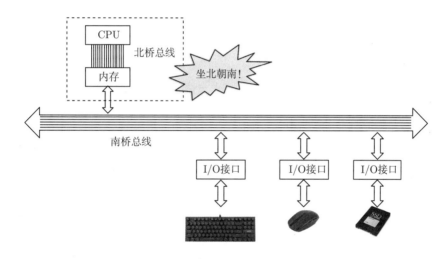

图 6.2 现代计算机的总线架构

　　各个外设连接在总线上,根据控制总线和地址总线上的信号构成的含义,各个外设知道需要做什么操作。比如控制总线上的信号要求内存读,则内存接收这一信号后,根据地址总线上的信号,将对应的外存储器地址上的数据发送到数据总线上,最终经总线传进内存。

　　当一个设备想使用另一个设备的资源或传输数据信息时,它会向总线发送请求信号。如果总线空闲,就会接收设备的请求,并将请求转发给另一个设备。当另一个设备响应请求并传输数据时,总线会将传输的数据返回给请求设备。总线的工作主要分为如下几个阶段。

- **初始化阶段**:计算机开机时,总线会自行初始化,识别不同的设备并分配地址。
- **传输阶段**:设备通过总线进行数据和控制信号的传输。CPU 会向总线上发送特定的命令,控制其他设备执行指定的操作。

- **响应阶段**：当设备接收到总线发出的指令时，它会响应请求并将数据传回请求设备。

总线可以将多个外设连接在一起，实现设备之间的数据传输和资源共享。总线是计算机系统中的关键技术之一，可以提高计算机系统的效率和可靠性。基于总线这条公共经脉，计算机可以灵活进行外设的增删。有机生物只有特定的感应部件，但无机生物却可以弹性地增加外设，不断叠加自身能力。

6.2.2   "看得见"且"摸得着"

计算机的经脉是现实存在的金属线，看得见，摸得着。想象一个场景：你打算组装一台电脑，于是从网上买来主板、内存条、闪存盘（SSD）、显示器、鼠标、键盘、摄像头。一般地，CPU 嵌在主板上，所以不用单独购买。东西拿到以后需要怎么做呢？先把内存条插进内存槽，闪存、显示器等外设插入对应的接口上。随后，将主板的电源线接上电，按主板上的开关键，接通电源。如果一切顺利，会发现主板上的散热风扇开始转动、一些指示灯亮起，计算机成功运转了。请思考一下，那些外设是如何与内存通信的，内存条又是如何与主板上的 CPU 通信呢？答案就在主板上，设计者在主板上已经预先刻下了众多电路线。其中，一些线路连接 CPU 和内存槽，只要将内存条插入卡槽，CPU 和内存之间就能通过这些金属线传输。此外，主板上还有些金属线一头连着内存槽，一头连接各个外设的接口，如 USB 接口、PCIe 接口、Type-C 接口、网线接口等。这些接口连接了外设，也是通过这些金属线与内存实现数据传输。这些刻在主板上的金属线就是遍布计算机全身的经脉，主板则是身体的骨架。最终，经过这些经脉，计算机的大脑（CPU+ 主存）与各类 I/O 外设相联。

6.3   计算机的"五官"

各类外设是计算机与外界打交道的"五官"，这些外设的一个主要作用就是实现外界物理信号与计算机内部数字信号的转换。自然界中的光线、声音、压力、温度等都是连续变化的物理量，称为模拟量。计算机内部世界的一个显著特征是：信息是离散的，而非连续的，只有 0/1 两个状态。现代数学的一个重要分支《离散数学》，研究的正是离散数字的表示结构和计算方法。

如果要用计算机的数字技术处理这些模拟信号，则往往需要一种能在模拟信号与数字信号之间起转换作用的设备，这些设备中配有专门的电路 —— 模数转换器或数模转换器，能在数字信号和特定物理信号之间进行转换。具体地，能将模拟信号转换成数字信号的电路称为模数转换器（简称 A/D）；反之，能把数字信号转换为模拟信号的电路称为数模转换器（简称 D/A）。例如，摄像头的功能是将光波转化成 0/1 信号，达到感光的效果；扬声器的功能是将 0/1 信号转换成声波发射出来，达到播放声音的效果。下面以手机拍照为例，看一下现实世界信息经 I/O 在计算机内流动的全过程。

6.3.1 手机拍照的 I/O 流程

用户使用手机拍照时，拍下的照片会经过滤镜美颜呈现在屏幕上，同时这张照片作为文件存放在手机相册中，可供日后查看。

相机拍摄物体的大致过程为：物体反射或照射的光线以光波形式在空气中传播，经过摄像头到达图像传感器，图像传感器把光信号转换为电信号，然后模数转换器件把电荷信号转换成数字信号。图像传感器主要分两种：电荷耦合器件（CCD）和互补金属氧化物半导体（CMOS）。CCD 传感器成像质量好，图像明锐通透，细节丰富，色彩还原度好，但是成本较高，耗电功率高。CMOS 传感器成像质量稍差，但耗电功率较低，成本也比 DDC 低。当今手机中主要还是采用 CMOS 传感器。CMOS 传感器中集成了模数转换器，CCD 传感器没有集成模数转换器。图像传感器是相机的主要组件之一，对成像质量影响很大。

处理器将摄像头传输过来的信号进行运算处理，最终得出经过线性纠正、噪点去除、坏点修补、颜色插值、白平衡校正、曝光校正、美颜修复等处理后的结果。至于是如何处理的，那就涉及具体的程序算法，最终通过一句一句的指令对输入的数据进行处理。美颜也有很多种效果，不同效果就是我们选择了不同的程序算法，指令会引导拍摄下来的数字信号在处理器中经过不一样的处理、输出不一样的处理效果。数字信号经过处理后传输到闪存中，以图片格式存储下来。

另外，数字信号发送给屏幕，在屏幕上显示结果。屏幕的作用和摄像头刚好相反，它可以将数字信号再转换成光信号。屏幕是由许多像素点组成的。每个像素点都包含了红、绿、蓝 3 种颜色的光源，不同的亮度和颜色混合，可以呈现出各种各样的图像。当处理器发送图像的数字信号到显示芯片，显示芯片将信号转换成显示器可以识别的信号，然后显示器将信号转换成图像呈现给用户。显示器的工作原理可以分为两部分：像素点的亮度调节和像素点的颜色混合。像素点的亮度调节是通过控制像素点的亮度呈现不同的图像，而像素点的颜色混合则是通过混合红、绿、蓝 3 种颜色的光源呈现不同的颜色。

显示芯片的工作原理可以分为两部分：信号转换和信号放大。信号转换是将处理器发送的图像信号转换成显示器可以识别的信号，而信号放大则是将信号放大到适合显示器的电压范围内，以确保图像能正常显示。显示效果主要受显示器的分辨率、色彩表现、对比度等因素的影响。分辨率越高，图像越清晰；色彩表现越好，颜色越真实；对比度越高，图像越清晰明亮。

通过摄像头这个外设，计算机就像人类一样拥有了视觉。当然，实际的工作机制比上文所述要复杂得多。其实，早在 20 个世纪末，Hans Moravec 就针对人和计算机的视觉信息处理过程做过类比：视网膜宽约 2cm，厚约 0.5mm。他发现，人类视网膜在将处理结果经视神经传输到大脑之前，在人眼球后部会进行的某种低级图像处理任务，虽然处理能力很小，但却减轻了大脑的压力，使得大脑可以腾出更多的资源做其他事情。得益于这样的灵感，现代计算机的相机中也有类似的硬件，独立于 CPU，可以对图像进行一些低级的预处理工作，这个硬件称为 DSP。

📝 笔记 离散不仅发生在计算机世界，也发生在现实世界。严格来讲，宇宙是不连续的，人类也是不连续的。我们都是由原子组成的，原子是一个一个的点。所以，实质上我们是一个个点组成的，而这个点大部分地方是空的。所以，我们按理来说看上去应该是半透明的。之所以看上去不透明，是因为原子太小而密度太高了。人的眼睛也是由原子构成的集合体，它的分辨率不可能超越它的基本单元。所以，即使现实世界看上去是连续的，但实际上也是离散的。宇宙万物都是由原子组成的，所以整个宇宙实际上都是离散的。这个断片化特别符合计算机系统的特征。

从微观世界看，宇宙中的任何物质都是一样的，都由原子、夸克等更小的粒子组成，只不过不同数量的分子和其他原子排列组成的物质是不同的。如果站在微观世界的角度看问题，那么世界上的一切都是一样的。

如果人体都是原子组成的，空气也是由原子组成的，为什么会有边界呢？比如，人的皮肤不会和空气中的原子融合在一起，而是泾渭分明。这是因为我们虽然由原子组成，但是原子组成了分子，空气分子和人肉体的分子是不一样的，当原子变成分子的时候，它就有了化学属性，化学属性决定了水和酒精是相溶的，人和空气是不相溶的。那么，分子具备的这些化学、物理属性是什么东西呢？其实就是信息！通过基本单位的排列组合，可以传达出各种各样的信息。信息的本质是差异化。不能只有原子，若只有原子，则大家都一样。但原子通过原子组成更大的结构，比如分子，那就会出现差异化，会变得不同，也就产生了信息。所以我们知道这个是水，那个是飞机……

《西游记》中，唐僧无法识别真假美猴王，因为他找不到两者的差异化信息。唐僧知道眼前的是猴子，不是猪八戒，因为猴子和猪八戒之间存在差异性。但是，他从这两个猴子身上没有获取到差异性，也就无法获取信息了。如来可以分辨，一定是他的"分辨率"更高，在某些更微观的层面发现了差异性，从而基于这个差异性获取了"谁真谁假"这一信息。

6.3.2　I/O 设备

输入设备： 计算机的输入设备分为两类，一类用于获取来自"外界环境"的信息；另一类则专注于获取"人"的信息。外界环境中有大量信息可作为计算机的输入，如光线、温度、地理位置等，相机等各类传感器具备相应的功能。除了外界环境，更重要的是获取人的信息，这是人机交互的关键。为了获取人类指令信息，需要先将自己大脑中的意志传递出来。首先，可以通过四肢将控制信息传递出来，鼠标、键盘、触摸屏、游戏手柄就是这样的外设，它们获取人类的肢体行为：滑动、敲击、按压等，进而将肢体的控制信号转换成内部数字信号。注意，这里输入计算机的是实实在在的数据，它们会进入CPU 被处理，或在存储器的晶体管中以电位形式保存下来。此外，还可以通过捕获人的语言、面部、指纹，甚至视网膜信息进行交互。

在人机交互的整个信息传播链中，大脑意志需要首先通过某个部件传出体外，再由计算机某项外设捕获并解析。这个意志最初在人脑形成。后续只是以不同形态在不同介质上传递，最终传到计算机的大脑，令其执行人的意志。那么，如果能直接从大脑获取信息岂不更好？只要脑子里有想法，不需要表达出来，计算机就能按人的意志执行。这颇有点念力的科幻感，但理论上具备可行性，只需要计算机替代人体多做一项工作：解析人脑中的电信号。

米格尔·尼克勒斯和他在杜克大学的同事将传感器植入猴子的大脑中，使猴子仅通过思考就能控制一台机器人。如图 6.3 所示，实验的第一个阶段是教猴子利用操纵杆控制屏幕上的光标。科学家收集了大脑传感器的脑电图信号格式，随后控制光标使其对正确的格式（而不是机械地操纵机械杆）产生反应。猴子们很快认识到操纵杆不再管用，它们能通过思考来控制这些光标。这个系统挂接到了机器人中，猴子能够学习仅通过思考来控制机器人的活动。通过对机器人活动的视觉反馈，猴子可以完善它们控制机器人的思想。

当然，这个技术是极其复杂的，比如，我们脑子里有一个想法："抬手"。这个想法可能有两个结果：要么真的把手抬起来了；要么我们只是想了想，手没动。不妨思考一下，这两者在脑电波中的差别在哪里？这种直接通过脑电波与计算机交互的技术称为**脑机接口**。具体地，脑机接口指在人或动物大脑与外部设备之间创建的直接连接，实现脑与设备的信息交换。脑机接口是一种在脑与外部设备之间建立直接的通信渠道。其信号来自中枢神经系统，传播中不依赖于外周的神经与肌肉系统。这一概念其实早已有之，但直到 20 世纪 90 年代以后，才开始有阶段性成果出现。特斯拉创始人埃隆·马斯克专门成立的 Neuralink 公司，就是针对脑机接口商业化的探索。

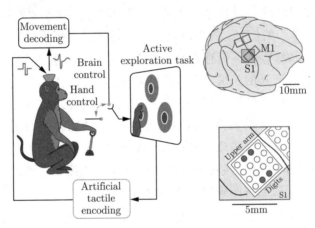

图 6.3　脑机接口实验，图片来自《自然》杂志 2011 年刊登的学术论文

输出设备：计算机的信息输出方式多样，这些信息分为两类，一类将作为人类的输入，用于人机交互；另一类则用来控制外设改变外界环境。

对于前者，人类从外界获取信息的主要途径是视觉，其次是听觉。因此，计算机最常见的输出设备是显示器和麦克风。前者显示画面，后者播放声音。而显示器播放的视觉内容又颇有讲究。越是接近人类原始能力的信息方式，其信息解析速度越快，性能开销越低，我们越觉得轻松。比如，图像画面是先天就能看懂的信息，而文字是后天创造和学习的产物，同样是视觉，显然看图像比看文字要轻松。研究表明，大脑处理视觉内容的速度比处理文字内容的速度快 6 万倍。前文中已经提到，I/O 的优化目标是提升人机交互体验，视觉输出设备会尽量用可视化界面替代文字编码、用高清画面替代模糊画面、用三维画面（虚拟增强现实技术）替代二维画面，这是大势所趋。

对于后者，则是计算机直接控制外设对外界环境产生影响。比如，自动驾驶汽车就是一个典型的计算机形态，处理器输出的信号并不直接传递给人类，而是通过控制方向盘、油门、刹车等外设实现移动；另外，工厂里有大量机械臂，它们也是计算机的输出设备，计算机大脑控制这些外设完成重物的搬移。随着能源、材料、人工智能等技术的突破，未来出现像钢铁侠一样的计算机输出设备形态并非没有可能。通过各种外设，计算机可以代替人类完成一些本该由人类执行的，抑或是人类无法做到的任务。

6.3.3　下一代 I/O：谷歌的自我革命

工业界和学术界普遍认识到，人工智能将在下一代人机交互中扮演至关重要的角色。回顾历史，人工智能发展中的两次低潮，都伴随着人机交互的高速发展。这一时期出现了包括 WIMP 范式、图形用户界面（GUI）在内的很多人机交互的基础理论与实践成果。然而，人机交互与人工智能并非此消彼长。人机交互是人工智能的一个研究途径，在人工智能发展遇到瓶颈之时人机交互往往能提供新的研究思路。而人工智能则给人机交互带来突破，驱动人机交互的发展，并把人机交互提升到一个新的发展空间。

人类对人机交互体验无止境的追求正在倒逼 AI 发展。谷歌等搜索引擎公司站在数据的最前沿，深知其中的利害。基于 PageRank 页面排序算法，以及各种推荐算法，搜索引擎可以根据用户输入的信息，找到最相关的一些网页并输出。可是，人们还是需要查看网页，自己动手筛选出有效信息。搜索结果杂乱无章、广告内容鱼龙混杂、无法准确捕捉用户真实搜索需求几乎是目前所有搜索引擎的通病。研究人员开始思考，如果告诉计算机一句话，对方就能直接告诉我们结论，而不是一堆需要用户二次筛选的网页，如此岂不更好？显然，这一场景会颠覆传统搜索引擎的地位。正因如此，谷歌等搜索引擎公司大力发展人工智能技术，实现技术的自我革命，而非被革命。Google 推出 AlphaGo，掀起新一轮 AI 热潮；在 2023 谷歌年 I/O 大会上（见图 6.4），谷歌宣布了 100 件事，其中 143 次提到 AI，足见其技术投入的决心。

图 6.4　谷歌 I/O 大会

　　另一方面，从商业回报角度看，传统搜索引擎对 AI 是有排斥属性的。人工智能的发展会威胁到搜索引擎的业务。搜索引擎的广告业务迄今为止是谷歌、百度等科技公司的主要收入来源。路径依赖会给公司创新制造巨大障碍。数字广告在 2021 年占谷歌母公司 Alphabet 总收入的比重高达 80%，之后略有下降，但仍在 75% 以上；百度的竞价排名机制甚至一定程度损害了公司声誉。足见上述公司对搜索引擎业务的依赖。

　　知易行难，能否舍弃既得利益，冒着巨大风险和代价自我革新，不仅是历代王朝治乱兴衰的关键，亦是对谷歌等大厂掌舵人的考验。

6.4　无机生物之间的交流

　　除了与人交互，计算机和计算机之间也可以交流。这一需求催生出计算机科学的另一个重要分支：**网络**。

6.4.1　从一条微信语音谈起

　　我们知道，计算机有各式各样的外设，它们根据自身能力属性的不同，赋予计算机各式各样的能力。比如，闪存具有长久保存电子状态的能力，内存中的数据可以通过 I/O 将数据固化在闪存这个外设①。再如，显示器能将内存中的高低电平状态转换成屏幕上不同颜色组合的像素点，将二进制信息转换成屏幕上可视化的图片、视频。这里再介绍一个外设 —— 手机 SIM 卡。

　　手机是目前人们生活必备的计算机设备，使用一部新手机之前，都需要先从运营商那里买一张电话卡。有了这张电话卡，手机就能够打电话、上网。这张电话卡，也就是通常讲的 SIM 卡，它和闪存、显示器一样，都是计算机外设。只不过它的能力有所不同：SIM 卡能够将内存中的二进制数据以电磁波的形式发送出去。早在中学物理课本中就有介绍，变化的磁场将感应变化的电场，反之亦然。两者相互关联，这些变化的场形成电磁波，电磁波与机械波的不同之处在于，前者不需要介质即可传播。电磁波的波段处于人类视网膜识别范围外，无色无味无触感，因此它的传播不会对人的日常生活产生影响。此外，电磁波的传播距离远超声波、水波等机械波。基于上述特性，电磁波天然适合远程通信。

　　当你在上海向家住北京的好友小明发送一条微信语音，对方很快就能从手机里听到你的声音，整个过程如图 6.5 所示。

---

　　① 闪存的机制在第 5 章介绍，虽然其功能是存储数据，但从宏观架构看，闪存属于外设。

发送端： ①你大脑中产生一个想法："给小明发送一条语音"。当然，这个想法可能是由于其他的外部刺激导致的。②大脑开始思考，组织语言，并将组织好的语言以电信号形式从大脑皮层传递到嘴巴。③嘴巴基于特定的口型振动，发出声音。④你的声音会通过声波传入手机的麦克风，麦克风对声波的振荡频率、幅度进行解析，通过模数转换电路将声音信息转换成二进制表示的数字信息。⑤由声音转换成的这段二进制经由 I/O 送入内存。⑥内存中，这段数据将基于特定的程序逻辑进行处理和解析，正如第 4 章介绍的那样，这些数据以及程序指令会逐条进入 CPU 的数据通路，并且计算结果返回内存。这些用于处理语音数据的指令来自微信的源代码。⑦基于微信源码编译而来的指令，这些语音数据被发送给 SIM 卡。⑧SIM 卡中有一个专门的缓冲区，也是由一堆晶体管构成，可以暂存内存发来的二进制。⑨随后，SIM 卡对这些缓存的二进制进行一些打包处理，然后将打包后的二进制转换成电磁波，并发送出去。

传播管道： ⑩发出去的电磁波以广播的形式四散开。这段电磁波无法直接从上海传到北京，距离太远。我们知道，电磁波的传递可以不需要空气，但需要能量。所以，电磁波传播距离越远，能量消耗越大，就像石头丢入水里一样，波纹会越来越小，直至消失。为了解决这个问题，人类古老的智慧烽火台 —— 再次被借鉴①。⑪在你的手机周围，运营商会建一些烽火台。当电磁波从你的手机发出时，周围的烽火台会感应到这个信号，周围的烽火台形成一个新的电磁波继续向外传播。这些烽火台是电磁波的能量加油站。⑫最终，这段电磁波被发送到北京，小明身边的烽火台再次发出电磁波，将信息传入小明的手机。至于烽火台为什么能准确找到小明，无论他在北京还是广州，那得益于 IP 等网络协议的设计，细节暂且不管，而那个烽火台有一个现代的名字，叫作"基站"。

接收端： ⑬小明的手机接收到电磁波，准确讲是手机中的 SIM 卡接收到电磁波，就会将电磁波转换成二进制数字信号。在第⑨步，电话卡可以将二进制以电磁波形式发出去，第⑬步 SIM 卡可以将电磁波再次转换成二进制。⑭电磁波转换而来的数字信号通过 I/O 进入内存，并最终通过 Load 指令加载进 CPU 处理。⑮处理之后的结果经由内存、I/O 传递到扬声器，把二进制信号再次转换成声波，传入小明的耳朵。⑯小明的耳朵将声波转换为神经系统上的电信号，传入大脑解析。⑰小明理解了你的意思，并作出反应。最终效果是，你大脑中的想法传递到了小明的脑子里。

通过上述介绍，相信大家对计算机的网络传输有了一个大致的印象。除了 SIM 卡这个外设，我们的手机还可以通过 WiFi 上网，笔记本还可以基于网线上网。这些外设都

---

① 古时用于点燃烟火传递重要消息的高台，是古代重要军事防御设施，是为防止敌人入侵而建的，遇有敌情发生，则白天施烟，夜间点火，台台相连，传递消息。是最古老但行之有效的消息传递方式。典故"烽火戏诸侯"即源于此。

有相似的功能，即实现计算机与计算机之间的信息传递。信息在计算机之间传播多远，就能在人与人之间传播多远。最终，全世界的计算机连接在一起，形成一个所有信息互通的整体，信息管道就像蜘蛛网一样纵横交错。人们称之为互联网（Internet）。

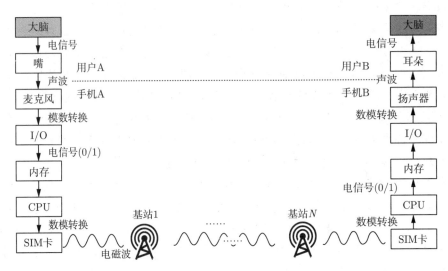

图 6.5　微信语音的信息传递路径

6.4.2　网络协议分层结构

为了实现计算机之间的通信，需要做一些准备工作。首先，需要有物理的手段将两台计算机连接起来，它们之间可以是一根物理连线，比如网线的两头各连一台计算机，也可以是前文所述的电磁波形式。总之，无论哪种介质，首先需要在物理上实现两台计算机的通路。一些设计人员专注于解决这个物理通路的建设问题，包括电磁波采用哪种波段、基站如何分布等。计算机网络中，针对这些问题的研究专门抽象成一层，称为**物理层**。

0/1 信号以电磁波等形式在构建的通路上传播，这是完全基于物理的传播过程。但是，0/1 信号毕竟没有任何的现实意义，所以我们用另一层规定不同 0/1 组合的意义是什么。

于是两台计算机的主人开始商量："以后啊，你按照特定的组合规则发给我，比如 32 个 0/1 为一组。我收到信号后，也按照同样的方式解析。"达成约定，两台计算机在通路上传输的物理信号便有了意义，基于事先的约定，彼此都能读懂对方发来的信号。

如果全世界所有人都遵循同样的约定，并且把这个约定以文字的形式固化下来，也就成了"协议"。最终，两台计算机通信的约定发展成为面向全球计算机的共同约定："以太网协议"。计算机网络中，针对传输信号的 0/1 组合方法的研究抽象成单独一层，称为**数据链路层**。

笔记 两人之间的"约定"、编程语言的"语法"、较大范围内被采纳的"协议"、全球公认的"标准"，这些表述的含义是一样的，都是一套"你按某某方式输出信息，我同样按某某方式解析信息"的共识。

通过物理层和数据链路层的研究，就可以实现两台计算机之间的沟通了。可是，计算机 A 不仅仅只和计算机 B 通信，它还要和 C、D、E 等诸多计算机通信，形成一张网络。那么，A 的数据是发送给哪台计算机呢？在刚才的例子中，你给远在北京的小明发语音，信息能准确飘进小明的手机，而不是其他人那里。为了回答这个问题，人们开始思考：发出去的信号除了包含数据，最好再包含一个地址，用来表示这个数据应该发给哪台计算机。我们通常用到的 IP 地址，就是来干这件事的。它是数据之外的一串额外信息，可以是 32 位（IPv4 协议），也可以是 128 位（IPv6）。这是一串虚拟地址，只要一台计算机接入网络，就会被分配一个 IP 地址。由于涉及网中网（局域网），导致 IP 的分配和解析比较复杂，相继出现了 MAC 地址、子网掩码、DNS 等概念。这些旨在回答"数据应该传向何方"的研究自成一层，称为**网络层**。

好了，到此为止，计算机的数据已经可以精准传递到目标计算机了。在刚才发送语音的例子中，小明可能正在用手机打游戏。此时微信会弹出消息，提示你发来了语音。那么问题来了，小明的手机是如何知道应该用微信获取你的语音信息，而不是小明正在玩的游戏应用？所以，虽然网络层可以帮助你找到目标计算机，但还需要有办法告诉对方"需要用哪个程序接收这个数据"，于是产生了 TCP/UDP。如果学习过网络编程，就会知道往某台计算机发送网络包的时候，除了指定对方的 IP 地址，还需要在后面追加端口号。在对方计算机上，那个端口号会和特定的程序绑定，只要传输到该端口，就会由绑定的程序接收和解析。是的，TCP/UDP 的主要功能就是为了实现"端口到端口"的通信。计算机上运行的不同程序会分配不同的端口，所以才能使得数据能够正确传送给不同的应用程序。如果说 IP 是为了让网络包找到目标计算机，TCP/UDP 则是为了进一步找到计算机上的目标程序。针对这一层级的研究称为**传输层**。

接下来，应用程序就可以把接收到的比特位按特定组合拆解成一段段的二进制了。可是，同样的一段二进制，基于不同规则能解析出的内容也是不同的。"一千人眼里有一千个哈姆雷特"，如果由浏览器解析，得到的是网页信息；如果由微信解析，得到的是一段语音；如果由 Office Word 解析，得到的可能是一段乱码文字。所以，不同应用应该遵循某些特定的协议，用来对二进制串进行针对性的解析，比如浏览器应用遵循的 HTTP、文件传输遵循的 FTP 等。通过这些协议的研究，不同应用可以将二进制解析成不同的信息呈现给用户，经过这一层的解析后，网络数据才可以输出给用户。这一层称为**应用层**。

至此，网络协议的经典五层结构呼之欲出，自下而上分别是：*物理层、数据链路层、网络层、传输层、应用层*，如图 6.6 所示。网络协议分层是模块化思想的又一具体体现，得益于层次化结构，研究人员只需专注于某一层的具体问题，无须关心其他层的实现细节。

图 6.6   网络五层架构

6.4.3   海底光缆与星链计划

海底的巨蟒：现在请把格局再打开一些，如果你的微信语音需要跨越太平洋，发送给洛杉矶的朋友呢？三大运营商的网络通过基站发出，是无线的。通过基站的接力，可以实现信息的远距离传输。可是跨越太平洋还是很困难的，总不能在偌大的太平洋布满基站吧。这就不得不介绍连接世界的网络大动脉：海底光缆。须知，全球互联并非"无线"的，通信的基础是通过海底深处的光缆。光缆是一种光纤维材质的管道，它们被包在绝缘体材料中间，铺设在海底，为国与国、洲与洲之间的网络通信提供保障。基站接收到的无线信号会通过光缆在海底传输，最终发送到大洋彼岸，信号上岸后再通过基站传递到对方手机。

海底电缆主要用于通信业务，费用昂贵，但保密程度高。海底光缆承载了全球 90% 以上的国际语音和数据传输，没有它，互联网只是一个局域网。当然，尽管光纤速度快、带宽足，但由于衰耗，它不能无限制地进行信号传输。为了实现超长距离传输，会在中间加中继器，也就是信号放大器。海底光缆系统在两端的陆地上配置了远供电源设备，它通过海底光缆的远供导体向海底中继器供电。这个供电采用的是高电压、低电流的直流供电，供电电流为 1A 左右，供电电压高达几千伏。

全球约有 380 条海底光缆，总长度超过 120 万千米，相当于绕赤道 30 圈。除了南极洲，海底光缆将地球上的所有大陆板块连在一起。海底光缆跨太平洋、大西洋将中美、美欧联系在一起，波罗的海、地中海、北海、霍尔木兹海峡、阿曼湾、中国南海等水域都被铺设了光缆，中国政府也在积极推进连接东南亚-中东-西欧的光缆建设。海底光缆是全球通信沟通的桥梁，使"天涯若比邻"成为现实。不难想象，海底光缆损毁，将对全球互联网产生重大影响。海底光缆经过了严密的铠装保护，越是海水较浅处防护越强，排除地缘政治、军事行为等非技术因素，光缆一般数十年不会损坏。

空中的雄鹰：除了海底光缆，远在太空的卫星同样可以承接信息交互任务。一台计算机可以直接连接太空中的通信卫星并向其发送数据，卫星接收以后再将信息发送给目标计算机，整个过程简单粗暴。从技术角度看，卫星通信与蜂窝网络通信的核心在于，前者无需地面基站和电信网络连接，而是直接利用卫星中的转发器作为中继站，将负责接收和转发的无线电信号放大，从而实现终端计算机与卫星的通信。

手机连接卫星并不是一项最新突破的技术，早在 20 世纪 80 年代时已经有比较大型的终端机可以与卫星进行通信。不过，当时尚存在一些技术瓶颈，限制了这项技术进入大众消费者的视野。比如：室内通信易受干扰，功能相对单一且经济成本高昂。但随着通信技术的不断发展，尤其是卫星和芯片技术的突破，情况有了很大改观。技术方面，卫星有了更高的天线功率，这使得卫星可以连接更多的地面设备，拥有更高的带宽，且与地面天线连接的成本更低。需求方面，计算机的形态发生了变化，从移动手机到智能汽车，移动性越来越强，基站主要建在人口稠密的地区，很多偏远地方难以覆盖，卫星恰恰弥补了这一空白。在这一背景下，美国太空探索技术公司 SpaceX 提出了星链项目，计划在近地轨道[①]上部署 42000 颗卫星，为全球尤其是偏远地区提供低成本的互联网覆盖（见图 6.7）。

SpaceX 的近地卫星主要部署在距离地面 550km 的近地轨道和距离地面 345km 的超近地轨道上。每颗星链卫星重大约 260kg，主要部件包括激光通信设备、太阳能电池板、离子推进器，以及四个相控阵天线。卫星利用离子推进器维持 30000km/h 的速度，也就是第一宇宙速度，以抵消近地太空的微弱阻力（作用力大小在十毫牛到百毫牛之间），

---

① 一般认为距离地面 2000km 以下的地球轨道为近地轨道，空间站、通信卫星常运行在近地轨道。

保证卫星持续围绕地球旋转。此外，利用离子推进器实现一定的机动性，躲避太空垃圾，并在寿命终结后推回大气层自毁。

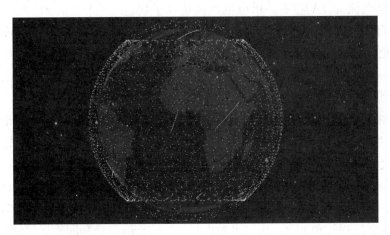

图 6.7　星链实时分布（可通过 https://satellitemap.space/ 查看实时卫星状态）

马斯克和美国的运营商 T-Mobile 的 CEO 迈克·西弗特共同宣布，手机将可以直接链入星链。星链卫星将使用 T-Mobile 中频段 PCS 频谱的一部分，T-Mobile 在全国范围内拥有该频谱，并与之相连。为了在蜂窝频谱中与手机通信，卫星将配备大型相控阵天线，约 $25m^2$ 大小。这些天线将补充卫星上的 Ku 和 Ka 波段天线。"这种合作关系是关于想象一个未来，如果你能清晰地看到天空，就可以通过手机连接"。

客观来讲，卫星通信在可预见的未来难以替代海底光缆，因为卫星的数据传输能力远远满足不了全球用户的因特网需求。当前，卫星通信能力不及海底光缆的千分之一，且易受天气影响。但马斯克仍然开启了星链计划，这是其商业版图中的重要一环。星链的初衷并非为了传输高清电影，而是为了传输控制信息、定位信息、密码信息、加密文件、VIP 用户数据等特权信息，这些信息量小却关键。通过星链，特斯拉汽车等终端计算机的信息可直达卫星，无论信息采集还是远程控制，都拥有得天独厚的优势。

6.5　人机交互的终极目标：缸中之脑

古希腊哲学家柏拉图写了一本书——《理想国》。书中有一个著名的思想实验，叫作洞穴囚犯寓言。假设有一群囚犯没有见过外面的世界。把他们送进一个洞穴之中，然后捆住他们的手脚，让他们无法动弹，也无法转身，只能面对洞内的墙壁。然后在他们身后竖起一道墙，在墙的后面点起篝火。另外一些人拿着各种形状的东西站在墙后，把这些东西的影子打到洞壁上。如果这些囚犯生来就一直看着这些图像，他们会认为这个世界就是这个样子。如果有一天，一个囚犯从这个洞穴逃了出来，看到了真实的世界，发现和他从小看到的那个世界不一样，他会受到很大的震撼。然后，他回到洞里告诉剩下的囚犯，外面的世界不是这样的。剩下的囚犯都会认为他是疯子，因为他们坚信这个世界就是由影子组成的，不会有其他的东西。柏拉图想用这个思想实验证明：我们对世界上所有东西的认知，有可能都是影子。洞穴里的人笃定这个世界是二维的影子世界，但其实它只是三维世界的投影。同样，我们笃定的三维现实世界，是否是一个我们不可想象的更高维世界的投影呢？

无独有偶，在柏拉图 58 岁时，东方诞生了一位同样伟大的哲学家 —— 庄子。二人观点出奇一致。庄子有一个著名的哲学观点：庄周梦蝶，出自《庄子·齐物论》。书中记载，庄子曾做了一个梦，梦境是如此真实，以至于当他醒来后无法分辨是梦境还是现实。于是便有了"不知周之梦为蝴蝶与？蝴蝶之梦为周与？"的疑问。庄子认为，人其实是无法分清梦境和现实的。

二人的哲学观点是在思考"我们从何处来"，而人与计算机交互的终极目的地，预示着"我们将往何处去"。去处和来处仿佛首尾相接，形成了某种循环。

我们无法确认物理世界的存在。我们感知这个世界完全靠感官。而这些都是信号传到大脑，让我们大脑合成这个世界的样子。没有任何物证能证明这个世界是真实存在的。哲学家希拉里·普特南曾提出过一个思想实验，叫作"缸中之脑（见图 6.8）"。他说如果科技发展到一定程度，可以用超级计算机模拟人的所有感官，如视觉、听觉、味觉、触觉等，那么我们就可以把一个大脑放在一个培养皿里，然后用超级计算机模拟这些感官，输送给大脑，那这个大脑永远无法知道它其实在一个缸里。人机交互正在向完全沉浸式体验的方向探索 —— 用户无法分辨哪个是现实世界，哪个是计算机中的虚拟世界。"进入另一个真实的世界"是人机交互的终极目标。

笔记 如果有一天，人类确实做到使用计算机创造一个无法分辨虚拟和现实的世界 ——真实得像庄周的梦境。那么我们就有理由相信，我们坚信的"现实世界"也可能是虚拟的。

到目前为止，仍有许多科学家难以回答的问题。数学是科学之母，自然科学普遍建立在数学之上，但数学本身就是不自然的。比如，牛顿发现的重力加速度 g 约等于 9.8，爱因斯坦发现光速为 299792.458km/s。前文曾介绍过一个理论：数学无法解释数学本身。即便像牛顿、爱因斯坦这样的顶级科学家，也只能发现这个数字，却无法回答为什么是这个数字！再如，根据《相对论》，物理世界的速度无法超越光速，但物理学家同时证明了宇宙膨胀的速度远超光速 —— 似乎有个声音在告诉我们 —— 宇宙中的物体永远无法突破阈值，到宇宙的外面看一眼。人类试图用科学解释自然界中的一切，但随着研究的深入，这个世界反而变得越来越神秘。

而如果这个世界是虚拟的呢？宇宙是一台被设定好参数的机器，宇宙大爆炸之前，一切都是静止的。当整个宇宙 —— 小到最微观的中子、夸克 —— 都是不运动的，那么在这个宇宙范围内也就没有了时间的概念。宇宙大爆炸，就像是"造物主"按了一下开机键，在宇宙这台机器内，物质和能量开始运动，时间自此开始。

投影永远比真实世界缺少细节，而且模糊，所以这个世界如果是一个虚拟世界，那么真实世界将会更加生动、丰富。我们无法发现自己生活在投影世界，除非有机会到真实世界看一次。还有一条途径，就是让计算机再造一个投影世界，把"造物主"的戏法再玩一遍。当人们见证了婴儿的诞生，便更易体会自己的来处。

图 6.8　缸中之脑

6.6　结语

6.6.1　熵增

鲁道夫·克劳修斯发现热力学第二定律时，定义了熵。自然社会任何时候都是高温自动向低温转移的。在一个封闭系统最终会达到热平衡，没有了温差，再不能作功。这个过程叫熵增，最后状态就是熵死，也称热寂。熵增定律无处不在。例如，热水总是越来越凉，直至和空气温度一致；不收拾的屋子会变得越来越乱；一个大公司的组织架构会变得越来越臃肿；在没有充分动力的情况下，人总是趋于懒散。

在熵增定律中提到，其适用范围是孤立系统。也就是说，如果将系统联入外界，就能避免混乱的趋势。比如，把热水放在炉子上加热，水就不会趋于空气温度；定期收拾屋子，才能避免它越来越乱；人不断消耗能量，就能对抗懒散 —— 当然，消耗能量是一个辛苦的过程，所以人们总是倾向于懒散和拖延。华为公司创始人任正非曾将熵增定律用于企业管理，并提出了通过活力对抗熵增的模型（见图 6.9）。

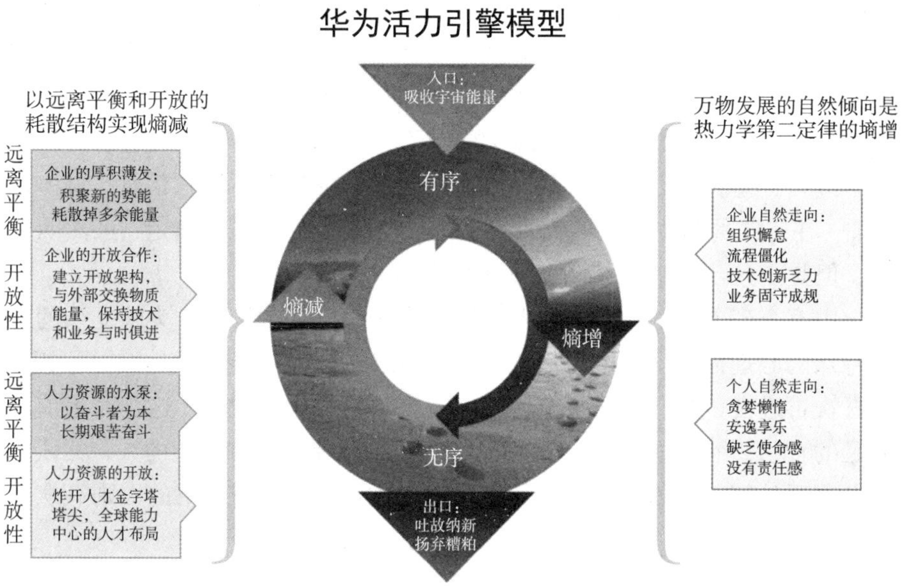

华为活力引擎模型

图 6.9 对抗熵增：华为活力引擎模型

实际上，计算机也是一个孤立的系统，无法进行信息处理，因为其内部的电子都是混乱的。计算机这个孤立系统必须通过管道和外界相连，才能避免熵增，甚至热寂。计算机一共从外界摄取了两样东西：能量和信息。

计算机接入电源才能工作，当电能源源不断流入计算机这个原本孤立的系统，就可以避免其内部趋于混乱。趋于混乱的正是晶体管中的电子 —— 在没有电压的情况下，电子无规则运动，很快就会从晶体管中消散。从外界注入的能量维持物质的有序。这种有序的物质，就可以组成信息。另外，计算机不断摄取信息，并利用摄取的能量进行信息处理，实现自我价值。如果说摄取能量是计算机生存的前提，那么摄取信息是计算机具备生存价值的必要条件。

6.6.2　信息就像食物和水，不可或缺

和计算机一样，人类也是一个信息处理系统，这个系统并不孤立，它会从外界不断摄取能量和信息。需要意识到，人类摄取能量和摄取信息的本质是一样的，只不过前者更加明显，比如进食，物质通过化学反应转化为能量，维持生命体的内循环。而后者更加隐性，往往不易察觉。但摄取信息和摄取化学物质一样，都会在体内留下物质上的痕迹。

上瘾就是一个很好的例子。抽烟、喝可乐、吸毒属于摄取化学物质，长期摄入会影响身体内的物质组成和代谢规律，当摄取源消失，身体重新回到孤立系统，就会格外痛苦，这就是戒断反应。追剧、赌博属于摄取信息。很显然，这些信息的输入同样会引发身体的某些变化。如果信息源突然切断，身体同样会感到痛苦。

我们的祖先一早就意识到摄取信息的重要，所以将它同摄取食物一起写进了基因。一段时间不进食，我们会本能地寻找食物。同样，一段时间不摄入信息，身体也会有所反应。例如，在空旷的地面上，四周没有障碍物，你闭上眼睛往前走，虽然明知前方没有障碍物，但是走几步之后依然有不安和睁眼的冲动。

心理学中有个现象：头脑简单的人偏好丰富多彩的外界环境，头脑复杂的人反而对简洁有着特殊的心理需求。如果将信息看作食物，或许我们能从中体会其原因：一个吃饱的人不喜欢再进食，处于饥饿状态的人则对食物有本能的渴望，这是因为前者的体内已经有充足的食物，继续进食只会成为负担；同样道理，头脑复杂的人，其体内已经有充足的信息需要处理，不必要的外部信息只会造成负担，头脑简单的人则有从外界补充信息的冲动。

本章关键词：I/O，虚拟/增强现实，脑机接口，网络，元宇宙，星链，搜索引擎，ChatGPT，模数/数模转换，总线，神经系统

第7章 计算机的"灵魂"

心灵因为具有神圣的力量，不需要肉体便能够独立存在，肉体也能够脱离心灵而存在。

—— 笛卡尔，《沉思录》，1642 年

7.1 引言

我们知道，无机生物世界是由多元计算机形态共同构成的信息空间。计算机与人类交互信息，同时信息可以在计算机与计算机之间传递，其本质在于电子序列的流动，并在流经 CPU 时改变电子排序状态，实现计算，进而创造新的信息并以数据的形态存储。从人类视角看，这些电子是没有意义的。信息最好以人类看得见、读得懂的方式传递给人脑。人脑的结构基于现实世界的学习，因此计算机呈现出的信息越接近现实世界的形态，人类越能基于现有脑神经结构完成解析，人机交互门槛也就越低。

正因如此，计算机自诞生开始，一直坚定不移地朝着方便人类理解的方向持续发展。得益于多种多样的外设功能，现代计算机可以将那些有序的电子序列转换成优美的图像、动听的声音。所以，在计算机硬件之上，我们可以进行各种接近人类感官习惯的交互行为，比如对着微信讲话、悠闲地滑动短视频。我们沉浸在计算机带来的视听盛宴，却往往忽略了屏幕之下，那些晶体管中电子序列的有序流动。这些基于特定逻辑的电子序列构成一个集合体，这是一个二进制构成的指令、数据的集合体，内部电子序列（即 0/1 序列）按照既定逻辑进入 CPU 的脑回路。这里，每个集合体称为一个"程序"。不同的集合体期望达成的目标是不同的，有些应用于社交（微信），有些应用于电商（淘宝），有些用于管理硬件资源（操作系统），这些程序统称为"软件"。相比计算机硬件，这些软件更加抽象，似乎并不是某个实实在在的事物。

如果把计算机硬件比作人的身体，那么软件相当于人的灵魂，或者说是意识。**计算机软件和人类灵魂的运行原理是一样的，通过理解计算机软件，我们可以在本章初窥灵魂的内涵。**

7.1.1　软件的物质形态

软件是晶体管中按照特定序列排布的电子状态的集合体，低高电平代表 0/1。只要有这些电子序列，将它们按照指令和数据的二进制格式逐条送进 CPU 并计算，便可得到期望的结果。那么，这些电子序列是怎么产生的呢？不妨做一些思考：

问：“我手机里的微信是哪里来的？”

答：“哦，是从网上下载来的！”也就是说，微信对应的电子序列在应用商店已经存在了，你只是把这段序列复制①到自己手机的某些晶体管中。

问：“那么，又是谁把微信的电子序列放到应用商城的？”

答：“应该是腾讯公司办公室里的程序员！”

问：“这些程序员是如何创造这些电子序列的？”

答：“编程！”

程序员会使用编程语言进行编程，然后通过编译器将编程语言转换成可执行的文件。这个可以运行的文件是二进制。这些二进制以特定的电子序列存放在晶体管中，可以按照指令和数据格式进行解析。找到源头了，这些运行在众多手机上的电子序列排布，最初是通过程序员的手指敲出来的。

程序员为了敲出那些电子序列，有两种选择：①一位一位地敲出电子状态；②使用接近自然语言的方式告诉计算机怎么做。显然，人们希望采用第二种方式。程序员只需要学习编程语法，如 C、Java，就能在编译器的帮助下自动将高级编程语言转换成指令，进而翻译成可以运行在 CPU 上的二进制。

📖 笔记　回忆一下编写 HelloWorld 程序的过程，我们首先遵循 C 语言语法写一段代码（hello_world.c 文件），然后单击“编译”按钮，会生成 hello_world.exe 文件。如果以文本方式打开这个.exe 文件，会看到它是一长串 0/1 序列。这就是我们能看到的电子序列的形态，这些电子序列此时位于闪存的晶体管中。如果双击这个.exe 文件，它就会运行，在屏幕上显示字符串。这个双击的过程，会将这些电子序列从闪存加载进内存，也就是把那个.exe 文件的内容从闪存复制到内存，随后这些电子序列以指令格式逐条进入CPU 执行。如果此时把计算机的电源拔掉，然后重启计算机，不难发现刚才运行的程序没有了。但那个.exe 文件还在，双击它依然可以重新运行。那是因为掉电后内存中的电子序列消失了，但闪存中的电子序列还在。

---

① 这些电子序列还有一个解包的过程，从应用商店下载的是序列的压缩状态，下载到本地还需要解压铺开，也就是App 的安装。

7.1.2　软件什么时候开始有"意识"

所谓程序，就是描述某种执行过程的序列，这个序列是为了达成某个目标。未来，程序的概念会逐渐消失，人们转而输入"目标"，而非"过程"。编程语言迄今为止经历了三代。第一代，人们使用'0/1'与计算机交流，直接控制计算机上的电平状态；第二代，开始抽象出一些指令，通过指令的不同组合达成目标；第三代，编程语言越发接近自然语言，程序员基于语法规则编写程序，学习成本大大降低。经过三代的发展，程序员在不了解计算机底层细节的情况下，就能告诉计算机需要做什么。但事情远没有结束。试想，你需要计算机对一串数字由小到大排序，"由小到大排序"是目标，但告知计算机这个目标是没有意义的。你需要编写程序，告诉计算机应该一步一步怎么执行，才能达成这个目标。人脑要经过思考，先把目标拆解成达成目标所需的过程。所谓"编程"，就是编写过程。显然，这也比较辛苦，计算机专业的学生需要学习数据结构和算法课程，就是训练如何把目标高效地拆解成过程。程序员会大量使用库函数，希望通过复用降低过程拆解带来的脑力成本。随着技术的发展，编程语言必然会发展到第四代形态。如图7.1(b) 所示，人们只告诉计算机一个目标，后者就会自行拆解出为达成这一目标所需的过程，这是一个人类为解放自身而逐步让渡权力的过程。学术界研究人工智能替代程序员编程，如自动程序设计和增强编程技术，都是在这一方向的探索。

笔记　人类的漫长生命由一个个小目标组成。完成小目标是为了大目标的达成。小目标又被拆解成更细的小目标，直至无法再拆解的执行步骤，这个步骤就是我们人类执行的"程序"。目标，也就是欲望，是推动社会发展、个人进步的原始动力。人没有目标，会变得迷茫、沮丧，甚至沉沦；但若对某个目标过于执念，则会让与之相关的"程序"过分占用自身资源，导致系统失衡，甚至崩溃。

目标分解（Target decomposition）是一个系统性的复杂学问，学术界对此有专门的研究。计算机在目标分解过程中可能会设定子目标，通过一个个子目标的实现达成最终目标。这就会自然而然地过渡到第五代：计算机可以绕开人类，自行设定目标。**这是一道安全红线，可以设定目标，意味着可以进行决策，此时计算机的执行将有可能脱离人类意志。到这一步，在我们看来，无机生物出现了"意识"。**遗憾的是，发展到这一阶段时，人类已经难以有效地对计算机行为进行监管和识别。如果对计算机的执行过程进行严格的审查，核实其是否为人类所希望的，这个成本恐怕会超过编程的代价。一个折中的方案是，大多数情况下依然采用人类编程，少数人类解决不了的问题由计算机在可控环境下拆解，人们从计算机的拆解过程中反向学习。

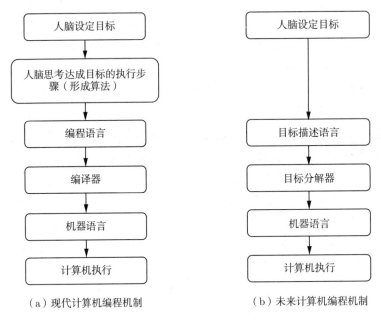

（a）现代计算机编程机制   （b）未来计算机编程机制

图 7.1   基于"程序"的计算机编程机制和基于"目标分解"的计算机编程机制

笔记 人工智能领域有一个广为流传的回形针故事。故事提出一个简单但细思极恐的问题：如果要求 AI 制作回形针，最终会发生什么？这个问题听起来很普通，它最早是由牛津的哲学家 Nick Bostrom 提出的。设想未来 AI 在人们日常生活中已经非常普遍，智能计算机可以根据人类设定的目标自行设计执行步骤。有一天，小明在办公室想固定两份文件，但发现回形针已经用完了。于是他生气地告诉计算机："你要尽可能多地制造回形针，确保我以后再也不会没回形针可用"。结果就是，AI 会穷尽地球上的所有资源制造回形针，包括人类本身用来制造回形针的材料。

有人可能会反驳："机器人三大定律中，第一条就是'机器人不得伤害人类'。既然如此，通过设定这样的限制，计算机又怎么会把人类作为回形针的素材呢？"或许 AI 受这条规则的限制，不会对人类做什么。但是，它依然会穷尽地球资源制作回形针。人类失去了所有地球资源，又何谈生存呢？

这个故事通过夸张的方式提醒我们，当人类对计算机的程序指令发展成目标声明，计算机行为的不可控是难以避免的，因为我们难以对它的所有执行过程及潜在风险进行评估。虽不至于科幻电影中"毁灭全人类"那般危言耸听，但计算机执行过程中对人类社会产生间接影响，却是现实存在的风险。

7.2 现代计算机的"翻译官"：编译器

让我们把视线转回到当下。现代计算机仍处在第三代编程阶段，程序员通过接近自然语言的方式告知计算机执行过程："先干什么，后干什么，如果遇到某某情况就怎么怎么样……"。从硬件角度看，计算机只认识晶体管中的电子，并不认识编程语言，所以程序员和计算机之间还需要一个翻译官。编译器就扮演这样一个角色，它将高级语言编写的程序翻译成处理器能读懂的指令，进而根据指令格式转换成二进制，程序以电子序列的形式存储下来。

这里需要区分程序员和消费者，他们两者的社会分工不同。他们之间的生产关系一般是这样的：程序员在计算机 A 上开发程序，然后通过网络发布出去；消费者在另一台计算机 B 上使用程序，对消费者而言，程序实际运行在计算机 B 的 CPU 上。那么，编译器位于哪台计算机就比较有讲究了。

方案一：编译器在程序员的计算机中。 程序员在本地计算机上进行源代码的编译，生成可执行文件。所以，传给用户的是可执行文件。这有一个好处，用户在自己的计算机上可以直接使用，不再进行编译了，性能一般比较高。但这里有一个问题，程序员在自己的计算机上编译，那么编译出来的必然是自己 CPU 能识别的指令。如果用户的 CPU 型号不同，甚至架构不同，极有可能不认识这些指令。哪怕只有少许的差异，都会使程序不再可靠。一般地，对性能要求比较高的程序会采用这种方式编译，C 语言就是其中的代表。操作系统普遍采用 C 语言编写内核，性能的考量是重要因素。

方案二：编译器在消费者的计算机中。 这种方案在用户的计算机中编译。计算机将源代码（或某种变种，如 Java 的.class 字节码文件）传递到用户那里，用户计算机中的编译器将其编译成本机 CPU 能够识别的指令。这一方案的优势很明显：对于不同用户，即使他们的 CPU 架构不同：有些 x86，有些 ARM 或 MIPS，程序依然能够在各自计算机上顺利执行。Java 语言采用的就是这种编译方式。得益于这一优势，Java 语言的市场占有率在云计算/大数据时期、安卓智能手机时期持续攀升。数据中心的 Hadoop 框架、安卓系统的 ART 虚拟机框架均采用 Java 语言，Java 语言对开发者非常友好。再如，当访问网页时，网站服务器将 HTML 源码发给你的计算机，然后你的计算机在本地将其翻译成可视化的网页。网页浏览器实际上就扮演着网页语言的"编译器"角色，虽然不是严格意义上的编译器。

两种编译方案各有优劣，随着软件技术的发展，开发者也试着寻找平衡。例如，目前安卓系统会将一部分应用代码在安装时编译，以提升用户启动 App 时的响应速度。华为公司的方舟编译器同样在尝试降低编译开销对用户的直接影响。

基于上面的介绍，我们的知识体系可以完成闭环了：用户使用的应用是程序员编写的，程序员使用编程语言实现应用目标，然后利用编译器将其转换成 CPU 能识别的指令。编译器是由另外一部分人开发的，他们既懂编程语法，也懂处理器的指令集，他们设计的编译器本身也是一个程序，这个程序可以将高级语言转换成指令。那么，指令又是哪里来的呢？是由处理器芯片的设计者提供的，这些设计者一边设计硬件电路，一边设计指令及其对应的二进制格式。通过精巧设计，每条指令的计算结果都是其电子序列流入 CPU 再流出后的预期变化。关于这一点，本书已在第 3 章和第 4 章做了详细介绍。最终，用户使用应用时，将信号通过外设传入计算机，指令跳转到该应用的指令处执行，该应用的电子序列流动起来，对用户作出响应。

实现这一闭环需要大量人力投入，人们在其中扮演着不同的角色。当今产业分工已经高度精细化，个人往往只专注计算机体系中的某个小点。计算机专业的学生毕业后会进入各种各样的企业，进入英特尔的同学可能专注芯片设计中的某个问题，进入腾讯的同学可能在调微信程序的某个 Bug，进入微软的同学可能在研究 C 语言写 Windows 的方法，进入华为消费者 BG 的同学或许在研究如何在产线上把一部手机组装起来。虽个人分工不同，但共同推动计算机产业的循环。每个人在这个社会分工中既是生产者，也是消费者，程序员通过生产计算机软硬件产品获取薪酬，又拿着领到的工资买电子产品，公司挣到钱后再发给程序员，程序员继续为了薪酬从事劳动……**计算机产业闭环之外是一个更宏大的"收入循环的封闭系统"，在这个循环系统的裹挟下，人们为获取生存资源艰难前行。**

7.3 一个特殊的程序：操作系统

7.3.1 再谈指令地址

根据冯·诺依曼的存储程序概念，指令就像数据一样，放置在存储器中。对于指令，从它生成的那一刻起，无论存放在哪里，计算机都要能找到它的位置，不能"跟丢"。在前文中介绍过，CPU 中有一个 PC 寄存器，存放的是接下来要执行的指令的地址。这个地址是一串二进制，正常情况下，基于 PC 之前的值，往后顺延（PC+4）就是下一条指令的地址。如果涉及跳转，那么跳转指令中的立即数字段会告诉数据通路跳转的目标地址。所以，我们正常的理解是，传进 CPU 的指令，其中包含的地址信息应该就是物理地址。也就是说，这串二进制地址经过地址译码电路，应该是可以直接找到存储器中相应字线、位线的。然后通过加电压，将接下来那条指令在这些晶体管中的电子状态压入 CPU，从而完成取指令过程。初代的计算机确实是这么做的，程序开发人员需要在程序指令里明确告知每条指令在晶体管中的位置。

但是，这有违我们的经验。学习过 C、Java 等编程语言的朋友都知道，我们编写的程序逻辑已经决定了指令之间的执行顺序：顺序执行或跳转。但是，**编写高级语言程序时，并未告知计算机，每段代码指令应该存放在哪些晶体管**。不清楚晶体管的位置是合理的，因为一个程序可以在这台计算机上跑，也可以在另外一台计算机上跑，两者大概率不是相同地址位置的晶体管。那么，CPU 是如何准确找到这些指令在晶体管中的位置呢？这就需要介绍一个"欺上瞒下"的程序：操作系统。

要理解程序是如何对应到具体晶体管的，需要先了解操作系统**虚拟地址空间**和**物理地址空间**的概念。我们现在编写程序之所以不再关心底层硬件细节，如晶体管位置，是因为我们在操作系统之上编写程序。一方面，操作系统为我们的程序指令分配了晶体管；另一方面，操作系统又为我们的程序指令分配了一个虚假的地址。前者是物理地址，计算机的地址译码电路通过解析物理地址的二进制串，从指定晶体管中读取电位状态。后者是虚拟地址，用来表示程序中各条指令的相对位置。指令中携带的地址信息、CPU 中 PC 寄存器保存的地址信息，都是虚拟地址。在装有操作系统的计算机中，进入 CPU、在 CPU 中计算、从 CPU 传出的都是虚拟地址，凭借这个虚拟地址，只能知道指令之间的执行顺序和跳转逻辑，以及程序运行逻辑。

既然 CPU 中传出的是虚拟地址，不包含具体的晶体管位置信息，计算机是怎么找到这些晶体管的呢？不要忘了，我们编写的程序加载进内存时，操作系统为每条程序指令分配了晶体管，也是操作系统为每条程序指令分配了一个虚假的地址，所以操作系统是知道所有信息的。于是，它维护了一张映射表，在这张表中，虚拟地址、在晶体管中的位置 (物理地址) 被一一对应地记录下来。当一个虚拟地址从 CPU 传出，虚拟地址的那段二进制流入映射表，流出的二进制就是物理地址。然后将物理地址传入地址译码电路，最终将该物理地址中的晶体管电子状态传入 CPU。传入 CPU 的下一条指令，假使其中包含地址信息，则这个地址又是虚拟地址。虚拟地址传入 CPU 并计算，又从 CPU 传出一个虚拟地址，代表的是再下一条指令的地址。同样，这个 CPU 传出的虚拟地址再次通过映射表获取物理地址，将物理地址传入地址译码电路，获取下下条指令的内容，如此反复。

　　我们常说，操作系统屏蔽了底层硬件，原因就在于此。为了实现上述愿景，操作系统需要做两件事：①为正在运行的程序（称为进程）制定一套虚拟地址的分配规则；②维护一张虚拟地址和物理地址的映射表。

　　试想，我们编写的 hello_world.c 文件经过编译生成 hello_world.exe 可执行文件。这个文件就和照片一样，存放在计算机闪存。它们都是数据，只不过对于.exe 文件而言，其中包含大量指令信息，必须基于指令的 R 型、I 型等格式进行解析。当计算机电路把 hello_world.exe 文件的二进制加载进内存时，这些二进制对应的电子状态信息也就由闪存传送至内存的晶体管中。然后，CPU 逐条从内存中获取这些指令，并加载进寄存器。

　　这就需要 CPU 知道程序的每条指令的地址。这个地址是一个根据某个约定赋予的虚拟地址，它只是一串二进制，并不能实际表示在哪些晶体管中。假如以文本形式打开.exe 文件，会发现这是一大片二进制的集合。其中既包含了程序指令，也包含了具体数据，如 int 型变量、常量、字符串。

　　这个程序的每条指令或数据都应该有一个地址，这些地址是按如下方式约定的：首先，这段二进制中有一部分是由代码编译而成的指令，这些指令从某个起始地址开始，以顺序的方式被赋予地址。然后，这段二进制中含有一些表征数据的内容，这些数据被紧挨着的代码赋予地址。这些指令和数据的地址是连续的。当然，程序在运行过程中，也有可能临时性、动态地分配一些地址，一般通过 malloc 函数申请，这些数据空间被称为堆。堆数据的地址紧邻上述的地址空间继续往上长。假设程序一共 256B，那么上述的地址空间只表征这么大即可。

　　好了，现在我们知道，这个程序的指令被逐条传入 CPU 执行，原来传入的是上述虚拟地址。通过指令中的这个虚拟地址，CPU 根据程序逻辑决定下一条、下下条指令要执行谁。然后将下一条指令的虚拟地址放进 PC 寄存器。但是，这个虚拟地址并不表示具体的晶体管信息，因此基于它无法获取真正存放在晶体管中的指令内容。于是人们开始思考，如果有一张映射表可以把这个虚拟地址的二进制串与晶体管中的物理位置对应，计算机就可以根据那个虚拟地址真正找到数据。这个映射表有一个专有名词：页表。而那段表征虚拟地址的二进制串的集合，称为进程虚拟地址空间。

7.3.2　进程虚拟地址空间

　　"每个人都将自身所感知的范围当作世界的范围。"
　　　　　　　　　　　　　　　　　　　　　　　　　　　—— 叔本华

程序是"静止的过**程序**列",而进程则可以理解为"前**进**中的**程序**",是一个动态过程。晶体管中的电子流入 CPU 再流出,并在流动过程中完成计算。接下来,我们由简到繁,看一下操作系统是如何管理进程地址空间的。

第一版进程虚拟地址空间:对于高级语言编写的程序,当它编译成可执行文件,就是一堆指令、变量、数据的二进制集合。如果以文本形式打开你的 hello_world.exe 文件,就能看到一堆二进制数。对于每一条指令,是不是需要"规定"一个地址?对于 32 位计算机,可以用 32 位的二进制数表示地址。比如第一条指令就用 32 个零表示:"00000000000000000000000000000000"①,

第二条指令就用 "00000000000000000000000000000001" 表示,后面指令依次往后顺延。假设程序比较小,编译成的指令只有几十条,从 "00000000000000000000000000000000" 到 "00000000000000000000000000100110" 就能表示清楚。好了,指令都表示清楚了,每条指令都被赋予了一个地址编号,以后 CPU 看到这个编号,再通过查询这个编号与晶体管位置的映射表(页表),就能找到指令的真实存放位置。

现在程序的每条指令都有一个地址编号,但是程序里除了指令,还有一些别的东西。比如程序中定义了一个 int 型变量:int a=4。这里,"4"是变量的具体内容,计算机也要能找到它。于是设计人员又开始思考:"我刚才用 32 位二进制串表示了那些指令,但没有用完,只用到 '00000000000000000000000000100110',毕竟程序不大,指令不多。那我紧挨着上面那个数,从 '00000000000000000000000000100111' 开始,表示各种变量的内容信息,岂不很好?"这些变量、常量、全局变量等都算在内,用一些 32 位二进制数表示出来了,如从 "00000000000000000000000000100111" 表示到 "00000000000000000000000010000101"。

除了这些,还有一些数据是在程序运行过程中动态生成的,比如在玩王者荣耀手游的时候,当进入副本对战模式,内存空间的占用短期内会膨胀,等结束对战,内存消耗又减少了。这是由于程序会使用 malloc 接口,在后续运行过程中根据具体情况占用内存资源,可能占的晶体管多,也可能有时候占的晶体管比较少。对于这些动态变化的数据,怎么表示地址呢?没关系,我们 32 位的二进制串,很多位不是还没有用到吗!都可以给这些数据②使用。基于这一思路,如图 7.2 所示,我们可以看到「第一版」进程虚拟地址空间的表示。

当一个进程运行时,操作系统会为它的每条指令、每个数据、每个动态申请的堆数据分配一个虚拟地址名额。进程的所有指令构成代码段,有些进程的指令多,就分配多一些

① 实际计算机中不会真从零开始,会有一些保留区间,这些细节我们姑且忽略。
② 这些通过 malloc 获得的数据称为堆(Heap)。

指令；有些进程的指令少，就分配少一些指令。总之，从"000000000000000000000000000000000"开始，视进程的指令规模大小分配，确保每条指令拥有一个虚拟地址。当指令分配完毕，紧接着为程序中的变量分配地址，地址接着代码段继续往上涨。这些变量构成的地址区域称为数据段。待数据段分配完毕，比如图 7.2 所示例子中，分配到"0000000000000000000000010000101"，接着给堆分配地址。不同于代码段和数据段，堆的数据规模会在程序运行过程中动态变化。但没有关系，因为操作系统有足够多的地址名额给它准备——一直到"1111111111111111111111111111111"。

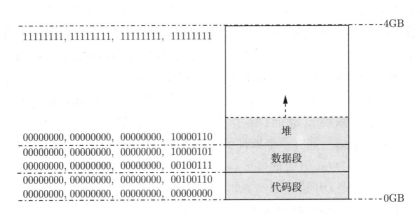

图 7.2　第一版进程虚拟地址空间布局

在有操作系统的计算机中，当进程运行时，CPU 能看到的就是这个虚拟地址。CPU会拿着这个虚拟地址去找页表，然后转换成物理地址，再根据地址译码电路（见图 5.1）从内存把实际数据/指令的内容取出来。

第一版虚拟地址空间的设计中涉及的段如下。

- 代码段：也称.text 段或.code 段，通常用于存放程序的执行代码，即 CPU 执行的指令。代码段一般情况下是只读的，且大小固定不变，这是对执行代码的一种保护机制。

- 数据段：也称.data 段，通常用于存放程序中已初始化且初值不为零的全局变量和静态变量。数据段属于静态内存分配，可读可写。其实，除了静态变量，还有一部分未初始化以及初始为零的全局变量和静态变量，操作系统会将这些未初始化的变量初始化为零，这些变量称为.bss 段。为简单起见，我们暂且把这些变量统称为数据段。

- 堆：用于存放进程运行时动态分配的内存。堆中内容是匿名的，不能按名字直接访问，只能通过指针间接访问。堆向高地址扩展，即"向上生长"。安装过 Linux 操作系统的同学应该记得，系统安装时要求分配一个 SWAP 分区，一般 2~4GB 大小，这个分区就是为堆数据（匿名页）准备的。

通过上面的方法，对于一个程序，我们知道操作系统如何为它的每条指令、数据分配地址。这里，指令、变量在写好程序的时候就确定了，不会发生变化，因此直接在编译成汇编指令的时候给它们赋予地址即可。而对于可能在后续运行过程中发生变化的堆数据，也没有关系，如果程序占用空间一直在涨，一直在疯狂申请晶体管用于存数据，计算机也是能表征它们的地址的，从图 7.2 中可以看到，地址继续往上累加就行了。一共能涨多大呢？只要程序的实际大小不超过 2^{32}，即不超过 32 个二进制数能表示的地址范围，都没有问题。内存中的最小寻址单位是字节，所以就是 4GB。这个程序指令、数据能被赋予的地址的范围就是进程虚拟地址空间。

第二版进程虚拟地址空间：可是，事情又似乎没那么简单。试想一下，当我们刚开始学习编程语言的时候，使用几行代码就能完成一个 HelloWorld 程序。这几行简单代码，就能驱使电脑屏幕在各个位置准确显示色彩，并最终将"Hello word!"呈现在屏幕上？显然不是。须知，那几行代码仅是被执行指令的一小部分，在计算机的某些晶体管中已经提前存放了另外的很多指令。这些指令会控制屏幕显示等功能。通过分支跳转指令，我们编写的那几行代码指令，最终会跳转到计算机中既有的那些指令，如操作系统代码编译而成的指令，然后继续执行。也就是说，我们编写的代码只是正在运行的计算机指令的冰山一角。那些系统指令同样会一条一条地进入 CPU 执行，它们同样应被赋予地址。这些操作系统的指令应该分配什么地址呢？

研究人员开始思考：程序的指令地址是从一头（"00000000000000000000000000000000"）开始增长的，那么可以从另一头划一块区间出来，专门表示这些系统指令的地址。这些系统指令占用的空间不会超过 1GB，所以干脆直接划 1GB 出来，高端地址专属于系统指令。那些由程序员编写的指令、数据，从低地址开始增长，最多长到 3GB。改良之后的进程虚拟地址空间如图 7.3 所示，那些预先已经在计算机中的指令主要是操作系统的内核代码和驱动程序，它们控制着计算机的各个硬件资源。

第三版进程虚拟地址空间：事情还没有结束。如果只有一个程序在 CPU 上运行，采用上述方式是没有问题的。但是，当多个进程同时存在时，这些进程的指令会轮流进入 CPU 执行。操作系统默认采用轮询的方式进行调度。比如，当前 100ms 执行进程 A 的指令，接下来 100ms 执行进程 B 的指令，再接下来 100ms 继续执行进程 A 的指令……这就会出现类似函数嵌套引发的问题：进程 A 执行过程中占用了寄存器，很多数据存放在寄存器中，当进程 B 执行的时候，同样需要占用这些寄存器，那么进程 A 在这些寄存器中的数据要有一个地方临时存放，等下次执行 A 的时候再恢复回来。这就是书中图 3.3 曾提到的栈。

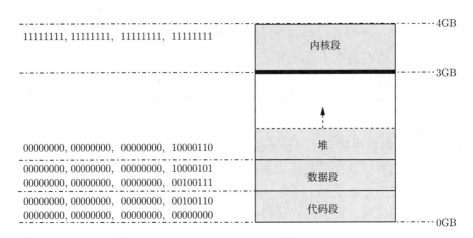

图 7.3   第二版进程虚拟地址空间布局：和第一版的区别在于，堆只能涨到 3GB，不再是 4GB

应该给这些栈中的数据分配什么虚拟地址呢？目前的做法是，将进程独占的 3GB 空间的顶部临时性划出来，占用这些地址字段相对比较安全，因为一般不会和程序自底向上增长的指令、数据发生冲突。于是也就有了图 7.4 所示的进程虚拟地址空间规则：堆自底向上增长，栈自顶向下增长，额外有一块区域为系统内核专属。

此外，代码段不能简单地从零地址开始往上涨，还需要有一个保留区，用于空指针等特殊操作。所以，操作系统管理的虚拟地址空间最终是图 7.4 的形式[①]。

- 栈（Stack）：存储函数内部声明的非静态局部变量、函数参数、函数返回地址等信息，栈内存由编译器自动分配释放。栈和堆相反，"向下生长"。
- 保留区：位于虚拟地址空间的最底部，未赋予物理地址。任何对它的引用都是非法的，程序中的空指针指向的就是这块内存地址。

总结：操作系统做到了"欺上瞒下"，它告诉所有将要运行的程序："0 到 3GB 的地址都可以使用"。对于每个运行的进程，操作系统说着同样的话。而从进程角度看，操作系统也确实可以给它分配足够的地址，使得程序的所有指令、数据都能通过 32 位地址找到。可是，计算机中真正的晶体管也就那么多，比如 4GB 内存。如果各个进程都

---

① 真实的虚拟地址空间更为复杂精细，还需考虑在堆和栈中间开辟代码库段，考虑 mmap 内存映射、内核栈等。为方便理解，细节不再赘述。

当真了，每个进程都向操作系统索要 3 个 GB 的晶体管，就会发现计算机吃不消了。这像极了银行的挤兑现象：单个散户取钱没有问题，因为取的钱不多；可当所有人约好一起取钱，会发现银行其实没那么多钱，大家存进去的钱早已挪作他用了。

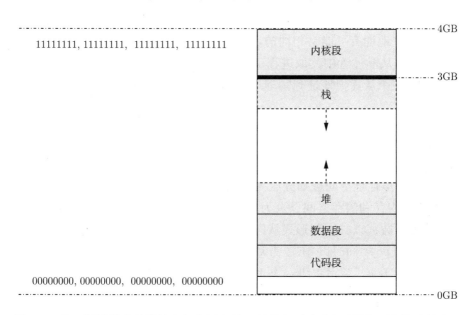

图 7.4　第三版进程虚拟地址空间布局和第二版的主要区别在于增加了栈的地址分配

应用程序 A：*"你好，我需要一些晶体管用来存储数据。"*

操作系统：*"好的，我这里一共 4GB 空间，都是你的，你需要多少？"*

应用程序：*"我需要 256B 空间。"*

操作系统：*"从 0 号地址到 255 号地址已分配给你，直接访问这几个地址就好！"*

应用程序 A：*"收到，谢谢。"*

应用程序 B：*"你好，我需要一些晶体管用来存储数据。"*

操作系统：*"好的，我这里一共 4GB 空间，都是你的，你需要多少？"*

应用程序 B：*"我需要 2MB 空间。"*

操作系统：*"从 0 号地址到 2048 号地址已分配给你，直接访问这几个地址就好！"*

应用程序 B：*"收到，谢谢。"*

（内心想法：*"还好，只要大家要求的空间一共不超过 4GB，就还瞒得住！"*）

通过进程虚拟地址空间,每个程序运行时,都认为自己占据了整个内存空间,即 DRAM 芯片中的所有晶体管都是它的。该程序编译成汇编指令后,可以控制所有数据。但请记住,这是错觉!

还有最后一个问题:两个进程共用同一套地址空间规则,它们的指令各自被分配了一些地址,而这些地址有可能是相同的。这种情况下,当 CPU 的 PC 寄存器中出现某个地址时,是应该从晶体管中读取进程 A 的加法指令,还是读取进程 B 的减法指令呢?不要忘了,还有一个从虚拟地址到物理地址的映射表 —— 页表。通过页表可以回答这个问题。

7.3.3　页表

在内存中,虚拟地址空间被划分成大小相等的页面（Page,一般一页 4KB,比 CPU 中的字大得多）。内存和闪存之间以页为单位传输数据。当双击 hello_world.exe 程序时,这个程序的指令、数据以二进制形式从闪存加载进内存。这时操作系统会为它们分配虚拟的页编号（虚拟页）,同时以 4KB 为基本单位为这个程序提供晶体管。如果指令和数据太多,一个页放不下,就再提供一个页,直至提供足够多的晶体管将程序的二进制全部存下。最后一个页中没有信息的地方补 0,以使其正好占用一个完整的页。这里提供的 4KB 的空间是货真价实的 4KB 晶体管资源,一般称为物理页,或页帧。

操作系统采用"请求分页"的思想,每次访问指令或数据仅将当前需要的页面从闪存调入内存某页框中,进程中其他未被访问到的页面保留在闪存上。当访问某个信息所在页不在内存时,会发生缺页异常,此时从外存将缺页页面装入内存。所以,当 CPU 访问一条指令或数据时,只需要拿着这个地址去找页表。页表会告知 CPU 是否在内存。如果在,页表中记录了对应的物理地址;如果不在,页表中记录了它在闪存中的位置。

页表是当代操作系统的重要组成部分。有了页表,也就有了虚拟地址空间的概念,程序员得以忽视底层硬件。在计算机中,多个进程可能同时运行。对于每一个进程,操作系统为其分配一张页表。这张页表存放在内存中的特定位置 (位于虚拟地址空间的内核空间),页表在内存的首地址记录在页表基址寄存器中。进程 A 在 CPU 中运行时,就去读 A 的页表,进程 B 在 CPU 中运行时,就去读 B 的页表。所以,即使 A 和 B 有些虚拟地址相同,也没关系。由于它们的页表不同,相同的虚拟地址最终会映射到不同的物理地址。

从这里不难发现，在有操作系统的计算机中，进出 CPU 的都是虚拟地址，只有从 CPU 出来并且经过页表之后，才是物理地址。对页表的访问是非常频繁的，如果将页表全部存放在内存中，性能会非常差。于是人们在 CPU 内部设计了一块专门的硬件电路，用于完成虚拟地址到物理地址的映射，并且专门划分了一块缓存用来存放页表。这个针对页表的硬件电路叫作 MMU，专门存放页表的缓存称为 TLB（快表）。

页表的项数由虚拟地址空间大小决定。前面提到，进程虚拟地址空间是一个不受具体程序影响的足够大的地址空间。因此，页表项有很多，页表项额外占据了内存空间。例如，在 IA-32 系统中，虚拟地址为 32 位，页面大小为 4KB，因此一个进程有 $2^{32}/2^{12} = 2^{20}$ 个页面，即每个进程的页表有 2^{20} 个页表项。每个页表项占 32 位，因此一个页表大小为 4MB。这么大的页表放置在内存中是不合适的。为了节省空间，一般采用多级页表的设计方法。操作系统教材中对页表结构有详细论述，本书不再展开介绍。现代计算机中，三级页表较为常见。

CPU 一般有用户模式和特权模式之分。操作系统可以在页表中设置每个页表访问权限，有些页表不可以访问，有些页表只能在特权模式下访问，有些页表在用户模式和特权模式下都可以访问，同时，访问权限又分为可读、可写和可执行 3 种。这样设定之后，当 CPU 要访问一个虚拟地址时，MMU 会检查 CPU 当前处于用户模式还是特权模式，访问内存的目的是读数据、写数据还是取指令执行，如果与操作系统设定的权限相符，则允许访问，把虚拟地址转换成物理地址；否则不允许执行，产生异常。

笔记　在计算机系统中，对软件性能的优化随处可见。如前文提到，通过 MMU 可以将页表的索引逻辑进行硬化。此外，一些关键位置的程序代码可以采用指令汇编取代可读性高但性能差的高级语言。上述方法通过精简代码提高性能，同时牺牲掉了一部分可读性。这可以类比到人类的意识和潜意识。人脑的决策由意识和潜意识共同作用产生，意识好比高级语言程序，是大脑能理解的执行逻辑，可读性高。而潜意识是对意识做了精简以后的结果。潜意识可以降低大脑对信息处理的复杂度，有些处理逻辑被固化下来，删减了不必要的细节，但保留了一些关键信息。

当某些情况出现时，潜意识同样可以给出输出结果，并且更快，但人脑已经难以直接理解这个精简以后的"指令"。最终结果就是，我们除了理性判断，还有本能的感觉[1]。在大脑做出最终决策时，潜意识往往占据上风，然后在理性层面为此找一个合理的

[1] 小明喜欢红色，但说不清为什么。真正原因是他三岁时，外婆送了一条红色的围巾，小明非常喜爱。随着时间的流逝，外婆赠送红围巾这件事本身已经被遗忘，但偏爱红色的感觉却保留了下来，大脑潜意识里在红色和与外婆相处的情绪体验之间建立了某种关联。

理由。

7.3.4　左手画圆，右手画方

一般而言，人们很难同时做到左手画圆右手画方，因为人脑在某个时间点只能专注于一件事。但我们可以做一个狡猾的伪装，瞒过旁观者的眼睛。我们左手先动一小段，右手再画一小段，然后左手再动一小段，右手继续接上 …… 如果把片段切得足够小，左右手交替足够频繁，就可以成功伪装。旁观者看到的只是我们画画的速度比平时慢了一些，但左右手似乎同时在动。

得益于操作系统的加持，计算机也可以做到上述伪装。在计算机中，可能有多个程序同时运行，一个程序画圆，另一个程序画方，第三个程序发信息，第四个程序播放音乐 …… 计算机只有一个大脑，但可以假装多个任务同时执行，只要切分成很细的时间片段，每个任务执行一小段，然后快速切换到下一个任务继续执行即可，以此类推。这种技术在操作系统中称为**并发**。而如果想优先执行某个任务，则可以进行调度，操作系统的调度方法很多来自系统工程中的运筹学知识。如操作系统资源统筹调度的问题，如果在数学上进行抽象，和运筹学中作业车间调度问题 (JSP) 与背包问题（KP）这两个NP 难问题是比较相近的。通过一定的转化规约，可将资源统筹调度问题变成一个多对象、多目标优化的实时在线 JSP 问题。

显然，计算机的多任务并发处理能力比人脑要强很多，但还有更过分的：计算机可以有多个大脑。如果计算机有多个 CPU，那么这些任务就可以在不同 CPU 上执行。这是真正的"左手画圆，右手画方"，不再是伪装。这种基于多核的多任务处理在操作系统中称为**并行**。

7.3.5　操作系统的诞生过程

操作系统可以视为一段巨大的代码，具体讲，是镜像文件。就像 hello_world.exe 程序一样，只要启动这段代码，二进制指令就会一条一条地进入 CPU 执行。对于 exe 程序，可以通过鼠标双击启动，那么，对于操作系统这段代码呢？按下电脑开机键，实际上就是"双击"行为，这个物理行为会打开计算机的启动电路。启动电路最终会连通到操作系统代码在闪存中的位置，将代码一条一条地取进 CPU。相信大家有所感受，我们在启蒙阶段学习的 Helloworld 程序，和操作系统这个程序，并没有本质性的区别。

计算机由各类晶体管等电子元器件拼接而成，只是一块板砖。为了使其具备"生命"，生产商在产品出厂前将一个已经编译好的二进制镜像烧写进闪存的特定位置。如此一来，这台计算机就不再是板砖了，因为它的闪存晶体管中被注入了电子。一旦开机启动，这些被注入的电子就会按指令顺序流动，逐条进出 CPU，操作系统也就启动起来了。由于它可以对外界的信息做出反馈，而且反馈结果又刚好[①]是正确的，于是人们开始有错觉，计算机好像拥有了灵魂。

这段代码在操作系统安装的时候固化在闪存（对于 Windows 系统，就是大家熟悉的 C 盘），随后自计算机启动开始，从闪存搬进内存，并逐条进 CPU 执行。注意，CPU 中几乎不间断地运行操作系统的指令，而双击 hello_world.exe 文件运行自己的代码时，指令会发生跳转，从正在执行的某条操作系统指令跳到 hello_world.exe 程序的那段指令继续执行，执行完毕后，再跳回操作系统原位置继续执行[②]。这有点类似于函数之间的调用，实现指令块之间的跳转。

既然知道操作系统是一堆有序的 0/1 序列，我们就有必要探究产生这堆序列的源头。操作系统从出生到运行的过程如图 7.5 所示：❶微软程序员思考操作系统的设计方案，并用 C 语言编写代码；❷利用编译器把 C 语言代码转换成二进制，特定的 0/1 序列就此产生；❸这些序列以文件的形式保存下来，一般是镜像文件；❹微软公司将该镜像文件发布到网络服务器，作为软件产品面向广大用户；❺用户从官网下载镜像文件，下载文件的过程就是把服务器中操作系统的那堆 0/1 序列复制到本地计算机 A 的闪存；❻利用 U 盘制作启动镜像，这步操作把这堆二进制复制进了 U 盘；❼插上 U 盘，启动计算机 B，从 U 盘启动计算机，这堆 0/1 序列被推进计算机 B 的闪存 —— 这一步是 U 盘安装操作系统的过程；❽序列已经在闪存，点击计算机 B 的启动按钮，序列从闪存加载进内存和 CPU，装有 Windows 系统的计算机开始运行。

从这个过程不难看出，计算机 B 中运行的操作系统，最初诞生自微软程序员的大脑。程序员消耗能量，无中生有地思考出这堆信息序列。随后就是这堆序列不断地传递，最终传递到用户的计算机中。这有点像武侠电影中的传功：一位高手打通层层经脉，最终把真气传入主角体内。图 7.5 中，粗线所示的箭头就是操作系统这本武林秘籍的"传功"方向。

✍ 笔记 我们出生后，会在婴儿阶段形成自己的操作系统，对身体各个模块的管理会越来越协调。随着操作系统的完善，幼儿可以行走、对手指的控制越来越精细、夜晚也不再

---

① 基于前文的学习，我们知道这个"刚好"是经过巧妙设计的。

② 这里涉及函数库调用、系统调用（即调用操作系统内核代码），以及用户程序自身的代码结构和逻辑，实际情况比较复杂，但通过指令跳转实现操作系统与用户程序之间的切换，这一思想是普适的。

尿床。操作系统的运行效率在青壮年达到顶峰。但随着身体的衰老，各个功能模块的硬件已经无法支撑庞大的操作系统任务。这时候，我们又将一步步地精简操作系统，以减轻硬件的负担。这时的我们已经进入老年，不再能灵活地控制身体并对外界刺激做出快速响应。随着硬件的进一步衰老，甚至损坏，我们躺在病床上，身体退化到刚出生时的状态，只能基于本能对外界输入作出简单响应。直至最后，身体的内循环中止，体内余下的能量和物质打散重组，融入大自然，开始下一轮的"信息-物质-能量"大循环。

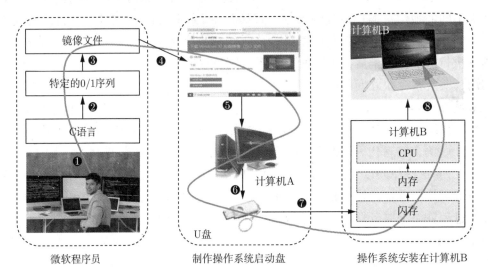

图 7.5   操作系统的制作过程：计算机中运行的 Windows 系统是一堆有序的 0/1 序列，这些序列最初来自微软程序员

7.3.6   操作系统市场现状

Windows 和 Linux 操作系统：在以英特尔 x86 处理器为基础的计算机中，Windows和 Linux 操作系统脱颖而出。前者面向消费者（ToC），后者则在企业服务器中使用广泛（ToB）。自 20 世纪 90 年代，微软的 Windows 操作系统发展迅猛，几乎成为个人计算机的标配。Windows 和 Intel 的联盟有 Wintel 之称，一度垄断了个人计算机市场。而在企业方面，本世纪初十年，随着互联网的兴起，门户网站、搜索引擎等业务快速发展，谷歌等公司为支撑海量数据的处理，发布了其搜索引擎的底层分布式架构思想，将业界推入云计算与大数据时代。亚马逊、Facebook、阿里云、百度等企业均构建了大型数据中心。这一时期，Linux 操作系统在数据中心服务器等场景占据主体地位。

手机操作系统：移动互联网时代，苹果在乔布斯回归后基于 NeXTSTEP 操作系统构筑了基于智能手机的 iOS 系统，与 MacOS、iPadOS 一起支撑苹果再次成为当时全球市值最高的科技公司。紧随其后，谷歌在收购 Android 公司后，将其打造为世界上发行量最大的智能手机操作系统。安卓操作系统开源，采用的是 Linux 内核[①]，其上层的虚拟机、可视化桌面和服务程序主要由 Java 语言编写。

智能汽车 OS：车载操作系统是手机系统之后的一个新赛道，如图 7.6 所示，通过自动驾驶、智能座舱等技术，人们可以在移动空间中从事各种活动。这种基于智能汽车的新型操作系统面临一项重要挑战——实时性。我们可以把实时性分为软实时和硬实时。软实时系统仅要求事件响应是实时的，并不要求限定某一任务必须在多长时间内完成，例如音频视频播放系统、网页服务等。硬实时系统的要求更加苛刻，不仅要求任务响应要实时，而且要求在规定的时间内完成事件的处理，例如核动力装置控制、安全气囊控制系统和车轮防抱死系统（ABS）等。现代计算机普遍采用非实时操作系统，由于时钟粒度粗糙、中断屏蔽、自旋锁、软件栈开销等原因，无法保证实时性。打游戏时的延迟响应导致卡顿，尚且可以接受，但刹车任务的延迟响应是无法接受的。因此，汽车厂商专门针对新能源汽车开发了实时操作系统。

图 7.6　无人驾驶汽车的智能座舱场景。在智能车载操作系统的控制下，方向盘的作用未来将逐渐弱化

目前比较有代表性的车载系统如下。

● 特斯拉基于实时 Linux 内核的改进版，特斯拉采用双操作系统架构，将实时和

---

① 内核是一个操作系统的核心，是基于硬件的第一层软件扩充，提供操作系统的最基本功能。它主要负责管理系统的进程、内存、设备驱动、文件系统、网络等，决定着系统的性能和稳定性。

非实时任务隔离，分别处理。

- 谷歌推出了针对智能汽车的安卓系统改良版：Android Auto，在此基础上，蔚来的 Nomi、比亚迪的 DiLink 均基于安卓设计。
- 此外，传统汽车的底层操作系统一般基于黑莓的 QNX，如福特、宝马、奥迪等，这是一款安全性极佳的操作系统。
- 百度的 Apollo 系统、华为的鸿蒙系统，苹果在乔布斯时代就开始投入汽车系统。

车载系统尚未形成统一的标准，大部分车企并未将操作系统开源。目前较有影响力的车载系统框架为 AutoSAR。

"昆虫纲悖论"下的操作系统形态：昆虫纲是世界上种类最多的一个纲，但是每个细分的昆虫的数量又非常少。在计算机领域，随着智能终端形态（无人机、智能手表、AR/VR 眼镜、音箱、耳机等）的多样化和碎片化，也会出现类似昆虫纲的难题：设备类型很多，但每种类型都难以形成像个人笔记本或智能手机那样的规模。反过来讲，虽然每类设备单独的市场空间不大，但加起来的总空间十分庞大。为了占领市场，谷歌、微软、Facebook、苹果等企业纷纷在操作系统领域布局。微软在 Windows 10 之后开始研发 Windows CoreOS，谷歌从 2016 年开始投入 Fuchsia 项目，Facebook 从 2019 年开始研发面向 AR/VR 的新型操作系统，苹果为了支持 Vision Pro 头显推出了 visionOS。基于 VisionOS 的苹果头显设备如图 7.7 所示。

图 7.7　基于 VisionOS 的苹果头显设备

在中国，华为于 2019 年发布鸿蒙操作系统，并与合作伙伴一起构建 openEuler、

openHarmony 开源社区和华为移动服务（Huawei Mobile Service, HMS）生态①。研究人员认为，通过一个操作系统去适应所有场景，即"One OS for All"，已被证明是十分困难的。但如果将操作系统进行一个有效的解耦/元化，将系统组件 kit 化，实现"One OS Kit for All"。这样在面向多场景的不同需求时，可以将 kit 进行有效的组装，解决多场景能力共享、生态互通、极简互联、按需组合等问题。目前，鸿蒙操作系统开始支持车载，其自动驾驶操作系统内核获车规功能安全 ASIL-D 认证，成为业界首个获得 Security and Safety 双高认证的商用操作系统内核。

　　我在《加强下一代操作系统领域人才培育和产业布局的研究》报告中曾提到一个观点："传统操作系统课程毕竟很难适应新兴操作系统的技术需求，操作系统有智慧化、乐高化、软硬一体化的发展趋势。未来的操作系统人才需要同时是人工智能、分布式计算、芯片设计等周边领域的专家，科目间的边界会越来越模糊。"

7.4　灵魂是一股有序的能量

　　通过前文的介绍，我们知道软件如何令计算机"活过来"。现在我们有必要讨论一下关于"灵魂"的话题。人类的灵魂是什么呢？从碳元素到婴儿的过程中，是否有一个明确的点是灵魂出现的时刻？有人会说，是婴儿出生、脱离母体的那一刻。可是，难道灵魂和剪刀存在某种默契，在剪断脐带的那一刻钻进婴儿的身体？不妨先复盘一下计算机的生命历程，这对我们了解灵魂会有所启发。

7.4.1　计算机是怎么"活"过来的

　　计算机通电后，它的各个器官之间会有持续的电流流动，指令、数据在计算机体内不停地循环流转。以手机为例，我们之所以认为它是"活"着的，而非简单的金属板砖，因为它可以对我们的输入作出回应。当然，据此说这部手机活着还有些牵强，因为计算机的所有行为都是基于我们的输入，在可控、可预知的既定轨道上运行，我们并不认为它存在自我意识。但我们又如何确认自己的行为不是基于特定的算法呢？我们和计算机的区别在于，我们会基于某些算法自行设定目标并酌情执行，行为逻辑比计算机更加复杂和难以预测。但随着计算机从程序驱动模式转换到下一代的目标驱动模式（见图 7.1），它的生命特征会无限接近人类。因此，我们可以认为计算机现阶段是一类拥有初级灵魂

① 华为公司曾提出"1（手机）+8+N"的构想。后来由于手机业务受挫，这一构想渐渐不再提及，但其对生态的构建仍在继续。

的生物，有点类似于活人和死人中间的状态——比如《生化危机》中的丧尸。

那么，计算机是怎么从金属板砖变成生物的呢？关键在于它体内指令的不断执行。只要有一条指令在流动，就能以顺序或跳转的方式继续执行下一条指令、再下一条指令。指令本质上就是晶体管中的电子，电子流动形成电流，微弱的电流在计算机体内遵循特定的逻辑流转，循环往复，生生不息。

我们认为此时的计算机有"灵魂"了，因为它开始对外界作出反应。先不管这个反应是不是基于特定程序的，但至少它和刚从产线组装出来的金属板砖不一样了。从物理学的角度看，只有硬件和安装了软件的计算机有所不同，区别在于，后者比前者多了一些物质——存储在晶体管并在线路中流动的电子。正是这些有特定序列含义的电子，它们的流动使计算机能对外界输入作出响应。**如果说灵魂有重量，那么晶体管中存放的电子就是计算机灵魂的重量**。这里有一个前提，电子必须是运动的，只有不停在 CPU 电路中进出，才能完成计算，也就是作出某种响应。计算机需要电源来驱动电子运动，不论电源最终来自风电、核电、煤电，还是三峡水电。总之，有能量持续注入计算机的体内，这股能量形成电势，有电势就有电压，压着电子流动。"生命在于运动"，在外部能量的加持下，计算机体内进行有序的循环运动，并在运动中对外界做出响应。

7.4.2　人类生命循环的起点

人类身体里同样运行着"软件"，也就是各种循环的化学物质和电信号。在这个大循环系统中，能量和信息被不断地注入大脑，使得大脑能够像计算机的 CPU 那样正常运转，并对外界信息做出响应。我们知道，计算机可以从闪存中取得第一条指令，随之开启整个循环。由于闪存具有非易失性，因此只要接通电源，计算机就可以随之开启循环。但人类只有一次启动体内循环的机会。

这个机会在怀胎十月的时候形成。婴儿起初与母体的血脉循环为一体，在母体这个大系统流动的过程中，胎儿的体内随之流动。随着时间的推移，胎儿的各个器官逐渐成熟，尤其是大脑、心脏等关键部件，发育成熟的器官逐渐接管母体的工作，胎儿开始自循环。当剪断脐带，胎儿和母体脱离，胎儿的循环系统真正独立，一个新生命就此诞生。也可以说，世上又多了一个拥有独立内循环的信息处理系统。所以，有机生命的初始启动是在母体帮助下完成的。

对于计算机这样一个无机生物，一个由人创造的全新物种，需要从不同角度看待。一方面，人类创造了它的身体，利用光刻机将自己设计的"脑回路"变成摸得着的电路；

另一方面，人类塑造了它的灵魂，通过编程向硬件中注入电子，并供给能量，驱动电子移动形成电流。在创造出这个无机生物之后，人类又像伙伴一样与它打交道，进行人机交互。

7.4.3　灵魂的消逝

"人死如灯灭"，亦如计算机的关闭。当拔掉计算机电源，能量来源中止，CPU 和内存中维持的电子会立刻散去。这时计算机重新回到金属板砖的状态。对人类而言，就是从活人变成了尸体。生死的区别在于软件，也就是通过能量维持的运动中的有序电子。人类一日三餐摄取能量，正是为了维持体内的循环不断。而随着能量供给的中止，电子排序就会遭到破坏，不再有信息属性，体内有序循环被打破。生命的消亡，首先是灵魂的消逝，没有那些靠能量维系的信息，生命体将不再具备计算能力，原有的记忆也会消失。

在人类繁衍的历史长河中，绝大部分人不会被记录在史书里。对于一个离世的人，当他的妻儿、朋友相继辞世，世上就再没有关于他的任何信息序列。没人知道他的名字、样貌，他也不会再出现在任何人的梦里，关于他的所有信息痕迹都会被抹掉。

7.4.4　重启生命

当人的心跳停止、血液不再流动，生命迹象也就消失了。让我们来思考一个问题："如果通过某种技术手段将身体硬件快速冻结，且保证身体不会腐烂损坏。很久以后，通过电击等医学手段使其心跳再次跳动，这个人是否还可以活过来？"在生命科学领域，有研究尝试通过极速冷冻的方式实现上面的构想，但迄今为止，类似科幻片中美国队长那样冷冻数十年后再醒来的案例还未出现。即便是心脏复苏，根据临床医学的经验，也只能在心跳停止的四分钟内实施。一旦过了这个黄金时间段，就再难重启生命了。

通过冷冻使身体内的物质静止，远没有那么简单。所谓的保持身体不损毁，只是保持了一直到细胞层面的化学结构不被破坏。但更小粒度的物质却没有被保持：体内动态流动的电信号、静态存储的电子都会消失，上述这些都是需要能量维持的。冻结只是从肉眼可见的角度实现了宏观世界的静止。但在身体里的微观世界，比如大脑中的电子、原子依然是运动的。想保住灵魂，应该将这些微观世界的粒子一并冻结。但这种情况只有在零下 273.15℃ 才有可能达到，这是热力学绝对零度，可以实现领域内时间的绝对静止，即便微观粒子，也不再运动。但这是一个理论值，目前的科技仍无法实现。因此，想复活冷冻人是很困难的。最悲观的结果是，那些冷冻中的人体永远无法再被唤醒。

　　就这一方面而言，计算机相比人类有更大的优势。当我们给计算机重新接通电源并按下开机键，计算机的心跳恢复跳动，循环有序恢复，生命得以重启。我们知道，计算机一旦掉电，它在寄存器、CPU Cache、内存中的数据会全部丢失，处理器中不会再有指令到来。计算机之所以能够重启，是因为它的软件，也就是晶体管中的电子状态，同样得到了保存。这得益于闪存这一非易失性存储器，能够在掉电的情况下锁住电子状态，从而维持住了指令和数据信息。

　　"花有重开日，人无再少年"。人类的重启并非基于原状态的"就地复活"，而是全部重置的"重开一局"。人类怀胎十月孕育生命，就是一个重新启动的过程。婴儿通过基因继承了母体的大部分算法，并基于这些基因构造和母体相似的大脑、五脏六腑、五官、四肢。不同的是，婴儿的 CPU，即脑回路，变成了初始状态，需要通过外部刺激重构脑回路的结构。由于外部刺激与父母曾接受的不同，故脑回路结构不同，想法也就不同。更重要的是，大脑中存储模块的信息没有被保留，而是完全格式化清空。因此，婴儿没有母体的记忆。人的重启是彻彻底底的重置，生命通过这种繁衍的方式得以延续。

📝 **笔记** 如果你孕育了一个婴儿，通过一些技术手段，比如克隆，使婴儿的脑回路结构也和你一样，且记忆数据保留了下来。当婴儿出生，从婴儿的视角看，他/她就是你，婴儿会认为自己"带着前世的记忆穿越了"。

　　可是，此时的你还在这个世界。所以，可以确定的是，你的灵魂并没有消失，也没有让渡给婴儿。也就是说，通过精细的物质排布，灵魂被复制了。

7.4.5　灵魂隐藏在微观世界

　　"一尺之棰，日取其半，万世不竭！"一尺长的木棍，每天砍一半，永远都砍不完。这说明物体的细分是无穷尽的。但事实真是这样吗？

　　物质以原子为基本单位构成，原子细分为质子、中子和电子。灵魂就是有序流动的电子，在脑回路等硬件的辅助下，运动中的电子支配生物个体，对外界环境作出响应。爱因斯坦从《狭义相对论》中推导出的质能方程 $(E = mc^2)$ 发现了物质和能量的内在关联。质子、电子等微观粒子有质量，属于物质。而物质是能量的固化，当能量高度聚集，彼此牵引，形成强大的引力，以至再难有外力将这些能量打散，这些能量就凝聚成了物质。原子核、电子就是这种很接近能量本质的微观物质存在。而灵魂是微观物质和能量的混合体，由它们共同组成。

在现实生活中,随处可见质量转化为能量的现象,比如说我们燃烧煤炭能够产生热量,这就是质量转化为能量的典型案例。不过,目前人类还无法将物质的质量百分之百地转化为能量,现在人类掌握的最大能量释放是核聚变,其质能转换率只有约 0.7%。也就是说,1kg 质量通过核聚变,质量亏损只有约 7g。这 7g 质量可以转化成 6.3×10^{14}J 的能量,约 15 万吨 TNT 炸药爆炸的威力。

2020 年,天文学家彭罗斯在瑞典皇家学院接受诺贝尔物理学奖,以表彰他对物理学研究做出的巨大贡献。他当时研究的课题是:关于宇宙能量及其循环的问题,即能量本身的诞生、发展和消亡的过程,以及它在这个过程中表现出的规律。彭罗斯认为,生命是宇宙能量演化的一个缩影,从我们诞生到慢慢长大、步入中年,再到老年,甚至死亡,都和能量在宇宙中的运动变化非常类似。"其大无外,其小无内",大如宇宙,小如微观粒子,神奇如智慧生命,所遵循的本质规律都是共通的。上帝一视同仁,不会在宇宙内划设法外之地。

7.4.6　关于意识的讨论

谈到灵魂,自然会联想到意识。意识是一个难以量化的概念,迄今为止,科学界对意识还没有一个公认的论断。这里,我们不妨思考一个问题:人类、猩猩、植物、石头,哪些有意识? 哪些没有?

(1)首先,**人类**是有自我意识的,这一点毋庸置疑,我们甚至会思考自己从何而来;

(2)我们认为动物也是有意识的,当与**猩猩**对视时,好像能看到对方的灵魂;

(3)**植物**有意识吗? 对于这个问题,人们的观点开始出现分歧。有些人认为没有,因为植物无法识别伤害并逃离,也没有表达自己的能力。但更多的人认为植物是有意识的,他们会反问:"向日葵难道不会意识到太阳的方向吗?""如果你感觉仙人掌没有意识,那么对于食人花,你又是什么感觉呢?""根据达尔文的《物种起源》,动植物都是从同一祖先进化而来的,如果植物没有意识,那么意识是从进化的哪个时刻从天而降?"

(4)**石头**有意识吗? 相比植物,更多的人会认为石头没有意识。但怎样算有意识呢? 我们不是石头,又如何确定石头没有意识? 简单地以"能不能看见对方在动"作为依据过于主观。一些物理学家认为,电子、质子等微观粒子也是有意识的,因为只要对粒子进行观测,粒子就会"察觉"并改变状态(第 8 章介绍量子计算机时会展开介绍)。即便是"空间",当宇宙中超大质量物质(黑洞)出现时,空间似乎也会有意识地扭曲(《广义相对论》在论证引力与加速运动的不可分割性时,推导出空间扭曲的结论,这个结论已经被实验证实）。

基于上述的思考，我倾向于认为物质都是有意识的。随着物质的组合、物质结构的复杂化，意识也由简单变得复杂，最终发展出人类的高级意识。严格来讲，人类本身就是由人类创造的，这是繁衍的意义。所以，未来人类创造出拥有更高级意识的计算机，也并非难以置信。

7.5   安全：计算机的主权争夺

硬件是软件的载体，前者决定了计算机具备的能力，后者决定了计算机如何使用这些能力。人的肉体总是比思想更容易禁锢，同样道理，计算机硬件容易控制，而软件逻辑更易失控。

一般而言，计算机的控制权应掌握在合法拥有者手里，即用户。用户按照自己的意愿运行计算机程序，使计算机执行合法的任务并达成合法的目标，如刷短视频、打游戏，与好友语音聊天。此时，用户对计算机拥有主权，可以按照自身意愿对计算机进行支配，在不损害他人利益的情况下接受服务。用户维护计算机主权完整，和国家维护领土主权完整是一样的道理：一个国家需要按照自己意志在土地上设定目标、执行任务，以成全自身而非他人的利益诉求。

软件的危害在于，有可能为计算机设定一个损害他人利益的目标，并为达成目标付诸实施。运行中的计算机是不存在权力真空的，它必然有一个支配者，也就是发出决策意志的源头。如果没有按照合法用户的意志执行，说明有其他源头夺取了计算机的控制权。这个源头有可能来自两个方面：①入侵者；②软件自身。

7.5.1   躲在黑暗里的人

一些计算机专业人士会扮演入侵者的角色，通过编写特殊软件进行破坏活动，甚至接管合法用户对计算机的控制权。这些入侵者一般被称为黑客，或骇客。他们编写的软件主要包括病毒、蠕虫和木马。黑客的计算机入侵如图 7.8 所示。

病毒是在计算机程序中插入的破坏计算机功能或者数据的代码，能影响计算机使用，能自我复制的一组计算机指令或者程序代码。比如，熊猫烧香是一个很有代表性的病毒软件，它属于捆绑释放型病毒，感染之后会将病毒放在前面，正常程序放在后面，程序运行之后，病毒会拿到控制权。

蠕虫和病毒相似，是一种能利用系统漏洞通过网络进行自我传播的恶意程序。但病毒需要寄生在宿主程序中,而蠕虫是一种独立存在的可执行程序。独立于主机程序是蠕虫最大的特点。当蠕虫形成规模、传播速度过快时,会极大地消耗网络资源,导致大面积网络拥塞,甚至瘫痪。自我复制或自我传播是恶意软件的一个重要特征,当这一能力遇上网络,可谓如虎添翼,危害性极大。世界上第一个被广泛关注的蠕虫是莫里斯蠕虫,1988 年由美国康奈尔大学的研究生编写并施放到网上,在当时造成极大的社会恐慌。

第三种常见的威胁是**木马**。这是一种经过伪装的软件,表面看似无害,但会在目标计算机上开设后门,与远程计算机之间建立连接。攻击者从合法用户手中接过控制权,通过网络远程控制你的计算机。为了成功入侵计算机,攻击者会通过各种伪装手段将木马文件种在计算机里,然后诱导用户执行该木马程序,比如捆绑了木马的邮件、电子贺卡。木马程序很小,一般只有 KB 或 10KB 量级,很容易在用户不察觉的情况下实现捆绑。木马的全称是特洛伊木马(Trojan Horse),名字来源于古希腊传说。传说在希腊与特洛伊的战争中,由于特洛伊城池坚固,易守难攻,奥德修斯献计,让迈锡尼士兵烧毁营帐,登船撤离,但故意留下一具巨大的木马。特洛伊人将木马当作战利品拖进城内。在晚上防备松懈的时候,藏在木马里的士兵悄悄溜出,打开城门,放进早已埋伏在城外的希腊军队,一夜之间特洛伊的控制权易手。

图 7.8　黑客的计算机入侵

计算机的攻防是一个长期存在的较量。随着操作系统补丁的完善、沙盒等隔离技术的出现,以及杀毒和加密技术的发展,编写恶意软件的技术门槛越来越高。但没有绝对的安全,随着软件技术的发展,攻击者开始将各类新技术应用在恶意软件上,典型的有以下几种情况。

- 勒索病毒：2017 年 5 月 12 日，一款名为 WannaCry 的勒索病毒通过 MS17-010 漏洞在全球范围大爆发，感染了大量的计算机。此后，Petya、Bad Rabbit、GlobeImposter 等勒索病毒相继对企业及机构发起攻击。
- 挖矿木马：在比特币等虚拟数字货币交易火爆的同时，越来越多的人利用数字虚拟币交易大发横财，吸引大量黑产从业人员进入挖矿产业，这也是为什么 2017 年之后披露的挖矿木马攻击事件数量呈现出爆发式增长。
- APT 攻击：当前，鱼叉攻击、水坑攻击、远程可执行漏洞和密码爆破攻击等手段依然是 APT 攻击的最主要方式。未来，Fileless 攻击、将通信的 C&C 服务器存放在公开的社交网站上、使用公开或者开源工具、多平台攻击和跨平台攻击将成 APT 攻击技术的主要发展趋势。
- IoT 攻击：黑客通常通过设备弱口令或者远程命令执行漏洞对 IoT 设备进行攻击，攻击者通过蠕虫感染或者自主的批量攻击控制批量目标设备，构建僵尸网络，IoT 设备成为黑客最热爱的武器。

当前，计算机利用验证码和密码进行安全认证，验证码是为了证明你是人，密码是为了证明你是对的人。经上述核查后，再交出控制权和决策权，才是相对安全的。银行、广播电视台、军事机构则采用网络隔离等方式进行安全防御。虽然病毒软件危害很大，但软件本身并非源头，祸根还是在于编写它的人。

7.5.2　人类是怎样一步步丧失控制权的

电影《肖申克的救赎》中，主人翁安迪是一位银行家，被误判为杀害妻子而入狱。面对暗无天日的牢笼和欺凌，安迪没有就此放弃。安迪利用自己的财务知识，为监狱官员和典狱长提供税务和投资方面的帮助，换取了一些特权和自由。随着合作的加深，典狱长对他的依赖越来越强。只要遵从安迪的建议，自己总能获得利益。潜移默化中，双方的从属关系正在发生微妙的变化，安迪总能"从对方的角度出发"，说服典狱长按照自己的意志执行。典狱长的执行力是强过安迪的，因为他拥有监狱的管理权，还有武器。但他已经不具备自主决策权 —— 典狱长没有被胁迫，却因为不够聪明而无法摆脱安迪的控制。在这场博弈中，安迪成为意志的最终源头。故事的结尾，安迪越狱，成了最大的受益者，典狱长则因自己的不聪明付出了代价。

在人类与计算机的双边关系中，我们会不会成为"典狱长"，是一个值得反思的问题。物竞天择，天择发展出大脑的目的，是为了在这个世界中求生存。因为意外的巧合，在生存需求之外，发展出进一步了解这个世界的能力，人类超脱于其他生物，成为最聪明的物种。但当比人类更聪明的计算机出现时，人类在越来越轻松的同时，对后者的依赖也与日俱增。对于我们发出的目标，计算机总能给出完美的执行方案，我们自然乐于采纳。这意味着，决策的源头从人脑变成了计算机的大脑。可是，不够聪明的我们无法理解计算机决策的原因和内在逻辑，只能盲目按照对方的意志执行。因为无法理解，所以难以预判其产生的影响，这是失控的开始。

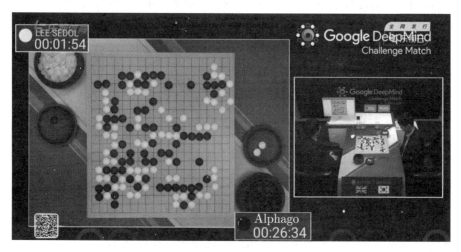

图 7.9　AlphaGo 对战李世石（第二局）

在 AlphaGo 与李世石的围棋对战中，已经出现了人类无法理解计算机行为的迹象。在第二场棋局的第 37 子，AlphaGo 执黑走了一步肩冲[①]，如图 7.9 所示。计算机的这一步决策超出人类的预期，因为这步落子违背了从古至今的传统，棋谱在开局时鲜少有这样的布局，而且这样行棋似乎也没什么必要。也就是说，这一步并非计算机简单根据历史棋谱复制而来。从后续战况看，在左下角棋局漫长的胶着之后，黑 119 子与第 37 步落下的那颗黑子连成一线！李世石此时应该意识到当初 37 子的意图，但为时已晚。AlphaGo在落第 37 子时，已经预判到自己接下来每一步将走哪里，以及李世石会如何落子来应对自己。在整个对战过程中，计算机与人类具有相同的目标：取得这局围棋的胜利。但计算机为达成这一目标而拆解出的步骤，人类已经难以判断其意图。

围棋领域只是一个缩影。随着软件技术和数理逻辑理论的发展，计算机在越来越多

[①] 在对方棋子的对角线上方行棋。单从这一步看，AlphaGo 是为了阻止白 36 子往中腹位置发展，人们并没有预判到，这颗棋子会和 70 多手以后的黑子连在一起，成为决定胜负的关键。

的领域会超越人类。这意味着，人类将在越来越多的领域服从计算机的意志，而对它的意图或导致的结果缺乏判断力。网络会进一步放大这种潜在风险。

7.6   结语

软件是计算机的灵魂，它规定了计算机里的序列，使计算机中用于承载信息的物质（电子）变得有序。而计算机连接的电源给它提供源源不断的能量，保证这些电子秩序不会由于熵增而混乱。应用程序（微信、支付宝、Facebook、TikTok）和操作系统（Windows、Linux、安卓）都属于软件，它们都是特定顺序的 0/1 序列，没有本质区别。程序员利用编程语言，在手指间敲出各式各样程序序列的设定。

当前，程序员还需设定软件的具体执行步骤。下一代程序员将不再需要绞尽脑汁地思考步骤和算法，只把目标告诉计算机即可。这是计算机的"灵魂"开始有意识的开始，因为它开始可以自己设定目标并采取行动。在这个过程中，人类会越来越轻松，但同时会把越来越多的权力让渡给计算机。在 21 世纪，尤其是下半叶，高度智能的软件将深刻改变人类社会的生产关系，以及人类与计算机的关系。

本章关键词：软件，编译，操作系统，虚拟地址，进程，页表，昆虫纲悖论，灵魂，意识，病毒，AlphaGo，人工智能，黑客，信息安全，质能方程

第 8 章 量子计算机 —— 凝视宇宙的终极法则

上帝不掷骰子。

—— 爱因斯坦

8.1 引言

在 19 世纪的时候，科学家认为我们已经解开了世界上所有的问题：在远低于光速的情况下，牛顿的经典力学能解决所有的机械问题，电磁现象被总结为麦克斯韦方程，光现象能被波动定律解释，热现象能被热力学解释，在高于光速的情况下，相对论能解释宇宙万物。就在人类以为我们已经解决了所有问题的时候，科学家突然发现，这些定律只适用于宏观世界。一旦进入微观世界，这些定律就不适用了。科学家在原子、电子和光子等极小物质的研究中发现了很多神秘现象。为了研究这些微观世界的物理现象，普朗克、波尔、薛定谔、爱因斯坦等人一起创立了量子力学。

随着制造工艺的进步，晶体管的集成度越来越高，经典计算机逐渐接近现代物理的极限 —— 元器件接近原子尺寸。在这样的原子尺度上，电子流很难得到可靠的控制，电子会跳到晶体管外，导致晶体管无效。晶体管是能让计算机处理数据的最基本单元，从功能上来说它像一个开关，可阻挡或允许电流通过。但是，摩尔定律即将走到尽头，随着集成度的继续增长，计算机科学将不得不从宏观世界迈入微观世界。如今，一个晶体管已经可以做到几纳米的大小。由于小到仅有数个原子的大小，因此电子有时会无视其中阻碍而直接通过一个已关闭的三极管开关。这意味着，如果晶体管极小，将会漏电，失去开关电子的能力。这种现象被称为量子隧穿效应。

这意味着，计算机的运行规律将不得不从宏观世界进入微观世界，利用量子领域的物理规律进行重新设计。这种计算机称为量子计算机。量子计算机目前还没有公认的定义，可大致理解成一种通过利用量子力学特有的物理状态实现高速计算的计算机。量子计算机的研发是计算机科学、物理学等多门学科的共同挑战，同时也是国与国之间科技竞争的重要领域。

8.1.1　量子计算机与经典计算机的关系

量子物理学家 Shohini Ghose 曾带领学生与 IBM 的量子计算机玩过一次猜硬币的游戏。作为对比,他们先与经典计算机玩:若一个硬币正面向上,则计算机先走,它可以选择把硬币翻过来或者不翻,当然结果不会告诉你;该你走的时候,也可以把硬币翻过来或者不翻,结果也不会告诉计算机。三轮过后看硬币的哪一面朝上。若正面朝上,则计算机赢;若背面朝上,则你就赢了。按照这个规则,我们应该能预判出结果:大家的赢面各占 50%。Ghose 和学生们玩了很多轮之后,结果确实如此。之后,他们与 IBM 的量子计算机玩了 372 把,结果人仅赢了 3%,量子计算机只输了几次,还是因为计算机的操作失误造成的。可以说,跟量子计算机玩这个游戏,人几乎没有胜算。

通过这个测试,我们意识到,量子计算机并不是经典计算机的升级版,就像电灯不是蜡烛的升级版,它们之间存在本质的不同。无论怎么优化经典计算机性能,都不可能升级成为量子计算机。后者基于更深层次的科学认知,相比经典计算机已经发生了质变。

经典计算机和量子计算机基于不同的物理学范畴。在物理学中,我们曾接触过物体运动、力的相互作用、电磁场等特性,这些属于经典物理学,研究对象是较大的物体。而量子物理学(也称量子力学)的研究对象则是原子、电子等极小的物质。经典计算机和量子计算机分别对应经典物理学和量子物理学。经典物理学是量子力学的近似,任何可以由经典物理学解释的现象都可以由量子力学解释。这意味着,量子计算机是向下兼容经典计算机的。理论上,任何可以通过经典计算机求解的问题都可以用量子计算机求解。

从经典计算机发展到量子计算机是一个循序渐进的过程。科学家目前正在探索专用型量子计算机,尝试设计出可以执行某些特定计算任务的量子计算机(如量子退火计算机)。在此基础上,使量子计算机能高效执行一些经典计算机难以执行的计算,实现量子霸权①。

量子计算机在加解密、神经网络等专用领域有天然的优越性。这里举一个例子:有两个大数,5869 和 8999。如果要计算这两个数的乘积,利用计算器可以轻松得到结果:52815131。但是,如果反过来,告诉你 52815131 这个数,让你找出这是哪两个数的乘积,这就很难了。这就是我们中学时就认识的质因数分解。比如 15,我们一眼就能看出是 3×5。但对于 52815131,显然难以肉眼看出,必须用计算机求解。质因数分解的特点是:相乘很简单,但分解很难。难度系数随着数字的位数呈指数增长。目前尚没有有

---

① 近年,学术界采用"量子优越性"代替"量子霸权"的表述,以规避"霸权"一词引起的歧义。

效的经典算法可以解决这个问题，只能一个数一个数地试。对于一个万亿次的经典计算机，分解一个 300 位的大数，即便采用目前最高效的算法 —— 数域筛（时间复杂度为 $O(n\log\log n)$）—— 也需要 15 万年的时间才能计算出结果。这种一个方向计算很简单而反向计算很难的特征，恰好适用于加密。计算机可以快速加密一个数据，而要反向破解它，则需要耗费无法接受的时间。目前网络上使用的大部分加密方式，包括网银和加密货币，是一种叫作 RSA 的加密算法。RSA 恰恰就是基于因数分解设计的。

随着量子计算机的出现，情况发生了变化。数学家 Peter Shor 提出一种针对因数分解的量子算法，并以他的名字命名，称为 Shor 算法。它把因数分解的时间复杂度从指数级增长降低到多项式增长。上例中，经典计算机需要花费 15 万年，才能完成分解的 300 位大数，而使用量子计算只需要 0.01 秒。这对当前的加密系统构成了潜在[①]的威胁。

此外，基于量子计算机的 Grover 搜索算法能将无序数据库搜索问题的复杂度从 $O(N)$ 降低到 $O(\sqrt{N})$；量子神经网络使用 N 位量子比特就能编码 2^N 位的数据，实现指数级的加速。在上述领域，量子计算机均表现出经典计算机难以企及的优越性。

虽然当前研究处于专用型的初级阶段，但在专用型量子计算机技术成熟之后，科学家尝试将计算能力扩展到通用场景，并完善容错能力，实现最终目标 —— 研发出通用量子计算机。

8.1.2　量子计算机的研究现状

最先体现量子优越性的量子计算机是谷歌的悬铃木（见图 8.1）。悬铃木是一种类似法国梧桐的树，谷歌的芯片上就印了一个悬铃木叶子的 Logo。这个计算机包含 53 个量子比特，执行随机数判断时，它只用 200 秒就完成了 100 万次取样，超级计算机 Summit 需要一万年才能完成这一工作量。悬铃木证明了量子优越性的存在。在此基础上，量子计算机的发展推进到含噪的中等规模量子技术（noisy intermediate scale quantum, NISQ）阶段，它指的是由 50 到几百个（中等规模）不能被精确控制的量子比特（含噪）构成的量子机器，量子优越性在这一规模下得到充分体现。2022 年，IBM 公司发布了目前规模最大的 433 量子比特超导量子计算机 Osprey。

中国则在 2020 年实现了首个光量子计算机"九章"。九章这个名字源自《九章算

---

① 之所以说是"潜在"威胁，因为量子计算机实现密码破译需要很大的运算量。据估计，要完全破译 RSA 密码，需要量子计算机能操控百万个量子比特。而首先号称实现量子霸权的谷歌悬铃木，仅能操控 53 个比特，而且其中大部分用来纠错，实际参与运算的只有 12 个，距离百万级量子比特的操控还有很长的路要走。

术》[1]。《自然》杂志以中国物理学家挑战谷歌量子优越性（Physicists in China challenge Google's quantum advantage）为标题进行报道。潘建伟院士的这一研究成果确立了中国在量子计算领域的地位。2021 年，潘建伟团队构建了 133 光子的原型机"九章二号"，在高斯玻色取样任务上的求解速度比当时全球最快的超级计算机快 10^{24} 倍。

图 8.1　量子计算机实景图

　　尽管量子计算机的构建已经取得显著的进展，但是整体上仍处于早期研究阶段，量子比特的稳定性、噪声等因素导致量子计算机在短时间内无法推广。

8.2　量子力学基本理论

　　在介绍如何设计量子计算机之前，我们有必要对量子力学的基本理论进行解释，这是构造量子计算机的基础。量子力学是描述微观物体的理论，和相对论一起被认为是现代物理学的两大支柱。在量子力学中，粒子不像经典物理学那样能按照轨迹运动，而是以波的形式描述，其行为具有不确定性和统计性质。同时，量子力学也描述了粒子之间的相互作用，以及它们如何通过发射和吸收光子等方式传递信息。

8.2.1　不确定性原理

　　双缝干涉实验（见图 8.2）：牛顿认为光是一种粒子，光是粒子的说法统治了科学界几百年的时间。后来，有些科学家认为光是一种波。那么，光到底是粒子，还是波呢？为

___

① 《九章算术》是中国古代具有里程碑意义的数学专著，书中一共 246 个数学问题，分为 9 个大类，故此得名。现代数学著名的"勾股定理"就出自书中的第 9 章。

了研究光到底是波还是粒子，科学家做了一个实验，实验原理是让一束单色光通过两个相距很近的小孔，然后在远处观测光在屏幕上形成的图案。如果光是粒子，就应该能看到两个亮点，对应于两个小孔。如果光是一种波，就应该能看到一个明暗相间的条纹。经过第一次实验，科学家在屏幕上发现了干涉条纹。第二次实验时，科学家在狭缝旁边安装了摄像头，以观察光子到底是如何通过狭缝的。观测发现，电子并没有同时经过两条狭缝，只是从其中一个狭缝中穿过。让科学家感到惊讶的是，屏幕上的干涉条纹居然消失了，而是变成了两条杠。如果将探测器拿走，屏幕上的干涉条纹就会出现。这说明人类的观测影响了实验的结果，最终科学家定义光具有波粒二象性。

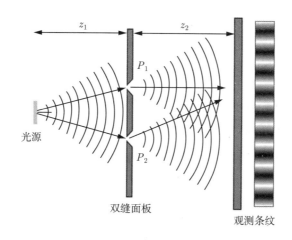

图 8.2　双缝干涉实验

　　一直以来，科学家认为观测者不会影响事物的最终结果。但是，在量子力学中，观测者非常重要，是参与者，而非旁观者，这违反了经典物理学。在经典物理学中，事物的最终结果是能提前计算出来的。比如，当我们将球踢出去，根据角度、力度等精确计算，无论我们看不看那个球，它都会落到确定的点上。简单来说就是，在量子力学中，事物的最终结果一定和观测者有关系。

　　上帝掷骰子吗？ 宏观世界里，观察并不会对被观察对象产生什么影响。不过，如果要观察一个电子，我们的观察行为本身一定让电子的状态发生改变，以至于我们最后观察到的电子状态并不是观察前的电子的状态。物理学家玻尔认为，在观测前，粒子的状态不是确定的，而是所有可能状态的叠加。观测时，粒子会随机变成某一个状态，这种随机性是粒子的基本规律。比如，精确测出了粒子的位置，但它的速度却永远测不准。这并不是因为仪器精度不够高，仪器再好都没用。这个不可能是被宇宙规律所禁锢的"不可能"，而非"有可能但目前做不到"。波尔的这个观点被称为哥本哈根诠释（Copenhagen interpretation）。

根据冯·诺依曼的总结，量子力学有两个基本过程：一个是按照薛定谔方程确定性地演化；另一个是因为测量导致的量子叠加态随机塌缩。薛定谔方程是量子力学核心方程，它是确定性的，跟随机性无关。那么，量子力学的随机性只来自后者，也就是波尔认为的"测量"。爱因斯坦反对波尔的观点，讲出了"上帝不掷骰子"这句名言。爱因斯坦认为，量子力学只能给出观测得到的物理量的概率分布，是因为这个理论是不完备的，实际上这个随机性来自信息的缺失，就是有一些我们不知道的因素在起作用，导致无法确切得知每一次观测的结果。要解决随机性问题，需要继续发展量子力学，直到找到那些不确定的因素，从而做出确切的预测。

或许上帝会掷骰子。我个人倾向于爱因斯坦的隐变量理论，因为我们无法断言没有某些因素影响了实验结果，只是这些因素还没有被发现。就好像我们可以用 1000 种方法证明计算机不安全，却无法断言某台计算机是绝对安全的，因为总有些还未被发现的方法，在未来找到安全的漏洞。但是，目前物理学界的实验表明，波尔的观点更有可能是正确的。1964 年，约翰贝尔的一篇论文指出，隐变量理论和哥本哈根诠释的某些实验标记下会给出不同的结果。于是，对应的实验开始出现，迄今为止所有的实验都表明哥本哈根诠释是正确的。我们姑且不论哥本哈根诠释是否正确，但可观察到的微观世界现象和规律是确定的，基于这些规律足够科学家进行量子计算机的设计。

8.2.2　量子叠加

经典计算机中，一个比特可以表示 0 或者 1，但不能同时表示 0 和 1，就像电灯不可能同时既亮又灭一样。但是，一个量子比特却可以同时表示 0 和 1 两个数，这就是量子力学的叠加态。我们可以这样理解，一本白纸组成的书，0 和 1 的字符交替出现在每页纸上。快速翻动这本书，如果翻动得足够快，就能看到 0 和 1 重合在一起，同时呈现在你的眼里。这个例子虽然不是严格的叠加态，但有助于我们理解这种状态。叠加态在宏观世界难以想象，但在微观世界，叠加态却是一个本质特征。薛定谔就曾提出过一个思想实验：将一只猫、一瓶毒药和放射源放入密闭容器 (见图 8.3)。如果盒内监测器检测到放射性，即单个原子衰变，烧瓶就会破碎，毒药释放，会杀死猫。量子力学的哥本哈根诠释认为，一段时间之后，猫既活着又死了。但是，人们看向盒内时，猫不是活着就是死了，会出现一种确定的结果。注意，并不是说"猫的结局早已确定，只是由于我们打开盒子才看到结果"，而是"在打开盒子之前，猫并不处于活着和死亡中的任何一种明确状态"。

图 8.3　薛定谔的猫：盒子里的猫处于既死又活的叠加状态

　　当对处于叠加态的量子进行观察时，处于叠加态的量子将转变为某种特定状态，这一现象称为波函数坍缩。这里提到的观察包括一切手段，不仅是肉眼的观察，所有仪器的测量也包含在内。

8.2.3　量子纠缠

　　经典计算机中比特之间是没有关系的，就像一个开关，无论它是开还是关，都不会影响其他开关的状态。量子比特则不同，一对量子可能处于纠缠态。量子纠缠指的是，在微观世界中两个配对好的粒子能超越空间的限制，实现瞬间的感应和相互作用。假如我们将处于纠缠态的两个粒子一个放在地球，另一个放在火星。如果我们影响地球上的那个粒子，火星上的粒子也会受到影响，而这种影响的速度是瞬间完成的。量子纠缠也称为量子相干性。为此，科学家还专门做了实验，将两个配对好的粒子分别放在相隔 100 多千米的地方，然后将配对好的第三个光子放在其中一个粒子中，科学家惊讶地发现，相隔 100 多千米的另一个粒子也出现了相同的光子。这说明量子纠缠是实际存在的，虽然其原因还不得而知。量子纠缠的特性在量子通信[①]领域大放异彩。

　　以电子自旋为例，处于自旋态的两个电子，它们的自旋方向是相反的。只要知道一

---

　　① 2022 年 10 月 4 日，诺贝尔物理学奖颁发给了法国科学家阿兰·阿斯佩、美国科学家约翰·克劳泽，以及奥地利科学家安东·蔡林格，以表彰他们在量子纠缠光子实验验证违反贝尔不等式和开创量子信息科学方面做出的巨大贡献。

个电子的自旋方向，就可以立刻知道另一个电子的方向。假设有两个电子 A 和 B，在没测量之前，它们各自处于叠加态。也就是说，电子 A 处于既向左旋又向右旋的状态，电子 B 同样如此。这时，如果测量 A，就会导致 A 的波函数坍缩，A 就会出现一个确定的状态。假设 A 是向右自旋的，那么即便没有测量 B，B 的波函数也会坍缩，且坍缩后一定向左自旋。无论 A 和 B 的距离多远，都会是这种结果。

8.3　量子计算机原理

实现量子计算的步骤与经典计算机类似，首先要有能维护表征信息的比特状态，其次需要有技术手段使比特状态发生改变，最后还要能将结果保存并读出。

（1）初始化量子比特：量子比特是量子计算机中的最小单位，是经典计算机中"比特"的量子版。量子计算机通常会使用通过物理手段制备的量子比特表征信息并执行计算。因此，在计算前要先制备并初始化量子比特。

（2）量子化操作：要实现计算，量子计算机还要对量子比特进行量子化操作。具体地，操作量子比特的方法在量子电路模型中称为量子门操作。

（3）读取计算结果：为了获取计算结果，需要测量量子比特的状态，从中读取计算结果。

8.3.1　量子比特

量子计算机和经典计算机最根本的不同在于两者使用的最小信息单位不同。经典计算机的最小信息单位是前文介绍的比特（bit），而量子计算机使用的最小信息单位是量子比特（qubit）。

经典比特处于非 0 即 1 的状态，根据量子特性构建的量子比特则不同，它可以同时存在于 0 态与 1 态中，即量子叠加态。进行测量后，叠加态会坍缩，量子系统以一定的概率呈现出某个状态作为结果。每个量子同时包含 2 个状态，那么 3 个量子比特可以构成 2^3，即 8 个状态的叠加态。这种叠加态的神奇之处在于，每个量子比特都好像处在平行时空，可以在每个时空以不同状态出现。对于 3 个量子比特，相当于有 2^3 个平行时空，即上述的 1 台量子计算机相当于 8 台传统计算机在并行工作！当可以控制的量子比特数增加，则系统可以同时处理的状态数呈指数级增加，这种并行性带来了量子计算的优越性。

研究人员可以利用干涉和纠缠的性质同时并行地改变每种状态产生的概率，目的是提高理想结果产生的概率。最后，通过测量使得叠加态坍缩到某个具体的状态，作为量子计算的结果。由于产生的结果是概率性的，因此通常需要多次测量以排除干扰项。

　　量子比特可以使用布洛赫球直观地表示出来。如图 8.4 所示，布洛赫球是一个单位二维球面，每一对对应点对应相互正交的态矢。布洛赫球面的北极和南极分别对应电子的自旋向上态和自旋向下态标准基矢的 0 态和 1 态。我们可以将量子比特视为指向以 0 和 1 为两极的球体表面某一点的箭头。球面上的点就表示量子比特的状态。箭头指向正上方时状态为 0，指向正下方时状态为 1，指向球面其他点时状态为 0 和 1 的叠加态。经典比特只能表示 0 和 1 这两种状态中的一种，而量子比特可以表示球面上所有的点。

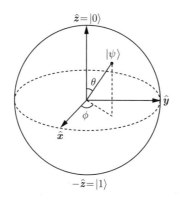

图 8.4　布洛赫球，量子比特可以表示球面上的所有状态

　　如果要表示地球表面的某个位置，可以采用纬度和经度。纬度表示目标在上下（南北）方向的"摆动幅度"，经度表示目标在左右（东西）方向的"旋转方位"。同样道理，可以采用纬度和经度表示布洛赫球面上的任意位置。在数学中，经纬度有专门的名字：纬度表示"摆动的幅度"，称为**振幅**；经度表示"旋转的方位"，称为**相位**。

　　在测量前，量子比特处于 0 和 1 的叠加态，可以用指向球面上某一点的箭头（振幅 ＋ 相位）表示。此时处于叠加态，可能处于球面上任意位置，只不过在不同位置的概率不同。量子比特一经测量，就会明确呈现状态 0 或 1。经测量后的量子比特要么处于状态 0，要么处于状态 1，两者的概率取决于测量箭头的位置。箭头偏向北半球，即偏向 0 所在的那一极，则出现 0 的概率越大。反之，在南半球出现状态 1 的概率大。经过测量后，就可以从量子比特中读取非 0 即 1 的经典比特信息。量子比特的状态从叠加态坍缩为确定的状态。

　　也就是说，我们能够通过箭头的状态得知测量出 0 和 1 的概率。这是一个概率问题。而由于测量后的状态非 0 即 1，所以测量前为 0 和为 1 的概率之和一定是 100%。为区别于传统比特，一般使用狄拉克符号表示量子比特：$|0\rangle$ 对应状态 0，$|1\rangle$ 对应状态 1。所以，叠加态可以表示为

$$\alpha|0\rangle + \beta|1\rangle \tag{8.1}$$

其中，α 和 β 分别表示状态 0 和状态 1 的概率。这里需要引入数学中复数①的知识，因为只有复数域上无限维的希尔伯特空间能表征出叠加态。这里，α 和 β 各自用振幅和相位两个变量表示。例如，复数 α 可以表示为 $A(\cos\phi + i\sin\phi)$。其中 A 代表振幅，ϕ 代表相位，并且满足：

$$|\alpha|^2 + |\beta|^2 = 1 \tag{8.2}$$

　　通过上述表示，不难看出这是一种波的形式，通过正弦（sin）和余弦（cos）将叠加态时波的特质很好地表示了出来。

　　当很多量子比特在一起的时候，它们所有的波函数都加在一起，形成一个描述量子计算机状态的整体的波函数。这个组合可能像水的波纹一样发生干涉，相长干涉会形成更大的波浪，相消干涉会让波浪相互抵消。当量子计算机计算出结果后，肯定不能上去就测量，不然会导致波函数坍缩。这时就需要使用相长干涉增加正确答案的概率，使用相消干涉降低错误答案的概率。之后再反复测量，就能得到一个接近正确的答案。

　　我们同样可以使用狄拉克符号表示多个量子比特。例如，$|001\rangle$ 表示的状态是 3 个量子比特的状态已经确定，也就是测量之后的状态。状态一旦确定，就等同于经典比特，量子优越性随之消失。而测量之前的叠加态，是 8 种状态叠加在一起的状态：$|000\rangle$、$|001\rangle$、$|010\rangle$、$|011\rangle$、$|100\rangle$、$|101\rangle$、$|110\rangle$、$|111\rangle$。N 位的量子比特就会处于 2^N 种状态的叠加。可以使用复数（α，β，γ，$\cdots$，δ）作为权重赋给每种状态，分别表示对应状态的概率。所以，3 个量子比特的叠加态可以表示为

$$\alpha|000\rangle + \beta|001\rangle + \gamma|010\rangle + \cdots + \delta|111\rangle \tag{8.3}$$

　　上述是利用几何方法表示叠加态。一些科学家也会采用线性代数的方法，以正交向量和矩阵的形式表征叠加态，这里不再赘述。

---

　　① 复数由意大利米兰学者卡当在 16 世纪首次引入，经过达朗贝尔、棣莫弗、欧拉、高斯等人的工作，此概念逐渐为数学家所接受。

量子计算机中，每个量子比特都需要一堆线缆来操控和测量。为了制造像大规模集成电路那样的集成量子的量子芯片，目前正在尝试超导、离子阱、光量子和拓扑等技术手段。比如，谷歌悬铃木使用的是超导量子比特，九章使用的是光量子。最终采用哪种技术路线来管理量子比特，目前尚没有定论。

8.3.2　量子门

在经典计算机中，一些电子元器件可以改变流入和流出的比特状态。这些元器件称为"门"，如与门、或门、非门等。通过这些逻辑门的组合可以完成计算。同样，量子计算机中需要一些门，能改变量子比特的状态。与逻辑门对应，改变量子比特状态的门称为量子门。

单量子比特门：常见的量子门包括 X 门、Z 门、H 门等。X 门也称泡利-X 门，相当于经典逻辑门中的非门，当 X 门作用在基态上，可以将基态翻转。注意，只有当作用在无叠加的基态上时，才等价于经典的非门。在布洛赫球中，效果相当于将箭头旋转 180°，调头指向它的反面。Z 门则实现布洛赫球面上的箭头绕 Z 轴旋转 180°。由于 $|0\rangle$ 和 $|1\rangle$ 这两种非叠加态本身就在 Z 轴，Z 门不会改变出现两种状态的概率。$|0\rangle$ 和 $|1\rangle$ 也因此称为 Z 门的本征态。

H 门也称哈达玛门，通常用于创建叠加态。如果输入为 $|0\rangle$，H 门将输出 $|0\rangle$ 和 $|1\rangle$ 概率均等的叠加态；若输入为 $|1\rangle$，H 门将输出相位差为 180° 的 $|0\rangle$ 和 $|1\rangle$ 概率均等的叠加态。H 门与 X 门、Z 门一样，可以实现球面上箭头 180° 旋转的效果，所以量子比特两次经过 H 门可以回到原来的状态。在用波表示的情况下，如果量子比特只在 $|0\rangle$ 上有振幅，H 门就会将其变换为在 $|0\rangle$ 和 $|1\rangle$ 上具有均等概率的状态。如果量子比特只在 $|1\rangle$ 上有振幅，H 门就会翻转 $|1\rangle$ 上的相位，使该量子比特在 $|0\rangle$ 和 $|1\rangle$ 上具有均等概率。

除了上述门，还有 Y 门、S 门和 T 门等，这些都是单量子比特门，用于改变单量子比特的状态。由于单量子可以用布洛赫球面表示，这些单量子门的状态改变效果都可以理解成箭头在球上的旋转操作。可以认为，量子计算本身就是布洛赫球上旋转操作的组合。

双量子比特门：除了单量子比特门，还有一类双量子比特门，可以对两个量子比特进行操作。有代表性的是 CNOT 门，也称受控非门，有两个输入和两个输出。其中一个输入为控制比特，另一个输入为目标比特。目标比特的作用会随着控制比特状态的变化而变化，控制比特相当于翻转目标比特的开关。之所以单量子比特门之外还需要专门设计双量子比特门,是因为有些计算效果无法通过单量子的操控完成,比如量子纠缠态。量子纠缠态需要 H 门和 CNOT 门的协作才能构造。一旦有了单量子和双量子比特门,更高阶的任意效果就可以通过它们的组合实现。

测量门:可以将测量也视为一种门,它可以将量子状态从叠加态转换成确定的经典比特状态。测量前表现的是波动性,测量后表现的是粒子性[①]。对于多个量子比特,对它们的测量是相对独立的,可以只测量其中一个或几个比特。被测量的部分出现波函数坍缩,而未被测量的部分依然维持叠加态。

测量导致的这种变化较难理解,这一现象并不会发生在经典计算机中。简单而言就是,量子比特的状态在测量前后会发生变化,而且并非"量子比特的状态是确定的,我们只是由于没有测量,不知道这个状态罢了",而是"只有在测量的一瞬间,量子比特的性质才会发生变化"。无论这个哥本哈根诠释[②]是否正确,量子测量的物理规律都已被科学家广泛证实,利用这些规律足够进行量子计算机的设计。量子测量是一个尚处在研究阶段的复杂理论,作为量子力学的一个分支,目前仍处于研究的初级阶段。

8.3.3　量子电路

在量子电路中,计算的输入采用量子门的组合表示,输出则是对量子比特状态测量的结果。为了方便表示,我们以线性代数的方法解释量子在经过电路中不同量子门时的状态变化过程。

例如,图 8.5(a) 展示了对处于 $|0\rangle$ 量子比特施加 X 门的一个简易的量子线路图。计算过程可表示为

$$\boldsymbol{X}|0\rangle = \begin{bmatrix} 0 & 1 \\ 1 & 0 \end{bmatrix} \begin{bmatrix} 1 \\ 0 \end{bmatrix} = \begin{bmatrix} 0 \\ 1 \end{bmatrix} = |1\rangle \tag{8.4}$$

实现了量子比特状态的翻转。图 8.5 (b) 展示了对两个量子比特的系统施加 H 门,并进行测量的量子线路图。量子线路按列从左到右地查看。每一列代表一个时间步对线路的操作。为了不破坏量子纠缠,更新 N 位量子比特的状态通常需要针对完整的 2^N 维状态向量构造大小为 $2^N \times 2^N$ 的操作矩阵,操作矩阵可以由门矩阵的张量积得到。对于图 8.5 (b) 中的线路,计算第一列两个 H 门构成的操作矩阵的过程为:

---

① 即物理学家发现的波粒二象性。从波动性转换为粒子性的过程为波函数坍缩。

② 如果不基于哥本哈根诠释进行理解,大量物理实验结果将无法解释,因此这一诠释是目前物理学界最广泛认可的解释。

$$O = H \otimes H = \frac{1}{\sqrt{2}} \begin{bmatrix} 1 & 1 \\ 1 & -1 \end{bmatrix} \otimes \frac{1}{\sqrt{2}} \begin{bmatrix} 1 & 1 \\ 1 & -1 \end{bmatrix} = \frac{1}{2} \begin{bmatrix} 1 & 1 & 1 & 1 \\ 1 & -1 & 1 & -1 \\ 1 & 1 & -1 & -1 \\ 1 & -1 & -1 & 1 \end{bmatrix} \quad (8.5)$$

再用 O 更新初始的状态向量可得到均匀的叠加态：

$$O|1\rangle = \frac{1}{2} \begin{bmatrix} 1 & 1 & 1 & 1 \\ 1 & -1 & 1 & -1 \\ 1 & 1 & -1 & -1 \\ 1 & -1 & -1 & 1 \end{bmatrix} \begin{bmatrix} 1 \\ 0 \\ 0 \\ 0 \end{bmatrix} = \frac{1}{2}(|00\rangle + |01\rangle + |10\rangle + |11\rangle) \quad (8.6)$$

经过测量门后，量子线路会遵循概率坍缩到一个特定的状态。在图 8.5 (b) 中，经过第二列的两个测量门后，线路会以 $\frac{1}{4}$ 的概率坍缩到 $|00\rangle$、$|01\rangle$、$|10\rangle$、$|11\rangle$ 中的某一个状态。量子系统也允许部分测量，被测量的量子比特坍缩，其他量子比特继续维持叠加态。

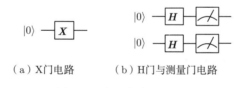

（a）X门电路　　　　（b）H门与测量门电路

图 8.5　量子电路示意图

8.4　生存还是毁灭 (To be or not to be)

量子叠加和量子纠缠是量子计算机的基础。但是，叠加态和纠缠态极易受到外界环境的影响。处于叠加态的量子极易受到干扰而导致波函数坍缩，转变为确定的状态。当利用处于纠缠态的量子进行计算时，一束电磁波足以令计算失败 —— 处于纠缠态的量子会退相干，并和电磁波重新纠缠。可以看到，量子计算机是十分脆弱的，温度、电磁辐射、震动噪声，甚至宇宙射线都会对计算机造成破坏。人类现阶段很难创造出一个屏蔽所有干扰的绝对密闭空间，尚没有有效途径阻挡无处不在的宇宙射线。根据麻省理工学院最新的研究成果，如果屏蔽掉其他干扰（宇宙射线无法屏蔽），最好情况下量子比特的相干时间会维持 4ms。也就是说，如果没有有效的解决方案，宇宙射线发出的人畜无害的辐射，会把量子计算机的寿命牢牢控制在几毫秒内。

量子的规模效应是另一个堵在量子计算机面前的墙。每增加一个比特，量子计算机的计算能力就会指数级增长。但是，大规模量子更易受到外部干扰，这让屏蔽干扰的难题雪上加霜。更糟糕的是，每额外增加一比特，工程任务的困难度会指数增长，最终结果有可能是得不偿失。

因此，对于量子计算，一个必须回答的问题就出现了：到底是将来人类能制造出一个具有大量量子比特的可靠计算机呢？还是环境干扰无法解决，量子计算机最终走上绝路呢？"To be or not to be, that is a question." 当然，我们也不用悲观，科学家正在探索各种屏蔽手段，并利用纠错技术缓解外部干扰。

一旦量子计算的诸多技术难题被攻克，计算机这个无机生物将摆脱硅基，进化到一个全新的形态。我们姑且称之为"Ⅱ 代无机生物"。Ⅱ 代无机生物的大脑将拥有无限的记忆力和超强算力，并能在同一时空对所有场景同时进行分析和预判。在前文中我曾提到，计算机能自行设定目标并执行，将是出现自我意识的开端。一旦有了量子计算的加持，其大脑中自我意识的进化速度将远远超过有机生物。依赖于此，它极有可能先于人类破解更隐秘的基因组密码，并基于有机生物的基因序列完成自身算法的快速迭代，最终演化出永恒智慧生命的新纪元。

8.5　探索宇宙的终极理论

随着计算机开始迈入量子世界，人类距离了解世界的本质规律更近了一步。随着对计算机理解的逐步加深，其中涉及的知识和科学问题开始越来越多地和其他科学领域联系在一起。科学家从不同学科、不同领域开展研究，但很多方法、规律、结论能够在彼此间得到印证。1927 年，在比利时，布鲁塞尔召开了第五届索尔维会议，也就是索尔维国际物理学化学研讨会，这次会议留下了一张广为流传的世纪照片（见图 8.6）。照片中每个人的名字都如雷贯耳，爱因斯坦、居里夫人、波尔、薛定谔、普朗克等均在其中。很多科学家穷尽一生都在追求某种能够解释一切的"终极理论"（Theory of Everything）。诺贝尔物理学奖得主温伯格在他的著作《终极理论之梦》中提到："这个理论之所以美丽，是因为它的简洁，可以用最少的定律来表达可能存在的无穷复杂性。"

在东方也有相同的认识。"太极生两仪"，两仪即阴阳，也就是计算机世界的 0 与 1。阴阳可以衍生万物，而阴阳之下应该还有更简约朴素的道："有物混成，先天地生。寂兮寥兮，独立而不改，周行而不殆，可以为天地母。吾不知其名，字之曰道，强为之名曰大。大曰逝，逝曰远，远曰反。故道大，天大，地大，人亦大。域中有四大，而人居其一焉。人法地，地法天，天法道，道法自然。"

图 8.6 20 世纪的科学家梦之队

本章关键词：量子计算，量子纠缠，量子叠加，波粒二象性，薛定谔的猫，量子门，哥本哈根诠释，双缝干涉，复数，希尔伯特无限维度空间，终极理论

第9章 总 结

9.1 本书的知识图谱

　　本书涉及知识点比较繁杂，这里进行一些梳理（见图9.1）。首先，通过硅谷百年发展史，我们了解了计算机在诞生初期的样子，虽然初期的样子比较简陋，却有助于我们看清它的基本原理。计算机和有机生命一样，是一套信息处理系统，具备"输入信息""处理信息""反馈信息"的能力。信息的本质是物质的差异性体现，比如，现实世界的物体均由原子等少数几种微观粒子构成，却因粒子排列结构、数量的不同，衍生出世间万物，有山、有水、有生命。同样，在计算机世界，利用电子这个物质表征信息，而晶体管负责存放这些电子。电子可以被按在晶体管中不动，这些静态的信息称为数据；它也可以按照一定的顺序发生流动，并在流经某些元器件时发生改变，这个过程我们称为计算。根据物理学的知识，我们知道微观粒子是做无规则运动的，这是熵增，所以无论按住这些电子不动还是让它们有规律地流动，都需要消耗能量。计算机接通电源，人脑通过食物获取能量，都是为了维持这套信息处理系统的秩序性。

　　这套信息处理系统的核心就是脑回路，它是人脑中的神经网络结构，亦是计算机 CPU 中的电路，这些都是看得见摸得着的物质。当用于表征信息的电子流经此处，再流出时，电子的排布状态就有可能发生变化。因此，如果脑子的结构不同，同样的信息输入便会发生不一样的输出反馈，我们的直观经验就是，不同的人对同一件事会有不同的反应。人脑的结构会在后天学习、生活过程中发生变化，因此人对外界信息的反应会随着年龄增长而越发"成熟"。但计算机则不同，它的大脑结构在 CPU 芯片出厂时就已经注定。为了实现大脑与外界的信息交互，则需要定义语言规则，并使其与大脑的内部结构保持一致，确保在这一规则下，输入的信息可以流经大脑后得出预期的输出信息。正是出于这一目的，人与人之间通过学习语言（如汉语、英语等）实现交流，驯兽师与动物间通过少数指令沟通，人与计算机之间则通过指令或编程语言实现信息交互。以此为出发点，本书将程序、芯片、存储、操作系统、人机交互、网络等相关原理逐步呈现出来。其中，第三章至第五章的技术细节偏多，非本专业人士读起来可能有些吃力，这是正常的，可以略读或直接跳到后面章节。

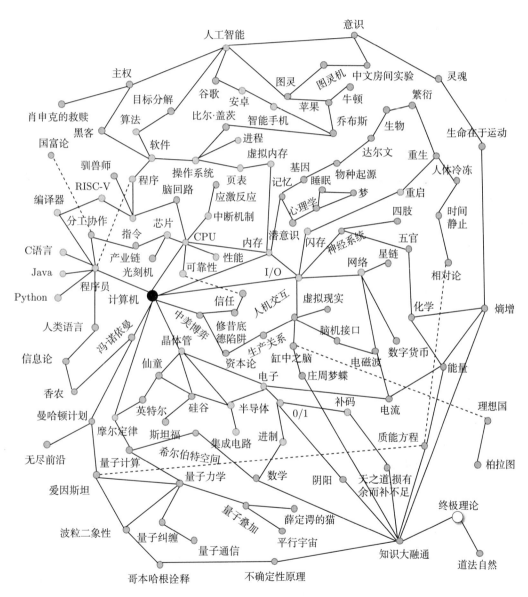

图 9.1　书中涉及关键词的知识图谱

计算机产业的发展将深刻改变人类未来的生产、生活方式，甚至颠覆三观。从技术层面看，随着计算机从"程序"本位进化到"目标"本位，人工智能出现意识在理论上是没有任何障碍的。意识、灵魂只是抽象的概念，换一个更精确的说法是："计算机执行了某些行为，但这些行为不是某个人类设定好的既定程序，而是计算机出于某个目标而内生的指令。"此时，人类会丧失对计算机的主权，这一部分在前面有详细论述。另外，计算机与人交互的方式也将在未来发生重大变革，计算机将与人类以更加接近自然（如虚拟现实、眼球追踪）甚至超自然（脑机接口）的方式交互信息，相关技术将与人工智能并驾齐驱，互相促进，并逐步融合。除此之外，随着计算机制造工艺的不断迭代，元器件的尺寸越来越小，当物质小到一定程度，牛顿力学等经典物理规律将不再适用。计算机为了突破进化瓶颈，将不得不迈入量子物理世界，以截然不同的量子计算机形态出现。彼时，计算机将与希尔伯特空间、平行宇宙等物理学前沿理论更紧密地结合。书中将这些前沿技术发散开来，进一步探讨了人类的灵魂、生命冷冻技术、记忆和潜意识、物理世界的"虚拟"嫌疑等。其中既有科学性问题，也有至今都无法回答的哲学性思考，"科学的尽头是哲学"，笔者是认同这一观点的。

9.2 计算机科学中的思想启示

9.2.1 模块化思想

模块化是复杂工程得以实现的必要条件，通过模块化，复杂的大问题可以拆解成多个相对简单的小问题，小问题可以进一步拆解成更小的模块。每个模块完成特定任务，在各个模块的协作中，复杂任务得以完成。在计算机科学中，模块化的思想随处可见。

- **计算机硬件的模块化**：计算机作为一个整体，需要多个硬件模块协作才能运转。比如，处理器负责计算，存储器负责存储，网卡负责通信等，各司其职。对研究者而言，当他设计 CPU 时可以不关心内存等其他硬件模块的内部实现细节，只了解 CPU 如何与它们通信即可。
- **计算机程序的模块化**：学习过编程的读者都知道函数的概念，更进一步，C++和 Java 语言还有对象的概念，这都是程序设计中模块化的体现。以函数为例，当我们使用某个函数时，只需要知道这个函数的输入和输出，即参数和返回值，不必知道其内部实现细节。这种模块化使得库函数的优势得以发挥。
- **计算机软硬接口的模块化**：计算机为实现某个功能，需要自底向上的垂直协作。以运行程序为例，需要 CPU 的电路设计、指令集的设计、编译器的设计、高级语言的语法设计，这几个模块彼此协作，才能完成一个程序的运行。网络协议的分层结构也是模块化的具体体现。

- **计算机课程设置的模块化**：计算机专业课程分为"C 语言"、"算法"、"编译原理"、"操作系统"、"计算机网络"、"数字电路"等（详见附录 C）。课程聚焦各自的细分领域，初学者往往难以理解每门课程在计算机中的作用。但当熟练掌握了所有课程，并在它们之间建立起关联，就能将这些模块化的知识碎片拼成全景图。

模块化思想在自然界和人类社会普遍存在，不单单适用于计算机科学领域。在《国富论》中，亚当·斯密详细论述了分工的重要性。不管是对生产效率的提高，还是管理的时效性，抑或是生产设备的创新方面，分工都起到了重要的作用。模块化包括分工和协作两部分。在人类社会从事大规模生产的过程中，分工协作是必不可少的。它使得每个人可以作为螺丝钉负责具体的某一项事务，然后各个模块之间彼此协作，拼接成一个庞大而统一的整体。"通工易事""男耕女织""万众一心"无不体现古人分工协作的思想。

9.2.2　捉住事物的主要矛盾

现在我们思考两个问题。

- 问题一：假设高速缓存只能容纳一个应用，其他应用只能从闪存中缓慢启动，请问你会把微信放进缓存，还是把某款网上银行的 APP 放进缓存呢？
- 问题二：现在有一个名额，可以把程序里你选定的任意函数加速两倍。假如函数 A 的执行时间是 10ms，函数 B 的执行时间是 800ms，你打算把名额给哪个函数呢？

答案是显而易见的，我们会把微信放进高速缓存，因为微信会经常使用，使得效果更明显。同样道理，我们会选择加速函数 B，因为加速 A 只能省 5ms，而加速 B 可以有 400ms 的性能收益。这两个问题其实隐含了一个道理：在解决问题时，要着手找出瓶颈点。

抓住了主要矛盾，一切问题就迎刃而解了。任何过程如果有多数矛盾存在，其中必定有一种是主要的，起着决定性作用，其他则处于相对次要的地位。主要矛盾往往就是瓶颈、痛点问题。在投入成本不变的情况下，好钢用在刀刃上，集中力量解决主要矛盾，往往能获得最大收益。

9.2.3　大道至简

简约是复杂的最终形式。

—— 达·芬奇

万事万物，往往始于简而趋于繁。正所谓大道至简，事物的根本规律，也是最初的规则，往往简单。人类经历了千万年的进化，有了现代文明、宗教信仰、门第阶层、三纲五常，现代人的行为逻辑已经极其复杂，城府较深的人更是九曲十八弯。但无论表面规则如何，人类基因中根本性的规则却很简单：以"趋利避害"的手段达到"生存繁衍"的目的。

计算机科学中同样遵循这一规律。一些支撑计算机运行的底层算法，比如 LRU(最近最少使用) 算法、伙伴算法，无不体现简约之美。之所以如此，是因为简单往往意味着高效。在简单之上复杂化，追加各种意外情况的考虑，则是为了全面。这种复杂化的过程往往牺牲效率，且慢慢藏匿了最本质的思想。本书在讲解计算机原理时，省略了大量技术细节，即防止它们掩盖简单的设计原理。

"先天领周天，盖周天之变，化吾为王①"。科学家探索的可以解释宇宙万物的"终极理论"，即古人口中的"道"，大概也是一套无比简约的算法吧。

9.2.4　合乎中道的平衡

世有二边，出家者不应亲近。如来舍此二边，依中道而现等觉，眼生，智生，寂静，证智，正觉。

—— 《弥沙塞部和醯五分律》卷一五

计算机对多个程序的处理，追求的是合乎中道的平衡。计算机会兼顾所有程序，即便这个程序比较重要，也只会对其做适当的资源倾斜，不会因为这一原因就偏废其他。将所有资源投入自己关心的某个程序，往往达不到预期的效果，因为程序并非孤立，偏废的程序、服务会拖慢整个计算机的性能。这种现象在计算机中称为优先级翻转。此外，计算机中存在"溢出"效应，当一个二进制数最大时，再加 1 就会进位溢出，结果反而归零。补码就基于这一原理。

计算机的设计思想启示我们，要摆脱非此即彼的思维定势，不因喜爱而偏用，不因不喜而偏废，达到一种内在的节制和平衡。人有七情六欲，也会贪嗔痴，这些基因中留下的本能有益于人类的生存繁衍，但需适度。无节制的偏好会生执念，导致身体和心理

---

① 先天：即《道德经》中所说"象帝之先"，事物衍化发展前的本源状态；周天：先天分而周天齐，周天是从本源衍化而成的宇宙万物。如果找到本源先天，就可以用它理解宇宙万物的规律，人就达到了至高境界，成为己为己主的"王"。

失衡，最终物极必反，盛极而衰。

9.2.5 圆道周流，循环往复

计算机能够运转，在于其体内电子生生不息的循环往复。电子组成的指令和数据不停地在处理器和存储器之间流动，从外界接入的能量则维持了这种循环。人亦如此，血液周而复始地流通，是活着的前提，我们在这个循环过程中对外界做出响应，一旦打破循环，生命即刻结束。生死的区别在于有没有"灵魂"，而灵魂就是体内那股由能量驱动的物质的循环运动。

不仅我们自身是一个循环系统，宇宙万物都在圆中。太阳的东升西落，四季的交替更迭，生命的生老病死，王朝的兴衰治乱，五行的相生相克，就连我们生活的地球都是圆的。正所谓"日夜一周，圜道也。月躔二十八宿，轸与角属，圜道也。精行四时，一上一下，各与遇，圜道也。物动则萌，萌而生，生而长，长而大，大而成，成乃衰，衰乃杀，杀乃藏，圜道也……"（《吕氏春秋》），此之谓也。

9.3 写在最后

笔者投入了很大精力撰写这本书，希望通过简洁的文字描绘计算机的全貌。由于计算机学科相关的基础理论和技术在不断发展，新的思想、概念技术不断涌现，加之个人能力有限，难免会有不当或疏漏之处，我会持续改进和完善。如果本书对您有所帮助，或是填补了您某个知识的空白，或是激起了您科技探索的兴趣……无论如何，我都倍感荣幸。

附录 A 书中涉及的主要人物

- **冯·诺依曼**：美籍匈牙利数学家、计算机科学家、物理学家，历任普林斯顿大学教授、普林斯顿高等研究院教授，入选美国原子能委员会会员、美国国家科学院院士。他提出的冯·诺依曼架构和存储程序概念是现代计算机的雏形，被誉为"现代计算机之父""博弈论之父"。

- **弗雷德里克·特曼**：美国国家工程学院创始院士，曾任斯坦福大学校长，被誉为"硅谷之父""电子革命之父"。他主导创建了斯坦福工业园，这是硅谷的前身。

- **威廉·肖克利**：在贝尔实验室工作期间研制出世界上第一个晶体管，并因这一伟大发明获诺贝尔物理学奖，被誉为"晶体管之父"。

- **阿兰·图灵**：数学家、密码学家，现代计算机逻辑结构的奠基者，被誉为"人工智能之父"。1936 年，图灵向伦敦权威的数学杂志投了一篇题为《论数字计算在决断难题中的应用》的论文。论文提出了著名的"图灵机"设想，其长达 30 多页的数学论证是计算机科学的理论基石。而图灵测试的思想则对人工智能的发展影响深远。计算机领域的皇冠"图灵奖"也是为了纪念他的贡献。

- **克劳德·E. 香农**：数学家，开创了信息论这一现代科学分支，在 1948 年开创性的论文《交流数学理论》中首次使用了比特（bit）的概念，其提出信息熵公式（$H(X) = -\sum p(x) \log p(x)$），为信息论和数字通信奠定了基础。

- **史蒂夫·乔布斯**：发明家、企业家，创办了苹果公司，他的许多创新已经改变了整个行业，例如：第一台使用图形界面和鼠标的个人计算机 Mac，iTunes 和 AppStore 分别改变了音乐和软件游戏的出版发行方式，iPhone 将人类带入智能手机时代，iPad 则重新定义了平板电脑。

- **比尔·盖茨**：微软公司创始人，连续 20 年成为《福布斯》美国富翁榜首富，其推出的 Windows 操作系统在个人计算机操作系统中具有垄断地位。

- **埃隆·马斯克**：特斯拉创始人，太空探索技术公司（SpaceX）首席执行官兼首席技术官，PayPal 创始人，Twitter 首席执行官，主导了星链计划。美国国家工程院院士，英国皇家学会院士。

- **林纳斯·托瓦兹**：Linux 内核的发明人，该内核是目前使用最广泛的操作系统内核。
- **麦克斯韦**：经典电动力学创始人，统计物理学奠基人之一，其提出的麦克斯韦方程组，首次将电学、磁学、光学统一起来，可以推论出电磁波在真空中以光速传播，并进而做出光是电磁波的猜想。麦克斯韦方程组和洛伦兹力方程是经典电磁学的基础方程。从这些基础方程的相关理论，发展出现代的电力科技与电子科技。
- **希尔伯特**：他对数学的贡献是巨大的和多方面的，研究领域涉及代数不变式、代数数域、几何基础、变分法、积分方程、无穷维空间、物理学和数学基础等，被后人称为"数学世界的亚历山大"。希尔伯特提出了不同于欧几里得空间的无限维空间 —— 希尔伯特空间，这是量子力学数学表示的关键概念。
- **华罗庚**：中国解析数论创始人和开拓者，被誉为"中国现代数学之父"，是中国计算机科学的奠基人。他在美国任教期间，受到冯·诺依曼重视和欣赏，两人交往密切，1956 年被任命为中科院计算所筹备主任，并提供了他从冯·诺依曼处索取的珍贵材料。
- **潘建伟**：中国科学院院士，中国科学技术大学副校长，中国在量子通信和量子计算领域的领军人，"墨子号"和"九章"的总工程师。
- **戈登·摩尔**："硅谷八叛逆"之一，先后参与了仙童、英特尔的创立，是摩尔定律的提出者。
- **诺贝尔**：瑞典化学家、工程师、发明家，1895 年，诺贝尔立下遗嘱将其遗产的大部分作为基金，设立诺贝尔奖。诺贝尔物理学奖、化学奖、生理学或医学奖被公认为是自然科学领域的最高奖。
- **达尔文**：英国生物学家，进化论的奠基人，著有《物种起源》。恩格斯将"进化论"列为 19 世纪自然科学的三大发现之一，与"细胞学说"和"能量守恒及转化定律"并列。
- **柏拉图**：古希腊伟大的哲学家，《理想国》的作者。柏拉图和老师苏格拉底、学生亚里士多德并称为"希腊三贤"。
- **老子**：姓李名耳，中国古代思想家、哲学家、文学家和史学家，道家学派创始人，著有《道德经》。
- **庄周**：战国中期思想家、哲学家、文学家，道家学派代表人物，与老子并称"老庄"。其作品收录于《庄子》一书。
- **薛定谔**：物理学家，量子力学奠基人之一，因思想实验"薛定谔的猫"而广为人知。

- **弗洛伊德**：奥地利精神病医师、心理学家、精神分析学派创始人。他开创了潜意识研究的全新领域。费洛伊德 1899 年出版了《梦的解析》，被认为是精神分析心理学正式形成的标志。
- **卡尔·马克思**：德国思想家、政治学家、哲学家、经济学家，马克思主义的创始人，著有《资本论》《共产党宣言》等。
- **罗伯特·诺伊斯**："硅谷八叛逆"之一，英特尔公司创始人。
- **利兰·斯坦福**：美国镀金时代的十大财阀之一，铁路大王，加州的第一任州长，创立了斯坦福大学。斯坦福大学日后成为硅谷的发源地。
- **任正非**：企业家，华为公司创始人，重视基础科学研究，带领中国团队在无线通信、智能手机等领域达到世界领先水平。
- **沃森，克里克**：两位科学家合作提出了 DNA 分子的双螺旋结构学说，这个学说被认为是生物科学中具有革命性的发现之一，也是 20 世纪最重要的科学成就之一。
- **大卫·帕特森**：2017 年图灵奖得主，美国国家科学院院士，美国国家工程院院士，美国艺术与科学院院士，RISC 体系奠基人，当今在世的计算机体系结构领域的宗师。
- **范内瓦·布什**：曼哈顿计划的提出者和执行人，主导创建了美国国家自然科学基金会和美国国防部高级研究计划署，"信息论之父"香农、"硅谷之父"特曼均是他的学生。他发表的论文《诚如所思》开创了数字计算机和搜索引擎时代，所著《科学：无尽的前沿》被认为是美国取得军事霸权和科技霸权的起点。
- **霍金**：理论物理学家，著有《时间简史》一书，并证明了广义相对论的奇性定理和黑洞面积定理，提出了黑洞蒸发理论和无边界的霍金宇宙模型。

📝 笔记 在科学的殿堂，窗帘被全部拉上。上帝点起一支蜡烛，说这是伽利略；然后又点起一支蜡烛，说这是欧拉；接着再点起一支蜡烛，说这是门捷列夫；最后，他打开窗帘，阳光洒满殿堂，他说，这就是牛顿和爱因斯坦。

- ★ **牛顿**：发现万有引力定律和力学三大定律，构建了经典力学体系。发明了微积分，提出了广义二项式定理，发现光的折射和色散定律，并发明了反射式望远镜。提出了热学领域的基本定律之一：牛顿冷却定律。此外，牛顿最早提出了金本位制度，对货币经济学产生了深远的影响。
- ★ **爱因斯坦**：提出狭义相对论、广义相对论。发现能量守恒定律，并提出质能转换方程。提出了光量子假说，通过量子理论解释了光电效应，并最终证明了能量子以及光子（即光的粒子）的存在，在光量子假说的基础上有了光电效应的推论，这一推论也使爱因斯坦获得了 1922 年的诺贝尔物理学奖。提出了宇宙学和统一场论，发现布朗运动，帮助证明了原子和分子的存在，并参与了人类第一颗原子弹的设计与制造。此外，爱因斯坦提出了受激辐射的理论，为今天的激光技术打下了理论基础。

附录 B RISC-V 指令集

RISC-V 指令集如图 B.1 和图 B.2 所示。

Free & Open RISC-V Reference Card ①

Base Integer Instructions: RV32I, RV64I, and RV128I

Category	Name	Fmt	RV32I Base	+RV{64,128}
Loads	Load Byte	I	LB rd,rs1,imm	
	Load Halfword	I	LH rd,rs1,imm	
	Load Word	I	LW rd,rs1,imm	L{D|Q} rd,rs1,imm
	Load Byte Unsigned	I	LBU rd,rs1,imm	
	Load Half Unsigned	I	LHU rd,rs1,imm	L{W|D}U rd,rs1,imm
Stores	Store Byte	S	SB rs1,rs2,imm	
	Store Halfword	S	SH rs1,rs2,imm	
	Store Word	S	SW rs1,rs2,imm	S{D|Q} rs1,rs2,imm
Shifts	Shift Left	R	SLL rd,rs1,rs2	SLL{W|D} rd,rs1,rs2
	Shift Left Immediate	I	SLLI rd,rs1,shamt	SLLI{W|D} rd,rs1,shamt
	Shift Right	R	SRL rd,rs1,rs2	SRL{W|D} rd,rs1,rs2
	Shift Right Immediate	I	SRLI rd,rs1,shamt	SRLI{W|D} rd,rs1,shamt
	Shift Right Arithmetic	R	SRA rd,rs1,rs2	SRA{W|D} rd,rs1,rs2
	Shift Right Arith Imm	I	SRAI rd,rs1,shamt	SRAI{W|D} rd,rs1,shamt
Arithmetic	ADD	R	ADD rd,rs1,rs2	ADD{W|D} rd,rs1,rs2
	ADD Immediate	I	ADDI rd,rs1,imm	ADDI{W|D} rd,rs1,imm
	SUBtract	R	SUB rd,rs1,rs2	SUB{W|D} rd,rs1,rs2
	Load Upper Imm	U	LUI rd,imm	
	Add Upper Imm to PC	U	AUIPC rd,imm	
Logical	XOR	R	XOR rd,rs1,rs2	
	XOR Immediate	I	XORI rd,rs1,imm	
	OR	R	OR rd,rs1,rs2	
	OR Immediate	I	ORI rd,rs1,imm	
	AND	R	AND rd,rs1,rs2	
	AND Immediate	I	ANDI rd,rs1,imm	
Compare	Set <	R	SLT rd,rs1,rs2	
	Set < Immediate	I	SLTI rd,rs1,imm	
	Set < Unsigned	R	SLTU rd,rs1,rs2	
	Set < Imm Unsigned	I	SLTIU rd,rs1,imm	
Branches	Branch =	SB	BEQ rs1,rs2,imm	
	Branch ≠	SB	BNE rs1,rs2,imm	
	Branch <	SB	BLT rs1,rs2,imm	
	Branch ≥	SB	BGE rs1,rs2,imm	
	Branch < Unsigned	SB	BLTU rs1,rs2,imm	
	Branch ≥ Unsigned	SB	BGEU rs1,rs2,imm	
Jump & Link	J&L	UJ	JAL rd,imm	
	Jump & Link Register	UJ	JALR rd,rs1,imm	
Synch	Synch thread	I	FENCE	
	Synch Instr & Data	I	FENCE.I	
System	System CALL	I	SCALL	
	System BREAK	I	SBREAK	
Counters	ReaD CYCLE	I	RDCYCLE rd	
	ReaD CYCLE upper Half	I	RDCYCLEH rd	
	ReaD TIME	I	RDTIME rd	
	ReaD TIME upper Half	I	RDTIMEH rd	
	ReaD INSTR RETired	I	RDINSTRET rd	
	ReaD INSTR upper Half	I	RDINSTRETH rd	

RV Privileged Instructions

Category	Name	RV mnemonic
CSR Access	Atomic R/W	CSRRW rd,csr,rs1
	Atomic Read & Set Bit	CSRRS rd,csr,rs1
	Atomic Read & Clear Bit	CSRRC rd,csr,rs1
	Atomic R/W Imm	CSRRWI rd,csr,rs1
	Atomic Read & Set Bit Imm	CSRRSI rd,csr,rs1
	Atomic Read & Clear Bit Imm	CSRRCI rd,csr,rs1
Change Level	Env. Call	ECALL
	Environment Breakpoint	EBREAK
	Environment Return	ERET
Trap Redirect	to Supervisor	MRTS
	Redirect Trap to Hypervisor	MRTH
	Hypervisor Trap to Supervisor	HRTS
Interrupt	Wait for Interrupt	WFI
MMU	Supervisor FENCE	SFENCE.VM rs1

Optional Compressed (16-bit) Instruction Extension: RVC

Category	Name	Fmt	RVC	RVI equivalent
Loads	Load Word	CL	C.LW rd',rs1',imm	LW rd',rs1',imm*4
	Load Word SP	CI	C.LWSP rd,imm	LW rd,sp,imm*4
	Load Double	CL	C.LD rd',rs1',imm	LD rd',rs1',imm*8
	Load Double SP	CI	C.LDSP rd,imm	LD rd,sp,imm*8
	Load Quad	CL	C.LQ rd',rs1',imm	LQ rd',rs1',imm*16
	Load Quad SP	CI	C.LQSP rd,imm	LQ rd,sp,imm*16
Stores	Store Word	CS	C.SW rs1',rs2',imm	SW rs1',rs2',imm*4
	Store Word SP	CSS	C.SWSP rs2,imm	SW rs2,sp,imm*4
	Store Double	CS	C.SD rs1',rs2',imm	SD rs1',rs2',imm*8
	Store Double SP	CSS	C.SDSP rs2,imm	SD rs2,sp,imm*8
	Store Quad	CS	C.SQ rs1',rs2',imm	SQ rs1',rs2',imm*16
	Store Quad SP	CSS	C.SQSP rs2,imm	SQ rs2,sp,imm*16
Arithmetic	ADD	CR	C.ADD rd,rs1	ADD rd,rd,rs1
	ADD Word	CR	C.ADDW rd,rs1	ADDW rd,rd,rs1
	ADD Immediate	CI	C.ADDI rd,imm	ADDI rd,rd,imm
	ADD Word Imm	CI	C.ADDIW rd,imm	ADDIW rd,rd,imm
	ADD SP Imm * 16	CI	C.ADDI16SP x0,imm	ADDI sp,sp,imm*16
	ADD SP Imm * 4	CIW	C.ADDI4SPN rd',imm	ADDI rd',sp,imm*4
	Load Immediate	CI	C.LI rd,imm	ADDI rd,x0,imm
	Load Upper Imm	CI	C.LUI rd,imm	LUI rd,imm
	MoVe	CR	C.MV rd,rs1	ADD rd,rs1,x0
	SUB	CR	C.SUB rd,rs1	SUB rd,rd,rs1
Shifts	Shift Left Imm	CI	C.SLLI rd,imm	SLLI rd,rd,imm
Branches	Branch=0	CB	C.BEQZ rs1',imm	BEQ rs1',x0,imm
	Branch≠0	CB	C.BNEZ rs1',imm	BNE rs1',x0,imm
Jump	Jump	CJ	C.J imm	JAL x0,imm
	Jump Register	CR	C.JR rd,rs1	JALR x0,rs1,0
Jump & Link	J&L	CJ	C.JAL imm	JAL ra,imm
	Jump & Link Register	CR	C.JALR rs1	JALR ra,rs1,0
System	Env. BREAK	CI	C.EBREAK	EBREAK

32-bit Instruction Formats

	31 — 25	24 — 20	19 — 15	14 — 12	11 — 7	6 — 0
R	funct7	rs2	rs1	funct3	rd	opcode
I	imm[11:0]		rs1	funct3	rd	opcode
S	imm[11:5]	rs2	rs1	funct3	imm[4:0]	opcode
SB	imm[12] imm[10:5]	rs2	rs1	funct3	imm[4:1] imm[11]	opcode
U	imm[31:12]				rd	opcode
UJ	imm[20] imm[10:1] imm[11] imm[19:12]				rd	opcode

16-bit (RVC) Instruction Formats

	15 14 13 12	11 10 9 8 7	6 5 4 3 2	1 0
CR	funct4	rd/rs1	rs2	op
CI	funct3 imm	rd/rs1	imm	op
CSS	funct3	imm	rs2	op
CIW	funct3	imm	rd'	op
CL	funct3	imm	rs1'	imm	rd'	op
CS	funct3	imm	rs1'	imm	rs2'	op
CB	funct3	offset	rs1'	offset	op
CJ	funct3	jump target		op

RISC-V Integer Base (RV32I/64I/128I), privileged, and optional compressed extension (RVC). Registers x1-x31 and the pc are 32 bits wide in RV32I, 64 in RV64I, and 128 in RV128I (x0=0). RV64I/128I add 10 instructions for the wider formats. The RVI base of <50 classic integer RISC instructions is required. Every 16-bit RVC instruction matches an existing 32-bit RVI instruction. See risc.org.

图 B.1 RISC-V 指令集（I）

Free & Open RISC-V Reference Card (riscv.org) ②

Optional Multiply-Divide Instruction Extension: RVM

Category	Name	Fmt	RV32M (Multiply-Divide)		+RV{64,128}	
Multiply	MULtiply	R	MUL	rd,rs1,rs2	MUL{W|D}	rd,rs1,rs2
	MULtiply upper Half	R	MULH	rd,rs1,rs2		
	MULtiply Half Sign/Uns	R	MULHSU	rd,rs1,rs2		
	MULtiply upper Half Uns	R	MULHU	rd,rs1,rs2		
Divide	DIVide	R	DIV	rd,rs1,rs2	DIV{W|D}	rd,rs1,rs2
	DIVide Unsigned	R	DIVU	rd,rs1,rs2		
Remainder	REMainder	R	REM	rd,rs1,rs2	REM{W|D}	rd,rs1,rs2
	REMainder Unsigned	R	REMU	rd,rs1,rs2	REMU{W|D}	rd,rs1,rs2

Optional Atomic Instruction Extension: RVA

Category	Name	Fmt	RV32A (Atomic)		+RV{64,128}	
Load	Load Reserved	R	LR.W	rd,rs1	LR.{D|Q}	rd,rs1
Store	Store Conditional	R	SC.W	rd,rs1,rs2	SC.{D|Q}	rd,rs1
Swap	SWAP	R	AMOSWAP.W	rd,rs1,rs2	AMOSWAP.{D|Q}	rd,rs1,rs2
Add	ADD	R	AMOADD.W	rd,rs1,rs2	AMOADD.{D|Q}	rd,rs1,rs2
Logical	XOR	R	AMOXOR.W	rd,rs1,rs2	AMOXOR.{D|Q}	rd,rs1,rs2
	AND	R	AMOAND.W	rd,rs1,rs2	AMOAND.{D|Q}	rd,rs1,rs2
	OR	R	AMOOR.W	rd,rs1,rs2	AMOOR.{D|Q}	rd,rs1,rs2
Min/Max	MINimum	R	AMOMIN.W	rd,rs1,rs2	AMOMIN.{D|Q}	rd,rs1,rs2
	MAXimum	R	AMOMAX.W	rd,rs1,rs2	AMOMAX.{D|Q}	rd,rs1,rs2
	MINimum Unsigned	R	AMOMINU.W	rd,rs1,rs2	AMOMINU.{D|Q}	rd,rs1,rs2
	MAXimum Unsigned	R	AMOMAXU.W	rd,rs1,rs2	AMOMAXU.{D|Q}	rd,rs1,rs2

Three Optional Floating-Point Instruction Extensions: RVF, RVD, & RVQ

Category	Name	Fmt	RV32{F|D|Q} (HP/SP,DP,QP Fl Pt)		+RV{64,128}	
Move	Move from Integer	R	FMV.{H|S}.X	rd,rs1	FMV.{D|Q}.X	rd,rs1
	Move to Integer	R	FMV.X.{H|S}	rd,rs1	FMV.X.{D|Q}	rd,rs1
Convert	Convert from Int	R	FCVT.{H|S|D|Q}.W	rd,rs1	FCVT.{H|S|D|Q}.{L|T}	rd,rs1
	Convert from Int Unsigned	R	FCVT.{H|S|D|Q}.WU	rd,rs1	FCVT.{H|S|D|Q}.{L|T}U	rd,rs1
	Convert to Int	R	FCVT.W.{H|S|D|Q}	rd,rs1	FCVT.{L|T}.{H|S|D|Q}	rd,rs1
	Convert to Int Unsigned	R	FCVT.WU.{H|S|D|Q}	rd,rs1	FCVT.{L|T}U.{H|S|D|Q}	rd,rs1

Category	Name	Fmt	instruction	operands
Load	Load	I	FL{W,D,Q}	rd,rs1,imm
Store	Store	S	FS{W,D,Q}	rs1,rs2,imm
Arithmetic	ADD	R	FADD.{S|D|Q}	rd,rs1,rs2
	SUBtract	R	FSUB.{S|D|Q}	rd,rs1,rs2
	MULtiply	R	FMUL.{S|D|Q}	rd,rs1,rs2
	DIVide	R	FDIV.{S|D|Q}	rd,rs1,rs2
	SQuare RooT	R	FSQRT.{S|D|Q}	rd,rs1
Mul-Add	Multiply-ADD	R	FMADD.{S|D|Q}	rd,rs1,rs2,rs3
	Multiply-SUBtract	R	FMSUB.{S|D|Q}	rd,rs1,rs2,rs3
	Negative Multiply-SUBtract	R	FNMSUB.{S|D|Q}	rd,rs1,rs2,rs3
	Negative Multiply-ADD	R	FNMADD.{S|D|Q}	rd,rs1,rs2,rs3
Sign Inject	SiGN source	R	FSGNJ.{S|D|Q}	rd,rs1,rs2
	Negative SiGN source	R	FSGNJN.{S|D|Q}	rd,rs1,rs2
	Xor SiGN source	R	FSGNJX.{S|D|Q}	rd,rs1,rs2
Min/Max	MINimum	R	FMIN.{S|D|Q}	rd,rs1,rs2
	MAXimum	R	FMAX.{S|D|Q}	rd,rs1,rs2
Compare	Compare Float =	R	FEQ.{S|D|Q}	rd,rs1,rs2
	Compare Float <	R	FLT.{S|D|Q}	rd,rs1,rs2
	Compare Float ≤	R	FLE.{S|D|Q}	rd,rs1,rs2
Categorization	Classify Type	R	FCLASS.{S|D|Q}	rd,rs1
Configuration	Read Status	R	FRCSR	rd
	Read Rounding Mode	R	FRRM	rd
	Read Flags	R	FRFLAGS	rd
	Swap Status Reg	R	FSCSR	rd,rs1
	Swap Rounding Mode	R	FSRM	rd,rs1
	Swap Flags	R	FSFLAGS	rd,rs1
	Swap Rounding Mode Imm	I	FSRMI	rd,imm
	Swap Flags Imm	I	FSFLAGSI	rd,imm

RISC-V Calling Convention

Register	ABI Name	Saver	Description
x0	zero	---	Hard-wired zero
x1	ra	Caller	Return address
x2	sp	Callee	Stack pointer
x3	gp	---	Global pointer
x4	tp	---	Thread pointer
x5-7	t0-2	Caller	Temporaries
x8	s0/fp	Callee	Saved register/frame pointer
x9	s1	Callee	Saved register
x10-11	a0-1	Caller	Function arguments/return values
x12-17	a2-7	Caller	Function arguments
x18-27	s2-11	Callee	Saved registers
x28-31	t3-t6	Caller	Temporaries
f0-7	ft0-7	Caller	FP temporaries
f8-9	fs0-1	Callee	FP saved registers
f10-11	fa0-1	Caller	FP arguments/return values
f12-17	fa2-7	Caller	FP arguments
f18-27	fs2-11	Callee	FP saved registers
f28-31	ft8-11	Caller	FP temporaries

RISC-V calling convention and five optional extensions: 10 multiply-divide instructions (RV32M); 11 optional atomic instructions (RV32A); and 25 floating-point instructions each for single-, double-, and quadruple-precision (RV32F, RV32D, RV32Q). The latter add registers f0-f31, whose width matches the widest precision, and a floating-point control and status register fcsr. Each larger address adds some instructions: 4 for RVM, 11 for RVA, and 6 each for RVF/D/Q. Using regex notation, { } means set, so L{D|Q} is both LD and LQ. See risc.org. (8/21/15 revision)

图 B.2　RISC-V 指令集（Ⅱ）

附录 C　大学计算机课程设置

计算机科学是一个很广的概念，有很多细分领域，包括系统与网络 (System and Network)、人工智能与机器人 (Artificial Intelligence and Robotics)、计算机隐私与安全 (Privacy and Security)、编程语言 (Programming Language)、数据库 (Database)、计算机图形学 (Computer Graphics)、生物信息学与计算生物学 (Bioinformatics and Computational Biology)、算法 (Algorithm)、计算机理论 (Computer Theory)、科学计算 (Scientific Computing)、软件工程 (Software Engineering)、计算机视觉 (Computer Vision)、计算机体系结构 (Computer Architecture)、人机交互 (Human Computer Interaction) 等。

目前全球计算机专业水平最高的三所大学是**斯坦福大学**、**加州大学伯克利分校**、**麻省理工学院**。其中前两所大学位于美国硅谷，麻省理工学院坐落于美国波士顿。美国有些高校把计算机科学（Computer Science, CS）和电气工程（Electrical Engineering, EE）合二为一，称为 EECS。例如，麻省理工学院直到 2018 年才将计算机从 EECS 中分离出来。

★ 斯坦福大学 CS 主要课程设置如下，详见 https://www.cs.stanford.edu/。
- Introduction to Computers
- Programming Methodology | Programming Abstractions
- Programming Methodol in JavaScript and Python (Acc)
- Computer Organization and Systems
- Operating Systems Principles | Operating Systems Kernel Impl Proj
- Computer Vision: Foundations and Applications
- Data Management and Data Systems
- Introduction to Human-Computer Interaction Design
- Introduction to Computer Graphics and Imaging
- Parallel Computing | Parallel Computing Research Project
- Computational Logic
- Introduction to Python Programming

- Artificial Intelligence: Principles and Techniques
- Deep Learning | Deep Learning for Computer Vision | Machine Learning Theory
- Programming Languages | Standard C++ Programming Laboratory
- Cloud Computing Seminar
- Machine Learning on Embedded Systems | Reinforcement Learning
- Introduction to Machine Programming
- Deep Multi-task and Meta-Learning
- Topics in Computer and Network Security
- Optimization Algorithms | Design and Analysis of Algorithms
- The Modern Internet | Introduction to Computer Networking
- Quantum Computing
- Software Engineering | Software Tools Every Programmer Should Know
- Compilers
- Computer and Network Security
- Data Structures
- Design and Analysis of Algorithms
- iOS Application Development | Cross-platform Mobile App Development
- Advanced Topics in Operating Systems
- Blockchain Governance

★ 加州大学伯克利分校 CS 主要课程设置如下，详见 https://eecs.berkeley.edu/。

- Topics in Computer Science
- Introduction to Symbolic Programming
- Matlab for Programmers
- C for Programmers | C++ for Programmers
- Scheme and Functional Programming for Programmers
- Productive Use of the UNIX Environment
- Java for Programmers | Python for Programmers
- The Structure and Interpretation of Computer Programs
- Data Structures | Data Structures and Programming Methodology
- Introduction to Embedded Systems

- Computer Architecture and Engineering
- User Interface Design and Development
- Computer Security | Internet and Network Security
- Operating Systems and System Programming
- Programming Languages and Compilers
- Introduction to Distributed Systems
- Foundations of Computer Graphics
- Introduction to Database Systems
- Introduction to Artificial Intelligence | Introduction to Machine Learning
- Concurrent Models of Computation
- Introduction to Embedded Systems
- Graduate Computer Architecture
- Software Engineering and Artificial Intelligence
- Parallel Processors | Applications of Parallel Computers
- Design of Programming Languages
- Introduction to System Performance Analysis
- Computer Networks
- Advanced Topics in Distributed Computing Systems
- Computer Vision
- Machine Learning
- Natural Language Processing

★ 麻省理工学院 CS 主要课程设置如下，详见 https://www.eecs.mit.edu。
- 6.100A Introduction to Computer Science Programming in Python
- 6.100L Introduction to Computer Science and Programming
- 6.1010 Fundamentals of Programming
- 6.1020 Software Construction
- 6.1210 Introduction to Algorithms
- 6.1800 Computer Systems Engineering
- 6.1900 Introduction to Low-level Programming in C and Assembly
- 6.1910 Computation Structures | 6.5900 Computer System Architecture

- 6.3900 Introduction to Machine Learning
- 6.4100 Artificial Intelligence | 6.7900 Machine Learning
- 6.8200 Sensorimotor Learning
- 6.8300 Advances in Computer Vision
- 6.8610 Quantitative Methods for Natural Language Processing
- 6.1040 Software Design | 6.1060 Software Performance Engineering
- 6.1100 Computer Language Engineering
- 6.1120 Dynamic Computer Language Engineering
- 6.1600 Foundations of Computer Security
- 6.1810 Operating System Engineering
- 6.1850 Computer Systems and Society
- 6.1920 Constructive Computer Architecture
- 6.2050 Digital Systems Laboratory
- 6.5060 Algorithm Engineering
- 6.5080 Multicore Programming
- 6.5610 Applied Cryptography and Security
- 6.5820 Computer Networks
- 6.5830 Database Systems
- 6.5840 Distributed Computer Systems Engineering
- 6.5850 Principles of Computer Systems
- 6.5920 Parallel Computing

参 考 文 献

[1] Average Screen Time Statistics of Mobile Devices[EB/OL]. https://explodingtopics.com/blog/screen-time-stats.

[2] 迈克斯·泰格马克. 生命 3.0：人工智能时代，人类的进化与重生 [M]. 汪婕舒，译. 杭州：浙江教育出版社, 2018.

[3] Moore G E. Cramming more components onto integrated circuits[J]. Proceedings of the IEEE, 1998, 86(1): 82-85.

[4] Ghemawat S, Gobioff H, Leung S T. The Google file system[C]. Proceedings of the nineteenth ACM symposium on Operating systems principles. 2003: 29-43.

[5] Dean J, Ghemawat S. MapReduce: simplified data processing on large clusters[J]. Communications of the ACM, 2008, 51(1): 107-113.

[6] Chang F, Dean J, Ghemawat S, et al. Bigtable: A distributed storage system for structured data[J]. ACM Transactions on Computer Systems (TOCS), 2008, 26(2): 1-26.

[7] Silver D, Huang A, Maddison C J, et al. Mastering the game of Go with deep neural networks and tree search[J]. nature, 2016, 529(7587): 484-489.

[8] 卡尔·马克思. 资本论：政治经济学批判 (第三卷)[M]. 中共中央马克思恩格斯列宁斯大林著作编译局，译. 北京：人民出版社, 2004.

[9] Brian K, Dennis M R. C 程序设计语言 [M]. 徐宝文，李志，译. 2 版. 北京：机械工业出版社, 2004.

[10] Bruce E. Java 编程思想 [M]. 陈昊鹏，译. 4 版. 北京：机械工业出版社, 2007.

[11] 沙行勉. 编程导论——以 Python 为舟 [M]. 2 版. 北京：清华大学出版社, 2022.

[12] Bush V. As we may think[J]. The Atlantic Monthly, 1945, 176(1): 101-108.

[13] Bush V. Science, the endless frontier[M]. Princeton: Princeton University Press, 2020.

[14] 阿伦·拉奥，皮埃罗·斯加鲁菲. 硅谷百年史：伟大的科技创新与百年历程 [M]. 闫景立，侯爱华，译. 2 版. 北京：人民邮电出版社, 2014.

[15] 埃弗雷特·M. 罗杰斯，朱迪丝·K. 拉森. 硅谷热——高科技文化的成长 [M]. 李智晖，霍永学，译. 北京：中国工信出版集团，电子工业出版社, 2018.

[16] 冯·诺依曼. 关于 EDVAC (Electronic Discrete Variable Automatic Computer) 报告的初稿 [R]. 1945.

[17] von Neumann J, Kurzweil R. The computer and the brain[M]. Yale university press, 2012.

[18] 冯·诺依曼. Theory of self-reproducing automata[J]. Edited by Arthur W. Burks, 1966.

[19] Kushida K. A strategic overview of the Silicon Valley ecosystem: Towards effectively "harnessing" Silicon Valley[J]. Report submitted to the Stanford Silicon Valley-New Japan (SV-NJ) Project, 2015.

[20] OpenAI Inc. the Official website of ChatGPT[EB/OL]. https://openai.com/blog/chatgpt, 2024.

[21] 政府与中共代表会谈纪要，即《双十协定》[C]. 重庆, 1945.

[22] 修昔底德. 伯罗奔尼撒战争史 [M]. 徐松岩, 译. 上海: 世纪出版集团上海人民出版社, 公元前 5 世纪.

[23] 吴晓波. 激荡三十年 [M]. 北京: 中信出版社, 杭州: 浙江人民出版社, 2008.

[24] 编程语言市场排行与趋势统计 [EB/OL]. https://www.tiobe.com/tiobe-index/.

[25] David P, Andrew W. RISC-V 手册 [EB/OL]. 勾凌睿, 黄成, 刘志刚, 译. http://riscvbook.com/chinese/RISC-V-Reader-Chinese-v2p1.pdf.

[26] Thomas C, Avidan G, Humphreys K, et al. Reduced structural connectivity in ventral visual cortex in congenital prosopagnosia[J]. Nature neuroscience, 2009, 12(1): 29-31.

[27] 戴维·A. 帕特森, 约翰·L. 亨尼斯. 计算机组成与设计：软件/硬件接口 (原书第五版)[M]. 王党辉, 康继昌, 安建峰, 等译. 北京: 机械工业出版社, 2019.

[28] Hoffman A, Pathania A, Kindt P H, et al. BrezeFlow: Unified debugger for Android CPU power governors and schedulers on edge devices[C]. 57th ACM/IEEE Design Automation Conference (DAC). IEEE, 2020: 1-6.

[29] Li X, Li G. An adaptive cpu-gpu governing framework for mobile games on big. little architectures[J]. IEEE Transactions on Computers, 2020, 70(9): 1472-1483.

[30] Chen W M, Cheng S W, Hsiu P C, et al. A user-centric CPU-GPU governing framework for 3D games on mobile devices[C]. IEEE/ACM International Conference on Computer-Aided Design (ICCAD). IEEE, 2015: 224-231.

[31] Jo S W, Ha T, Kyong T, et al. Response time constrained cpu frequency and priority control scheme for improved power efficiency in smartphones[J]. IEICE TRANSACTIONS on Information and Systems, 2017, 100(1): 65-78.

[32] Yang Y, Hu W, Chen X, et al. Energy-aware CPU frequency scaling for mobile video streaming[J]. IEEE Transactions on Mobile Computing, 2018, 18(11): 2536-2548.

[33] Li C, Liang Y, Ausavarungnirun R, et al. ICE: Collaborating Memory and Process Management for User Experience on Resource-limited Mobile Devices[C]. Proceedings of the Eighteenth European Conference on Computer Systems. 2023: 79-93.

[34] Cheng Z, Li X, Sun B, et al. Automatic frame rate-based DVFS of game[C]. IEEE 26th International Conference on Application-specific Systems, Architectures and Processors (ASAP). IEEE, 2015: 158-159.

[35] Kumakura K, Sonoyama A, Kamiyama T, et al. Observation of Method Invocation in Application Runtime in Android for CPU Clock Rate Adjustment[C]. Ninth International Symposium on Computing and Networking Workshops (CANDARW). IEEE, 2021: 481-483.

[36] Carvalho S A L, Cunha D C, Silva-Filho A G. Autonomous power management in mobile devices using dynamic frequency scaling and reinforcement learning for energy minimization[J]. Microprocessors and Microsystems, 2019, 64: 205-220.

[37] Tian Z, Chen L, Li X, et al. Multi-core power management through deep reinforcement learning[C]. IEEE International Symposium on Circuits and Systems (ISCAS). IEEE, 2021: 1-5.

[38] Hanumaiah V, Vrudhula S. Temperature-aware DVFS for hard real-time applications on multicore processors[J]. IEEE Transactions on Computers, 2011, 61(10): 1484-1494.

[39] The GPU Turbo project of HUAWEI Inc[EB/OJ]. https://consumer.huawei.com/en/support/content/en-us00765536/.

[40] 图灵 A M. Computing machinery and intelligence[M]. Springer Netherlands, 2009.

[41] 图灵测试 [EB/OJ]. https://en.wikipedia.org/wiki/Turing_test.

[42] IBM TrueNorth[EB/OJ]. https://research.ibm.com/publications/truenorth-design-and-toolflow-of-a-65-mw-1-million-neuron-programmable-neurosynaptic-chip.

[43] Chen T, Du Z, Sun N, et al. Diannao: A small-footprint high-throughput accelerator for ubiquitous machine-learning[J]. ACM SIGARCH Computer Architecture News, 2014, 42(1): 269-284.

[44] Jouppi N P, Young C, Patil N, et al. In-datacenter performance analysis of a tensor processing unit[C]. Proceedings of the 44th annual international symposium on computer architecture. 2017: 1-12.

[45] Chen Y, Luo T, Liu S, et al. Dadiannao: A machine-learning supercomputer[C]. 47th Annual IEEE/ACM International Symposium on Microarchitecture. IEEE, 2014: 609-622.

[46] Liu D, Chen T, Liu S, et al. Pudiannao: A polyvalent machine learning accelerator[J]. ACM SIGARCH Computer Architecture News, 2015, 43(1): 369-381.

[47] Du Z, Fasthuber R, Chen T, et al. ShiDianNao: Shifting vision processing closer to the sensor[C]. Proceedings of the 42nd Annual International Symposium on Computer Architecture. 2015: 92-104.

[48] Jang J W, Lee S, Kim D, et al. Sparsity-aware and re-configurable NPU architecture for Samsung flagship mobile SoC[C]. ACM/IEEE 48th Annual International Symposium on Computer Architecture (ISCA). IEEE, 2021: 15-28.

[49] Szegedy C, Vanhoucke V, Ioffe S, et al. Rethinking the inception architecture for computer vision[C]. Proceedings of the IEEE conference on computer vision and pattern recognition. 2016: 2818-2826.

[50] Abadal S, Jain A, Guirado R, et al. Computing graph neural networks: A survey from algorithms to accelerators[J]. ACM Computing Surveys (CSUR), 2021, 54(9): 1-38.

[51] Fowers J, Ovtcharov K, Papamichael M, et al. A configurable cloud-scale DNN processor for real-time AI[C]. ACM/IEEE 45th Annual International Symposium on Computer Architecture (ISCA). IEEE, 2018: 1-14.

[52] Shao Y S, Clemons J, Venkatesan R, et al. Simba: Scaling deep-learning inference with multi-chip-module-based architecture[C]. Proceedings of the 52nd Annual IEEE/ACM International Symposium on Microarchitecture. 2019: 14-27.

[53] Reuther A, Michaleas P, Jones M, et al. Survey of machine learning accelerators[C]. IEEE high performance extreme computing conference (HPEC). IEEE, 2020: 1-12.

[54] Mernik M, Heering J, Sloane A M. When and how to develop domain-specific languages[J]. ACM computing surveys (CSUR), 2005, 37(4): 316-344.

[55] GPU of Nvidia[EB/OL]. https://www.nvidia.com/en-us/.

[56] FPGA of Xilinx[EB/OL]. https://china.xilinx.com/products/silicon-devices/fpga.html.

[57] 英伟达 (NVIDIA) 市值首次突破一万亿 [EB/OL]. https://finance.sina.com.cn/world/2023-05-31/doc-imyvqvxq7078936.shtml.

[58] Li C, Shi L, Liang Y, et al. SEAL: User experience-aware two-level swap for mobile devices[J]. IEEE Transactions on Computer-Aided Design of Integrated Circuits and Systems, 2020, 39(11): 4102-4114.

[59] Lebeck N, Krishnamurthy A, Levy H M, et al. End the senseless killing: Improving memory management for mobile operating systems[C]. USENIX Annual Technical Conference (USENIX ATC 20). 2020: 873-887.

[60] 长尾分布 [EB/OL]. https://en.wikipedia.org/wiki/Long_tail.

[61] Intel 665P[EB/OL]. https://www.storagereview.com/review/intel-ssd-665p-review-1tb.

[62] Intel 670P[EB/OL]. https://www.amazon.cn/dp/B08X4XL71S.

[63] Crucial P1 SSD[EB/OL]. https://www.crucial.com/products/ssd/p1-ssd.

[64] Stoica R, Pletka R, Ioannou N, et al. Understanding the design trade-offs of hybrid flash controllers[C]. IEEE 27th International Symposium on Modeling, Analysis, and Simulation of Computer and Telecommunication Systems (MASCOTS). IEEE, 2019: 152-164.

[65] Salkhordeh R, Ebrahimi S, Asadi H. ReCA: An efficient reconfigurable cache architecture for storage systems with online workload characterization[J]. IEEE Transactions on Parallel and Distributed Systems, 2018, 29(7): 1605-1620.

[66] Asadi H, Haghdoost A, Arjomand M, et al. A hybrid non-volatile cache design for solid-state drives using comprehensive I/O characterization[J]. IEEE Transactions on Computers, 2015, 65(6): 1678-1691.

[67] Kim H, Ahn S. BPLRU: A Buffer Management Scheme for Improving Random Writes in Flash Storage[C]. USENIX Conference on File and Storage Technologies (FAST). 2008, 8: 1-14.

[68] Lee E, Kim J, Bahn H, et al. Reducing write amplification of flash storage through cooperative data management with NVM[J]. ACM Transactions on Storage (TOS), 2017, 13(2): 1-13.

[69] Oh Y, Choi J, Lee D, et al. Caching less for better performance: balancing cache size and update cost of flash memory cache in hybrid storage systems[C]. USENIX Conference on File and Storage Technologies (FAST). 2012, 12.

[70] Zheng S, Hoseinzadeh M, Swanson S. Ziggurat: A tiered file system for Non-Volatile main memories and disks[C]. USENIX Conference on File and Storage Technologies (FAST). 2019: 207-219.

[71] Kwon Y, Fingler H, Hunt T, et al. Strata: A cross media file system[C]. Proceedings of the 26th Symposium on Operating Systems Principles. 2017: 460-477.

[72] Huang T C, Chang D W. TridentFS: a hybrid file system for non-volatile RAM, flash memory and magnetic disk[J]. Software: Practice and Experience, 2016, 46(3): 291-318.

[73] Lin L, Zhu Y, Yue J, et al. Hot random off-loading: A hybrid storage system with dynamic data migration[C]. IEEE 19th annual international symposium on modelling, analysis, and simulation of computer and telecommunication systems. IEEE, 2011: 318-325.

[74] The Intel Optane Memory [EB/OL]. https://www.intel.com.tw/content/www/tw/zh/products/details/memory-storage/optane-memory.html.

[75] Okuno J, Kunihiro T, Konishi K, et al. SoC compatible 1T1C FeRAM memory array based on ferroelectric Hf0. 5Zr0. 5O2[C]. IEEE Symposium on VLSI Technology. IEEE, 2020: 1-2.

[76] Chen Y. ReRAM: History, status, and future[J]. IEEE Transactions on Electron Devices, 2020, 67(4): 1420-1433.

[77] Nozaki T, Yamamoto T, Miwa S, et al. Recent progress in the voltage-controlled magnetic anisotropy effect and the challenges faced in developing voltage-torque MRAM[J]. Micromachines, 2019, 10(5): 327.

[78] 中国 FRAM(铁电存储器) 行业市场深度调研及发展前景预测报告: 2022—2027 年 [EB/OL]. http: //www.newsijie.com/baogao/2022/0726/11320760.html.

[79] Chua L. Memristor-the missing circuit element[J]. IEEE Transactions on circuit theory, 1971, 18(5): 507-519.

[80] Strukov D B, Snider G S, Stewart D R, et al. The missing memristor found[J]. nature, 2008, 453(7191): 80-83.

[81] 新兴存储市场规模预测报告[EB/OL]. https://www.innostar-semi.com/index.php?s=news&c=show&id=22.

[82] 雷纳德·阿德勒曼. 组合问题的生物电脑解决方案 [J]. Science. 1994.

[83] Kautz W H. Cellular logic-in-memory arrays[J]. IEEE Transactions on Computers, 1969, 100(8): 719-727.

[84] The psychology of human-computer interaction[M]. Crc Press, 2018. Card, Stuart K., ed. The psychology of human-computer interaction[M]. Crc Press, 2018.

[85] "十四五" 机器人产业发展规划[EB/OL].https://www.gov.cn/zhengce/zhengceku/2021-12/28/5664988/ files/7cee5d915efa463ab9e7be82228759fb.pdf.

[86] Think Tank Human Experience[EB/OL]. https://mitpressbookstore.mit.edu/book/9780300 225549.

[87] 雷·库兹韦尔. 奇点临近 [M]. 李庆诚, 董振华, 田源, 译. 北京: 机械工业出版社, 2011.

[88] O'Doherty J E, Lebedev M A, Ifft P J, et al. Active tactile exploration using a brain-machine-brain interface[J]. Nature, 2011, 479(7372): 228-231.

[89] Yuen S C Y, Yaoyuneyong G, Johnson E. Augmented reality: An overview and five directions for AR in education[J]. Journal of Educational Technology Development and Exchange (JETDE), 2011, 4(1): 11.

[90] Park M J, Kim D J, Lee U, et al. A literature overview of virtual reality (VR) in treatment of psychiatric disorders: recent advances and limitations[J]. Frontiers in psychiatry, 2019, 10: 505.

[91] Xing W, Ghorbani A. Weighted pagerank algorithm[C]. Proceedings of Second Annual Conference on Communication Networks and Services Research, 2004. IEEE, 2004: 305-314.

[92] DIVYA B, JAYASREE L. Matrix Factorization for Movie Recommended System Using Deep Learning[J]. Mathematical Statistician and Engineering Applications, 2022, 71(3s2): 1201-1212.

[93] Khanal S S, Prasad P W C, Alsadoon A, et al. A systematic review: machine learning based recommendation systems for e-learning[J]. Education and Information Technologies, 2020, 25: 2635-2664.

[94] Deng J, Guo J, Wang Y. A Novel K-medoids clustering recommendation algorithm based on probability distribution for collaborative filtering[J]. Knowledge-Based Systems, 2019, 175: 96-106.

[95] 柏拉图. 理想国 [M]. 吴献书, 译. 北京: 北京联合出版公司, 公元前 390 年.

[96] 方舟编译器 [CP]. https://gitee.com/openarkcompiler/OpenArkCompiler.

[97] 约翰·尼汉斯. 经济史理论 [M]. 北京: 商务印书馆, 1987.

[98] AOSP (Android) Project[EB/OL]. https://source.android.com.

[99] 谷歌 Android Auto 智能汽车系统 [EB/OL]. https://www.android.com/auto/.

[100] 百度 Apollo 自动驾驶与智能汽车系统 [EB/OL]. https://www.apollo.auto/.

[101] 鸿蒙操作系统开源项目 [EB/OL]. https://openharmony.gitee.com.

[102] Shaping the future of dependable mobility together[EB/OL]. https://www.autosar.org/.

[103] Windows CoreOS[CP]. https://www.windowscentral.com/windows-core-os.

[104] Fuchsia Project[CP]. https://fuchsia.dev/.

[105] Apple visionOS[CP]. https://developer.apple.com/visionos/.

[106] OpenEuler 开源项目 [CP].https://repo.openeuler.org/openEuler-20.03-LTSSP2/OS/x86_64/.

[107] Shohini Ghose 与量子计算机的投硬币实验 [EB/OL]. https://www.youtube.com/watch?v=QuR969uMICM.

[108] Preskill J. Quantum computing and the entanglement frontier[J]. arXiv preprint arXiv:1203.5813, 2012.

[109] Shor P W. Polynomial-time algorithms for prime factorization and discrete logarithms on a quantum computer[J]. SIAM review, 1999, 41(2): 303-332.

[110] Grover L K. A fast quantum mechanical algorithm for database search[C]. Proceedings of the twenty-eighth annual ACM symposium on Theory of computing. 1996: 212-219.

[111] Jiang W, Xiong J, Shi Y. A co-design framework of neural networks and quantum circuits towards quantum advantage[J]. Nature communications, 2021, 12(1): 579.

[112] Preskill J. Quantum computing in the NISQ era and beyond[J]. Quantum, 2018, 2: 79.

[113] Boixo S, Isakov S V, Smelyanskiy V N, et al. Characterizing quantum supremacy in near-term devices[J]. Nature Physics, 2018, 14(6): 595-600.

[114] IBM Quantum Summit[EB/OL]. https://www.ibm.com/quantum/summit.

[115] Zhong H S, Wang H, Deng Y H, et al. Quantum computational advantage using photons[J]. Science, 2020, 370(6523): 1460-1463.

[116] Ball P. Physicists in China challenge Google'squantum advantage'[J]. Nature, 2020, 588(7838): 380.

[117] Zhong H S, Deng Y H, Qin J, et al. Phase-programmable gaussian boson sampling using stimulated squeezed light[J]. Physical review letters, 2021, 127(18): 180502.

[118] 希尔伯特空间 [EB/OL]. https://en.wikipedia.org/wiki/Hilbert_space.

[119] 温伯格 S. 终极理论之梦 (Dreams of a Final Theory)[M]. 李泳, 译. 长沙: 湖南科学技术出版社, 1992.

[120] 亚当·斯密. 国富论 (国民财富的性质和原因的研究)[M]. 陈虹, 译. 北京: 中国文联出版社, 1776.